JN022351

改訂版

解いてわかる 製菓衛生師試験の手引き

辻製菓専門学校 編

柴田書店

改訂版　解いてわかる
製菓衛生師試験の手引き

目次

本書の使い方　4
製菓衛生師免許取得の諸手続き　5

衛生法規　9

1 衛生法規の概要　10
2 製菓衛生師法　12
3 食品衛生法、食品表示法、食品安全基本法　16
4 その他の衛生法規　20
5 演習問題　24

公衆衛生学　29

1 公衆衛生学の概要　30
2 衛生統計（人口統計、疾病統計）　34
3 環境衛生（空気と水の衛生、公害）　36
4 環境衛生（光の衛生その他）　40
5 疾病の予防（感染症）　42
6 疾病の予防（生活習慣病）　46
7 労働衛生　50
8 演習問題　52

食品学　59

1 食品学の概要と食品成分　60
2 食品の色、味、香りと有害成分　62
3 食品の分類と成分特性　66
4 食品各論（米、小麦）　68
5 食品各論（麦類、雑穀類、とうもろこし、いも類）　70
6 食品各論（砂糖および甘味類、豆類、種実類）　72
7 食品各論（野菜類、果実類、きのこ類、藻類）　74
8 食品各論（魚介類、肉類、卵類）　76
9 食品各論（乳類、油脂類）　79
10 食品各論（し好飲料類、調味料、香辛料）　81
11 食品各論（加工食品、微生物応用食品）　84
12 食品の変質と保存法、食品の動向　86
13 演習問題　90

食品衛生学　95

1 食品衛生と微生物　96
2 食中毒　98
3 細菌性食中毒（感染型）　100
4 細菌性食中毒（毒素型）　103
5 ウイルス性食中毒　105
6 自然毒食中毒　106
7 化学性食中毒　108
8 寄生虫食中毒　110
9 食品添加物　112

10 異物、食品の鑑別法　115
11 食品衛生対策 Ⅰ　116
12 食品衛生対策 Ⅱ　121
13 演習問題　124

栄養学　131

1 栄養学の概要　132
2 たんぱく質　134
3 脂質　136
4 炭水化物　138
5 無機質（ミネラル）　140
6 ビタミン　144
7 水分、ホルモン　148
8 消化と吸収　150
9 エネルギー代謝　152
10 栄養の摂取　154
11 ライフステージの栄養　158
12 食生活と疾病　160
13 栄養成分表示、基礎食品　162
14 演習問題　164

製菓理論　169

1 原材料（甘味料）　170
2 原材料（小麦粉、でん粉、米粉）　176
3 原材料（鶏卵、油脂類）　182
4 原材料（牛乳、乳製品、チョコレート類、果実加工品）　186
5 原材料（凝固剤、酒類、食品添加物）　191
6 製パンの原材料　196

●補足項目●　菓子類の歴史と製造要件　200

製菓実技　201

1 和菓子（その１）　202
2 和菓子（その２）　206
3 洋菓子（その１）　212
4 洋菓子（その２）　216
5 製パン（その１）　222
6 製パン（その２）　228

練習問題、演習問題 解答集　とじ込み別冊

装丁　原口徹也（弾デザイン事務所）
編集　池本恵子（柴田書店）

本書の使い方

製菓衛生師の資格を取得するには、各都道府県が実施する製菓衛生師試験に合格する以外に方法はありません。

この本では試験に出題される衛生法規、公衆衛生学、食品学、食品衛生学、栄養学、製菓理論、製菓実技の７科目すべてについて、覚えておくべき要点を簡潔にまとめて、それぞれに練習問題をつけ、さらに各科の最後（製菓理論、製菓実技を除く）には演習問題をつけて復習できるようにしてあります。
これらは過去の試験問題の出題頻度を調べて、重要な点を整理してまとめたものです。
＊印はその補足説明や用語解説、≫印（赤色で表記）は試験問題としての注意事項、※印はその他の注意事項を表わしています。

練習問題と演習問題はいずれも過去に出題された問題をベースにして作成したものです。巻末の解答集では、それぞれに正解とその解説をつけ、まちがえやすいポイントも示しています。

専門学校、短期大学、大学などですでに勉強された科目は、注意事項を復習したあと、問題にチャレンジしてください。

初めて勉強する科目は、まず概要についての説明を参考にして練習問題を１つずつチェックしながら問題に慣れる方法をおすすめします。

問題数が多いので、試験直前には問題と解答だけに目を通して試験に臨むことも可能です。
解答集は巻末にまとめてあり、本体からとり外すことができます。

なお、本書は過去の試験問題をベースにしているため、学問的にみて最新の情報に追いついていない箇所のあることをお断りしておきます。

また、法改正などについては重版のつど訂正していますので、最新の情報に追いついていない場合もあることをお断りしておきます。

巻頭（→P５～８）には、製菓衛生師試験受験のために必要な諸手続き、免許申請の方法、都道府県別の問い合わせ先などを載せています。

製菓衛生師免許取得の諸手続き

1　受験地の選択

住所地や勤務地には関係なく、すべての都道府県で受験が可能です。

試験日は全国いっせいではないので、２ヵ所以上での受験も可能です。

2　受験の準備

都道府県によって願書の入手から出願まで、また合格発表から免許申請までの手続きが異なります。

例-1　大阪府は府庁の担当部署で一括して行われていますが、保健所でも手続きが可能な都道府県があります。

例-2　願書の入手から出願までが郵送によってできる都道府県があります。

例-3　合格発表、合格証書の発行を郵送によって行う都道府県があります。

※実施年度によって同じ都道府県においても変更があります。電話や各都道府県庁のホームページでの確認が必要です。

（→Ｐ８　都道府県別問い合わせ先一覧を参照）

3　受験資格と受験手続きに必要な書類など

１）厚生労働大臣が指定する製菓衛生師養成施設（例：辻製菓専門学校など）卒業者の場合

①受験願書

②養成施設の卒業を証明する書類

養成施設の卒業証明書または卒業証書の原本（コピーは不可）。

③最終学校の卒業を証明する書類（不要な都道府県もある）

②に入学する以前の最終学校の卒業証明書または卒業証書の原本。

最終学校とは中学、高校、高専、短大、大学のうちのいずれか。

④写真（受験地により有効期間やサイズが異なるので注意）

６ヵ月以内に撮影した上半身無帽のもの。

⑤受験手数料

約10,000円

⑥印鑑（押印を廃止した都道府県もある）

朱肉を使用するもの。スタンプ式のものは不可の場合があります。

注１）結婚などにより卒業証書または卒業証明書と姓名が異なる場合は、戸籍抄本などが必要です。

注２）証明書類には有効期間があるので注意してください。

注３）養成施設に在学中であっても、製菓衛生師として必要な知識および技能を修得したことの証明があれば、②にかわるものとして認められることがあります。

２）新制中学校の卒業者（または、これと同等以上の学力を有する人）の場合

①受験願書

②最終学校の卒業を証明する書類（コピーは不可）

中学、高校、高専、短大、大学のうちのいずれか最終の卒業証明書または卒業証書の原本。

③菓子製造業従事証明書（受験願書の一部または別紙で配布される）

菓子製造の仕事に２年以上従事していることが必要。

受験者の勤務施設（菓子製造業の営業許可を受けている施設）の代表者（株式会社などの法人では代表取締役など、個人商店では店主）が記入し、捺印します。

さらに、菓子工業組合などの証明が必要な場合があります。

注１）菓子製造の従事期間２年は、複数の勤務施設の合計でも可能です。

注２）菓子店で働いていても、営業や事務、運搬や洗い場の仕事など直接菓子製造と関係がない期間は２年に含まれません。

注３）学校や料理学校で菓子の製造を教えていた期間、または習った期間は２年に含まれません。
注４）パート、アルバイトで働いていた期間は２年に含まれません。
ただし、週４日以上で１日６時間以上菓子製造に勤務している期間は２年に含めます。
④写真（受験地により有効期間やサイズが異なるので注意）
６ヵ月以内に撮影した上半身無帽のもの。
⑤受験手数料
約10,000円
⑥印鑑（押印を廃止した都道府県もある）
朱肉を使用するもの。スタンプ式のものは不可の場合があります。
注１）結婚などにより卒業証書または卒業証明書と姓名が異なる場合は、戸籍抄本などが必要です。
注２）証明書類には有効期間があるので注意してください。

３）１）および ２）に該当しないが、製菓衛生師法が施行された昭和41年12月26日においてすでに菓子製造業で働いており、その従事期間が３年を超えている人、あるいは施行日後に３年を超える人の場合
①受験願書
②菓子製造業従事証明書。 詳細は、２）新制中学校の卒業者の場合を参照。
③履歴書（受験願書の中に入っている）
職歴をすべて記入。
④写真（受験地により有効期間やサイズが異なるので注意）
６ヵ月以内に撮影した上半身無帽のもの。
⑤受験手数料
約10,000円
⑥印鑑（押印を廃止した都道府県もある）
朱肉を使用するもの。スタンプ式のものは不可の場合があります。
※詳しくは受験地の都道府県庁に直接確認してください。

4 試験科目、出題数および出題形式

試験科目はすべての都道府県で７科目に統一されています。
出題数は60問以上で、都道府県により異なります。
出題形式は四肢択一（４つの中から答を１つ選ぶ）方式です。
解答方法はマークシート方式、または答の番号を記入する方式です。
①衛生法規　（３問）
②公衆衛生学　（９問）
③食品学　（６問）
④食品衛生学　（12問）
⑤栄養学　（６問）
⑥製菓理論　（18問）
⑦製菓実技　（選択６問）
和菓子、洋菓子、製パンのうち１ジャンルを選択して解答します。
ただし、和菓子、洋菓子、製パンのジャンルを超えて６問を選択することはできません。

5　合格から登録まで

1）合格発表と合格証書の発行

合格通知書と合格証書が郵送される受験地と、受験者が確認しなければならない受験地があります。合格発表を確認に行く場合は受験票と印鑑を持参し、合格確認後、その場で合格証書と免許申請に必要な書類を受けとるようにするとよいでしょう。

2）免許の申請

以下のものを準備し、住所地の都道府県知事に申請します（窓口は都道府県庁または保健所）。

①免許申請書（申請地の都道府県庁または保健所で配布）

②合格証書（受験地が発行）

③戸籍抄本（外国籍の場合は外国人登録証明書の写しなど）

④診断書（麻薬、あへん、大麻、覚せい剤の中毒者でない証明）：有効期間は３ヵ月以内。
　診断書は免許申請書の中にあります。

⑤登録手数料
　約5,000～6,000円

⑥印鑑

3）登録

本人の申請により製菓衛生師名簿に登録され、免許が交付されます。ただし、次の者は登録できません。

①麻薬、あへん、大麻、覚せい剤の中毒者

②食中毒など衛生上の重大な事故を起こし、すでに取得していた免許を取消された日より１年を経過していない者

※名簿に登録されて初めて製菓衛生師になれます。
　試験に合格しただけでは製菓衛生師ではありません。

参 考

都道府県別問い合わせ先、および過去の実施状況

以下の試験実施時期は令和５年度のものです。
新年度の日程は各自で早めに確認してください。受験希望者が多いときなどは変更される場合があります。
受験手続きは試験実施の２～３ヵ月前になります。

	各庁代表☎	試験実施時期
北海道	011-231-4111	10月中旬
青　森	017-722-1111	＊８月中旬（令和５年）
岩　手	019-651-3111	９月上旬
宮　城	022-211-2111	８月下旬
秋　田	018-860-1111	＊９月中旬（令和４年）
山　形	023-630-2211	10月下旬
福　島	024-521-1111	10月中旬
茨　城	029-301-1111	10月中旬
栃　木	028-623-2323	８月上旬
群　馬	027-223-1111	９月上旬
埼　玉	048-824-2111	８月下旬
千　葉	043-223-2110	11月下旬
東　京	03-5321-1111	６月中旬
神奈川	045-210-1111	８月下旬
新　潟	025-285-5511	９月上旬
富　山	076-431-4111	実施せず
石　川	076-225-1111	９月上旬
福　井	0776-21-1111	７月上旬
山　梨	055-237-1111	11月下旬（令和４年）
長　野	026-232-0111	９月中旬
岐　阜	058-272-1111	９月上旬
静　岡	054-221-2455	７月下旬
愛　知	052-961-2111	８月上旬
三　重	059-224-3070	11月下旬

	各庁代表☎	試験実施時期
滋　賀	077-528-3993	注３
京　都	075-451-8111	注３
大　阪	06-6941-0351	注３
兵　庫	078-341-7711	注３
奈　良	0742-22-1101	８月中旬
和歌山	073-432-4111	注３
鳥　取	0857-26-7111	実施せず
島　根	0852-22-5111	８月上旬
岡　山	086-224-2111	８月上旬
広　島	082-228-2111	７月中旬
山　口	083-922-3111	８月下旬
徳　島	088-621-2500	注３
香　川	087-831-1111	８月上旬
愛　媛	089-941-2111	７月中旬
高　知	088-823-1111	７月上旬
福　岡	092-651-1111	９月上旬
佐　賀	0952-24-2111	５月下旬
長　崎	095-824-1111	令和６年１月下旬予定
熊　本	096-383-1111	８月上旬
大　分	097-536-1111	令和６年３月頃予定
宮　崎	0985-26-7111	７月下旬
鹿児島	099-224-2111	６月上旬
沖　縄	098-866-2333	４月下旬

注１）＊印は２年に１回を表わします。
注２）「実施せず」の場合は問い合わせてください。
注３）平成25年４月より、滋賀県、京都府、大阪府、兵庫県、和歌山県、徳島県の製菓衛生師に係る免許および試験業務は、関西広域連合で行われています。試験は年１回夏頃（７～８月頃）、調理師試験と同じ日時、同じ会場で実施予定。問い合わせ：関西広域連合本部事務局資格試験・免許課（電話 06-4803-5669）

衛生法規

1　衛生法規の概要

社会の秩序を保つためにはその社会に属する人々共通の規律、すなわち社会規範が必要である。

＊社会規範とは、法、道徳、慣習、宗教的な戒律などをいう。

法とは、強制力をもった社会規範をいう。

法には、憲法、法律、政令、省令、条例、規則、条約などの成文法と、慣習法や条理などの不文法がある。

＊成文法とは、立法権を有する機関により一定の手続きと形式に従って定められ、文書にされた法をいう。

＊不文法とは成文法以外の法で、文書にされて公布されることはない。

法（成文法）の種類

憲法：国の組織および統治に関する基本事項を定めた最高法規で、以下の法律、政令などの命令や条約は、憲法の定める中で制定される。

法律：国会の議決により制定　　（例）製菓衛生師法

政令：内閣が制定する命令　　（例）製菓衛生師法施行令

省令：各省大臣が発する命令　　（例）製菓衛生師法施行規則

条例：地方公共団体の議会で制定する命令

規則：地方公共団体の長が制定する命令

条約：内閣が締結する（ただし、国会の承認が必要）。

≫組み合わせ問題としてよく出題される。

法の効力

憲法 ＞ 法律 ＞ 政令 ＞ 省令 ＞ 条例 ＞ 規則 の順

衛生法規とは、国民の健康の保持増進を図る衛生行政に関する法律や命令、規則などの総称をいう。

衛生法規の分類

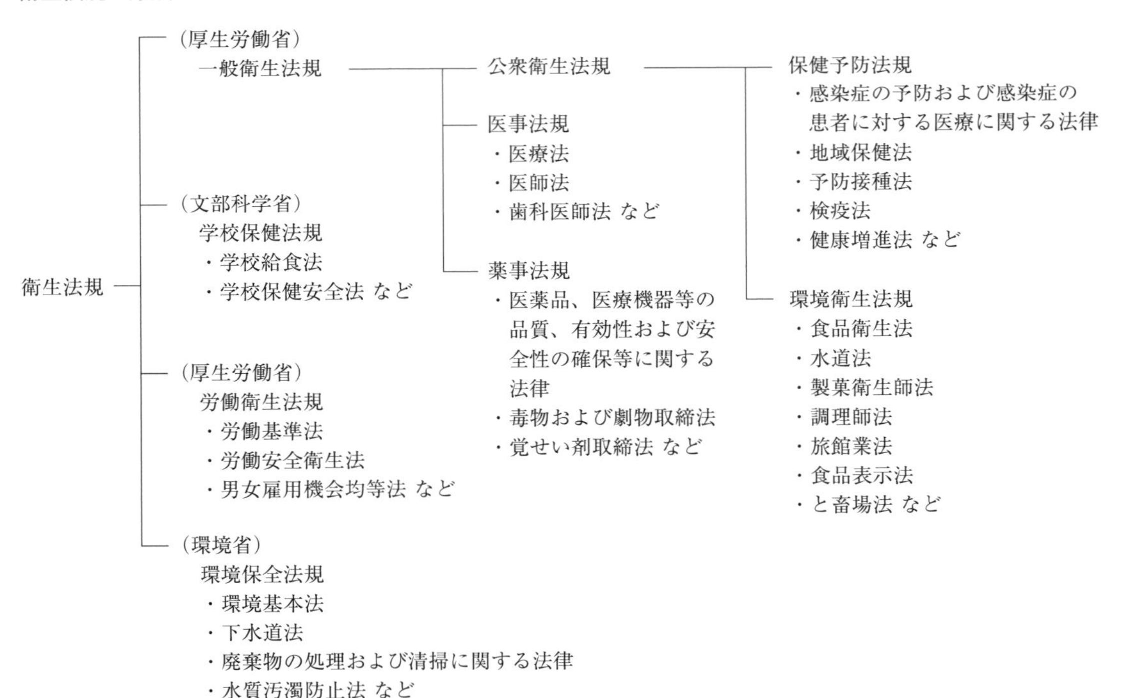

練習問題　＊解答は別冊P２

1-1　次の記述で正しいのはどれか。

1　日本国憲法は、わが国の最高法規であるが、その効力は条約に明らかに劣る。
2　法律は、国会の議決を経て成立するが、その効力は政令と同等である。
3　政令とは、各省大臣が発する命令をいう。
4　地方公共団体の長が、その権限内の事務に関して議会の議決なしに制定する命令を規則といい、地方公共団体の議会が法律の範囲内で制定する命令を条例という。

1-2　次の組み合わせで正しいのはどれか。

1　法律 ―― 各省大臣
2　条例 ―― 国会
3　政令 ―― 内閣
4　省令 ―― 各自治体の長

1-3　次の組み合わせで誤りはどれか。

1　法律 ―― 国会の議決を経て成立した法形式である。
2　政令 ―― 法律の委任に基づき内閣が制定する命令である。
3　省令 ―― 各省大臣が担当する行政事務について発する命令をいう。
4　条例 ―― 地方公共団体の長が、議会の議決なしで発する命令をいう。

1-4　次の憲法第25条の条文の（　　）に入る正しい語句の組み合わせはどれか。

→P30「公衆衛生学－１　公衆衛生学の概要」参照

「すべて（ ア ）は、健康で文化的な最低限度の生活を営む権利を有する。国は、すべての生活部面について、社会福祉、社会保障および（ イ ）の向上および増進に努めなければならない」

　ア　　　イ
1　国民 ―― 食品衛生
2　市民 ―― 食品衛生
3　国民 ―― 公衆衛生
4　市民 ―― 公衆衛生

1-5　次の記述で誤りはどれか。

1　学校保健法規は、小学生のみを保護対象とする法規であって、学校給食法などがある。
2　労働衛生法規は、事業所で働く労働者を保護対象とする法規であって、労働基準法などがある。
3　一般衛生法規は、国民一般を保護対象とする法規であって、製菓衛生師法などがある。
4　環境保全法規は、国民一般を保護対象とする法規であって、環境基本法などがある。

1-6　衛生法規の分類で一般衛生法規に分類されない法は次のうちどれか。

1　健康増進法
2　医療法
3　薬事法
4　労働基準法

（衛生法規）　　　## 2　製菓衛生師法

この法律は、製菓衛生師の資格を定めることにより菓子製造業に従事する者の資質を向上させ、
もって公衆衛生の向上および増進に寄与することを目的とする（製菓衛生師法第１条）。

≫菓子製造業の営業許可には、製菓衛生師ではなく食品衛生責任者が１名必要。

→P16「衛生法規 - 3　食品衛生法、食品表示法、食品安全基本法」参照

製菓衛生師とは、都道府県知事の免許を受け、製菓衛生師の名称を用いて菓子製造業に従事する者をいう。

＊製菓衛生師の資格がなければ菓子製造業務に就くことができないという「業務独占」の資格ではない。

≫国家資格だが、免許証は都道府県知事が発行する。

製菓衛生師でない者が、製菓衛生師またはこれに類似する名称を用いてはならない。

＊製菓衛生師でない者が名称独占の違反を犯したときは、30万円以下の罰金に処せられる。

製菓衛生師試験は、厚生労働大臣の定める規準に基づき、都道府県知事が実施する。

≫都道府県によって試験日も問題内容も異なる。

受験資格　学校教育法第57条に規定する者（中学校卒業者、その他高等学校へ入学できる者）で、
さらに以下のいずれかの資格のある者。

①都道府県知事の指定する製菓衛生師養成施設（たとえば専修学校）卒業者
②２年以上菓子製造業に従事した者

≫①の場合、調理師は卒業と同時に免許取得できるが、製菓衛生師は受験資格だけの取得となる。

免許の登録　製菓衛生師試験に合格した者に対し、その申請に基づいて住所地の都道府県知事が行う。

≫試験は全国どこの都道府県でも受験できるが、免許の登録申請は住所地で行う。
≫試験には合格していても、登録申請しない者には免許は与えられない。
≫合格後、免許申請までの期限については規定がない。

免許申請の際に、申請書に添えて提出する書類

①戸籍の謄本もしくは抄本もしくは住民票の写し、または外国人登録証明書の写し
②麻薬、あへん、大麻もしくは覚せい剤の中毒者でないことを証明する医師の診断書
③住所地と異なる都道府県で試験を受けて合格した者は、その都道府県が発行した合格を証明する書類

欠格事由（次のいずれかに該当する者には免許が与えられない）
（絶対的欠格事由）免許取消処分を受けたのち１年を経過しない者
（相対的欠格事由）麻薬、あへん、大麻もしくは覚せい剤の中毒者には、免許を与えないことがある

≫赤痢、コレラ、O157などの感染症に罹（かか）っていても免許は与えられる。

申請に基づき、製菓衛生師名簿に登録される事項

①登録番号および登録年月日
②本籍地の都道府県名（外国籍の場合はその国名）
③氏名、生年月日および性別
④免許の取消、書換え、再交付および登録の消除

≫住所地の都道府県知事に申請するが、住所は登録されない。

本籍地や氏名に変更が生じた場合、30日以内に免許を与えた都道府県知事に名簿の訂正を申請しなければならない。

≫住所は製菓衛生師名簿に登録していないので、引越しをしても訂正申請は不要。

死亡、失踪（しっそう）の場合、戸籍法による届出義務者が30日以内に免許を与えた都道府県知事に登録の消除（削除）を申請し、免許証を返納しなければならない。

免許証を破り、汚し、なくした場合は、免許を与えた都道府県知事に再交付を申請することができる。

再交付後に古い免許証を発見した場合や、取消処分（→下記参照）を受けた場合は、５日以内に免許を与えた都道府県知事に返納しなければならない。

免許の取消

都道府県知事は、製菓衛生師が次のいずれかに該当するときは、その免許を取り消すことができる。

①麻薬、あへん、大麻または覚せい剤の中毒者

②その責に帰すべき事由により菓子製造業の業務に関し、食中毒その他衛生上重大な事故を発生させたとき

≫罰金刑や禁錮（こ）刑を受けても取消処分にならない。

練習問題

＊解答は別冊P２

2-1　次の記述で誤りはどれか。

1　製菓衛生師の免許を受けようとする者は、申請書に必要な書類を添付し、住所地の都道府県知事に提出する。

2　製菓衛生師は、名簿の登録事項に変更を生じたときは、30日以内に免許を与えた都道府県知事に対し、名簿訂正の申請をしなければならない。

3　菓子を製造する施設においては、必ず製菓衛生師を置かなければならない。

4　製菓衛生師法に基づいて、免許を受けた製菓衛生師でなければ、製菓衛生師またはこれに類する紛らわしい名称を用いてはならない。

2-2　本籍地が京都府で住所地が奈良県の者が、大阪府の実施した製菓衛生師試験に合格した場合、誰に対して製菓衛生師の免許を申請すればよいか。

1　京都府知事

2　厚生労働大臣

3　奈良県知事

4　大阪府知事

2-3　次の記述で正しいのはどれか。

1　製菓衛生師は、氏名を変更した場合、30日以内に製菓衛生師免許を与えた都道府県知事に申請しなければならない。

2　製菓衛生師は免許証の再交付を受けたのち、失った免許証を発見した場合は、30日以内に免許を与えた都道府県知事に返納しなければならない。

3　製菓の業務に従事する製菓衛生師は、毎年、氏名、年齢および性別を都道府県知事に申請しなければならない。

4　製菓衛生師の免許を受けようとする者は、申請書に厚生労働省令で定める書類を添え、これを本籍地の都道府県知事に申請しなければならない。

2-4　次の記述で正しいのはどれか。

1　製菓衛生師免許を受けたのち、登録事項の変更があった場合は、必要な書類を添え、2ヵ月以内に名簿の訂正を申請しなければならない。

2　「製菓衛生師」の名称は、都道府県知事から免許を受けた者だけが使用することができ、無免許者が製菓衛生師またはこれに紛らわしい名称を用いることは禁止されている。

3　食品衛生法による菓子製造業の許可を得るためには、製菓衛生師が当該事業所に1名以上配置されていなければならない。

4　製菓衛生師の受験資格には、「都道府県知事の指定する製菓衛生師養成施設で2年以上製菓衛生師として必要な知識・技能を習得した者」と「3年以上菓子製造業に従事した者」の2種類がある。

2-5　次の記述で正しいのはどれか。

1　免許証を紛失して再交付を受けた場合で、後日紛失したと思っていた免許証を発見したときは、発見した日から5日以内に免許を与えた都道府県知事に返納しなければならない。

2　製菓衛生師の免許は、製菓衛生師試験に合格した者に対し、特に申請の手続きを要せずに、受験者の住所地の都道府県知事が与える。

3　都道府県知事が指定した製菓衛生師養成施設を卒業した場合には、試験を受けないでも製菓衛生師の免許を申請することができる。

4　免許の取消処分を受けた製菓衛生師は、資格を喪失したことになるので、改めて免許を与えた都道府県知事に免許証を返納する必要はない。

2-6　次の記述で誤りはどれか。

1　製菓衛生師法は製菓衛生師の資格を定めることにより、菓子製造業に従事する者の資質を向上させ、もって公衆衛生の向上および増進に寄与することを目的とする。

2　製菓衛生師でなければ、製菓衛生師またはこれに類似する名称を用いてはならない。

3　製菓衛生師とは、製菓衛生師の名称を用いて菓子製造業に従事することができる者として、厚生労働大臣の免許を受けた者をいう。

4　製菓衛生師の免許は、製菓衛生師試験に合格した者に対し、その申請に基づき与えられる。

2-7　次の記述で正しいのはどれか。

1　菓子製造業に従事している製菓衛生師は、2年ごとに住所、氏名などを住所地の都道府県知事に届出なければならない。

2　新制中学校の卒業者で菓子製造業に従事した期間が2年以上あれば、製菓衛生師試験を受けることができる。

3　製菓衛生師免許の取消処分を受けた者は、処分を受けたのち2年を経過しないと免許申請をしても免許は与えられない。

4　製菓衛生師試験に合格した者は、2年以内に製菓衛生師免許を申請しなければならない。

2-8　次の記述で正しいのはどれか。

1　製菓衛生師免許は、試験を受けた都道府県の区域でしか効力がない。

2　製菓衛生師試験に合格した者が伝染病に罹患(りかん)している場合は、製菓衛生師の免許の申請ができない。

3　製菓衛生師免許の取消処分を受けた者は、処分を受けたのち2年を経過しないと免許申請をしても免許は与えられない。

4　製菓衛生師は製菓衛生師免許の記載事項に変更が生じたときは、免許の書換え交付を申請することができる。

2-9　次の記述の（　　）の中に入る正しい組み合わせはどれか。

「この法律は、製菓衛生師の資格を定めることにより菓子製造業に従事する者の（ ア ）を向上させ、もって（ イ ）の向上および増進に寄与することを目的とする」

	ア		イ
1	身分	——	公衆衛生
2	資質	——	公衆衛生
3	身分	——	食品衛生
4	資質	——	食品衛生

2-10　次の記述で正しいのはどれか。

1　製菓衛生師免許を失って再交付を受けた場合、後日になって失った免許証を発見した場合は、発見した日から30日以内にこれを、免許を与えた都道府県知事に返納しなければならない。
2　製菓衛生師名簿の登録事項に変更が生じたときは、30日以内に訂正の申請をしなければならない。
3　製菓衛生師試験に合格したときは、30日以内に免許申請をしなければならない。
4　製菓衛生師免許の取消処分を受けたときは、30日以内に免許証を返納しなければならない。

2-11　次のうち、製菓衛生師名簿の登録事項でないのはどれか。

1　本籍地都道府県
2　住所
3　氏名、生年月日
4　登録番号および登録年月日

2-12　次の記述の（　　）の中に入る正しい組み合わせはどれか。

「製菓衛生師は、自分の名前が変わったときは、（ ア ）以内に名簿の訂正を（ イ ）に対して申請しなければならない」

	ア		イ
1	3ヵ月	——	免許を与えた都道府県知事
2	30日	——	住所地の都道府県知事
3	30日	——	免許を与えた都道府県知事
4	3ヵ月	——	本籍地の都道府県知事

3　食品衛生法、食品表示法、食品安全基本法

≪食品衛生法≫

この法律は、食品の安全性の確保のために、公衆衛生の見地から必要な規制その他の措置を講ずることにより、飲食に起因する衛生上の危害の発生を防止し、もって国民の健康の保護を図ることを目的とする。

食品　すべての飲食物をいう。ただし、医薬品、医療機器等の品質、有効性および安全性の確保等に関する法律（略：薬機法）に規定する医薬品、医薬部外品および再生医療等製品は、これを含まない。

≫市販薬・うがい薬・化粧品などは、食品衛生法では規定していない。

食品衛生　食品、添加物、器具および容器包装を対象とする飲食に関する衛生をいう。

≫食品衛生法は食品に起因する衛生だけでなく、飲食に起因する衛生に関する法律である。

添加物　食品の製造の過程において、または食品の加工もしくは保存の目的で、食品に添加、混和、浸潤その他これに類する方法で使用されるものをいう。

＊食品添加物は、「天然」、「合成」の区別がなく、厚生労働大臣が許可したものしか使用できない。

→P112「食品衛生学－９　食品添加物」参照

器具　食品または添加物に直接接触する機械、器具類などをいう。

＊農業、水産業で食品の採取に用いる機械、器具類は含まない（魚網、鍬（くわ）、鋤（すき）など）。

容器包装　食品または添加物を入れたり、包んだりするもので、授受する場合そのまま引き渡すもの。

販売の禁止（次に該当する食品類は販売できない）

①腐敗、変敗、未熟なもの（ただし、一般に人の健康をそこなうおそれがなく飲食に適すると認められているものは除外される）

②有害、有毒なもの（ただし、厚生労働大臣が人の健康をそこなうおそれがないと定める場合は除外される）

※フグのように有毒であっても、取り扱いが食品衛生法で規定されて安全に処理されたものは販売できる。

③病原微生物によって汚染されたもの

④不潔なもの、異物が混入したもの

ポジティブリスト制度　農薬、飼料添加物、動物用医薬品が一定の量を超えて残留する食品の販売等を原則禁止する制度。

①食品中に残留する農薬等について、個別に残留基準を設定する

②①で個別の残留基準が設定されていない農薬等については、一律基準値0.01ppmをもって規制される

≫食品中に残留する可能性がある農薬等について以前は、ネガティブリスト制度であった。

※ポジティブリスト制度は、原則禁止として、使用・残留を認めるものについてリスト化する。対して、原則規制がなく、使用・残留を認めないものをリスト化して規制することをネガティブリスト制度という。

HACCP　→P116「食品衛生学ー11　食品衛生対策Ⅰ」参照

≫平成30年の食品衛生法の改正でHACCPに沿った衛生管理が制度化された。

規格基準　厚生労働大臣は販売用の食品、添加物、器具、容器包装の規格・基準を定めることができる。

＊公衆衛生に危害をおよぼすおそれがある虚偽または誇大な表示や広告をしてはならない。

≫規格基準に合わない方法により、製造・加工・使用・調理などすることができない。

食品衛生監視員　臨検、検査、収去の権限をもち、食中毒の調査、食品製造業者や飲食店の監視、指導、教育を行っている技術系公務員（保健所や検疫所の職員など）。

≫違反者への営業停止の権限は都道府県知事が有し、食品衛生監視員にはない。

＊臨検：営業店などに立ち入ること。
収去：検査の目的で無償で商品などをもち帰ること。

食品衛生管理者　特に衛生上の考慮を必要とする政令で定める営業において、医師、薬剤師などの資格を有する者から営業者が任命する。

≫設置が必要な業種は、乳製品製造業、食肉製品（ハム、ソーセージ、ベーコンなど）製造業、添加物製造業などが対象で、飲食店営業や菓子製造業は該当しない。

食品衛生責任者　営業者が許可施設ごとに営業者自らまたは従事者の中から１名、資格を有する者より定める。

＊有資格者とは製菓衛生師、調理師、栄養士など。または保健所長や知事などが実施する講習会の受講修了者をいう。

≫飲食店や菓子店には１名以上の食品衛生責任者が必要。

≫食品衛生監視員、食品衛生管理者、食品衛生責任者の違いを必ず覚えておくこと。

営業許可　都道府県知事は、施行令で定める32業種（営業許可施設という）について、業種別に公衆衛生の見地から必要な基準を定める。

＊営業許可施設については施設が基準に合っていることを確認して、都道府県知事が５年を下らない有効期限で営業を許可する。

≫主な営業許可施設としては、飲食店営業、菓子製造業、アイスクリーム類製造業、乳製品製造業、食肉製品製造業、豆腐製造業など「製造業」の他に、魚介類せり売り営業、食肉販売業や魚介類販売業などの「販売業」もある。

※食肉販売業や魚介類販売業については包装品だけを扱う場合は届出のみで可能。

＊菓子製造業とは、もち菓子・ケーキ・あめ菓子・せんべい類・干菓子・チューインガムを製造する営業をいう。

≫焼芋・いり豆・焼きいか・乾燥果実など農水産物に極めて単純な加工をなす営業は含まれない。

≫菓子やパンを販売するだけの場合、営業許可は不要である。

※平成30年（2018年）の食品衛生法改正を受けて、令和３年（2021年）６月以降、営業許可の業種区分が実態に応じて見直され、34業種から32業種に変更された。

※上記食品衛生法の改正により、菓子製造業に従来の「あん類製造業」も統合されている。また、改正後菓子製造業については、下記の変更がなされている。

①菓子製造業の許可を受けた施設で、客が購入した菓子やパンに飲料を添えて施設内で提供する場合、飲食店営業の許可を要しない

②菓子製造業の許可を受けた施設で調理パンを製造する場合、そうざい製造業または飲食店営業の許可を要しない

行政処分　公衆衛生の安全を確保するため、食品衛生法では多くの命令規定や禁止規定を定めている。
同法に基づき、営業者による有害な食品の販売などの違反状態を終わらせるため、厚生労働大臣または都道府県知事が行う食品などの廃棄、許可の取消、営業の禁停止、施設の改善命令などを行政処分という。

≪食品表示法≫

この法律は、国民の健康の保護および増進ならびに食品の生産および流通の円滑化ならびに消費者の需要に即した食品の生産の振興に寄与することを目的とする。

≫日本の食品表示を規定する法律で、食品衛生法、健康増進法、農林物資の規格化等および品質表示の適正化に関する法律（JAS法）の３法の食品表示に関する規定を一元化したものである。

（平成25年［2013年］６月28日制定、平成27年［2015年］４月１日施行）

表示の対象　不特定または多数の者に対する販売以外の譲渡を含む。

食品表示基準の遵守　食品関連事業者等は、食品表示基準（アレルゲンなど）に従った表示がされていない食品の販売をしてはならない。

不適正な表示に対する措置　販売に用いる食品表示基準を遵守しない食品関連事業者に対して遵守事項を遵守すべき旨の指示をすることができる。違反者は、おおむね３年以下の懲役か300万円以下の罰金刑に処す。また、法人の代表者や使用人その他の従業者が、その法人の業務に関して、違反行為をしたときは、行為者を罰する他、その法人に対し１億円以下もしくは３億円以下の罰金刑を科する。

≪食品安全基本法≫
この法律は、食品の安全性の確保に関する施策を総合的に推進することを目的としている（平成15年［2003年］制定）。

基本理念
①国民の健康の保護がもっとも重要であることを基本的認識とする。
②食品供給工程の各段階において、食品の安全性確保に必要な措置を講じる。
③国際的動向、科学的知見に基づいて、食品の安全性を確保する。

この法律はさらに、国、食品関連事業者、消費者など関係者の責務・役割を明らかにし、施策の策定にかかわる基本的な方針、食品安全委員会（内閣府内）の設置などを定めている。

リスク評価　食品を摂取することにより人の健康に害をおよぼす影響の評価を実施する。

リスク管理　食品健康影響評価に基づいて施策を策定する。

リスクコミュニケーション　情報の提供、意見を述べる機会の付与、関係者相互間の情報・意見交換の推進を行う。

練習問題

＊解答は別冊Ｐ２

3-1　次の記述で正しいのはどれか。
1　食品衛生管理者は、医師、歯科医師、薬剤師または調理師でなければならない。
2　食品衛生監視員は、公務員である。
3　栄養指導員は、調理師の資格が必要である。
4　食品衛生指導員は、栄養士の資格が必要である。

3-2　次の食品衛生法の目的に関する記述の（　　）の中に入る正しい組み合わせはどれか。
「（ ア ）に起因する（ イ ）の危害の発生を防止し、もって国民の（ ウ ）の保護を図ることを目的とする」

	ア	イ	ウ
1	食品	食中毒	衛生
2	食品	衛生上	健康
3	飲食	食中毒	衛生
4	飲食	衛生上	健康

3-3　食品衛生法に規定されていない事項は次のうちどれか。

1　食品添加物に関すること。
2　特定給食施設の栄養管理に関すること。
3　食品衛生管理者に関すること。
4　営業上使用する器具および容器包装に関すること。

3-4　食品衛生法に関する記述で誤りはどれか。

1　食品衛生法は、飲食に起因する衛生上の危害の発生を防止し、国民の健康の保護を図ることを目的としている。
2　食品とはすべての飲食物をいうものであり、「医薬品、医療機器等の品質、有効性および安全性の確保等に関する法律」に規定する医薬品および医薬部外品も含む。
3　営業上使用する器具および容器包装は、清潔で衛生的でなければならない。
4　食品、添加物、器具または容器包装の表示については、公衆衛生に危害をおよぼすおそれがある虚偽の表示や広告、または誇大な表示や広告を行ってはならない。

3-5　次の記述で正しいのはどれか。

1　飲食店、喫茶店など、食品衛生法に規定する営業を営もうとする者は、省令の定めるところにより、都道府県知事の許可を受けなければならない。
2　乳幼児が接触することによりその健康をそこなうおそれのあるおもちゃについては、食品衛生法は適用されない。
3　食品衛生に関する監視指導の職務を行わせるため、国、都道府県および保健所を設置する市町村は、食品衛生管理者を置いている。
4　乳製品、化学的合成品である添加物など、特に専門的知識を必要とする食品または添加物の製造、加工を行う営業者は、食品衛生監視員を置かなければならない。

3-6　次のものを業として製造するとき、食品衛生法により菓子製造業の営業許可が必要でないものはどれか。

1　せんべい
2　もち菓子
3　最中（もなか）の外殻（がいかく）
4　パン

3-7　食品安全基本法に関する記述で正しいのはどれか。

1　国民の健康の保護がもっとも重要であるとの基本認識の下に、食品の安全性の確保に関する施策を総合的に推進することを目的としている。
2　製造された食品の安全を確保するため、食品製造事業者の保護を目的としている。
3　食品安全委員会を厚生労働省内に設置することが定められている。
4　虚偽表示の問題に対応するため、表示することを義務付けた。

3-8　食品衛生監視員に関する記述で誤りはどれか。

1　食品衛生監視員は試験をするのに必要な限度で、販売用もしくは営業上使用する食品・添加物・器具もしくは容器包装を無償で収去できる。
2　食品衛生監視員は、官吏または吏員の中から任命される。
3　食品衛生監視員は、必要があるときは営業の場所・事務所・倉庫その他の場所を臨検し、販売用もしくは容器包装・営業の施設・帳簿書類その他の物件を検査できる。
4　食品衛生監視員は、営業者その他の関係者から必要な報告を求めることはできない。

4　その他の衛生法規

≪地域保健法≫
この法律は、地域住民の健康の保持および増進に寄与することを目的とする。

保健所　地方における公衆衛生の向上および増進を図るため、都道府県・指定都市、中核市、その他政令で定める市、特別区が設置する。

≫指定都市には、大阪市、神戸市、京都市などがある。

※保健所の業務について　→P31「公衆衛生学 ― 1　公衆衛生学の概要」参照

市町村保健センター　住民に対する健康相談、保健指導および健康診査その他、地域保健に関する必要な事業を行うために、市町村が設置する。

≪感染症の予防および感染症の患者に対する医療に関する法律（感染症予防法）≫
この法律は、感染症の発生を予防し、およびそのまん延の防止を図り、もって公衆衛生の向上および増進を図ることを目的とする。

基本理念　新感染症その他の感染症に迅速かつ適確に対応する。感染症の患者等が置かれている状況を深く認識し、これらの者の人権を尊重しつつ、総合的かつ計画的に推進する。

≫伝染病予防法に代わってこの法律が制定。人権保護が重要なポイント。

感染症の分類　1～5類感染症、指定感染症、新感染症、新型インフルエンザ等感染症

※感染症の分類について　→P42「公衆衛生学 ― 5　疾病の予防（感染症）」参照

就業制限　1類から3類感染症および新型インフルエンザに分類される感染症に関して、医師から都道府県知事に届出のあった患者および無症状病原体保有者は、就業を制限される。

≫感染症ごとに厚生労働省令で定める業務がある。

①エボラ出血熱など　飲食物の製造、販売、調製または取扱いの際に飲食物に直接接触する業務および他者の身体に直接接触する業務
②結核　接客業その他の多数の者に接触する業務
③重症急性呼吸器症候群や新型インフルエンザ等感染症など　飲食物の製造、販売、調製または取り扱いの際に飲食物に直接接触する業務および接客業その他の多数の者に接触する業務

＊期間についても感染症ごとに厚生労働省令で定める。

≪健康増進法≫

国民の栄養の改善その他の国民の健康の増進を図るための措置を講じ、もって国民保健の向上を図ることを目的としている。

＊栄養改善法を廃止して、平成14年（2002年）に制定。

国民健康・栄養調査　厚生労働大臣が、国民の健康の増進の総合的な推進を図るための基礎資料として毎年実施する調査をいう。

健康増進計画　国民の健康の増進のために、国・地方公共団体等が協力し、地域の実態等に応じて実施する健康づくり政策をいう。

保健指導　自分の生活習慣における課題に気づき、健康的な生活スタイルを自ら導き出せるよう支援する指導をいう。

栄養指導　栄養知識の伝達、食生活面の具体的な指導・援助を行って健康の維持・増進を図る指導をいう。

栄養指導員　栄養指導を行う人。知事、保健所を設置する市または特別区の市長または区長が、医師または管理栄養士の資格を有する職員のうちから任命する。

特定給食施設　特定かつ多数の者に対して継続的に食事を供給する施設のうち栄養管理が必要な施設（病院や学校、福祉施設など）をいう。

特別用途食品　販売に用いる食品につき、乳児、幼児、妊産婦、病者などの発育、健康の保持・回復などに適するという特別の用途について表示する食品をいう。特別用途食品を販売しようとする者は、内閣総理大臣（消費者庁長官）の許可が必要。

特定保健用食品　食生活において特定の保健の目的で摂取をする者に対して、その摂取により当該保健の目的が期待できる食品（消費者庁の許可マークを付けることができる）をいう。

※特別用途食品、特定保健用食品について　→P162「栄養学ー13　栄養成分表示、基礎食品」参照

≪食育基本法≫

食育に関する施策を総合的かつ計画的に推進し、現在および将来にわたる健康で文化的な国民の生活と豊かで活力ある社会の実現に寄与することを目的とする。

食育の位置付け　生きる上での基本であって、知育、徳育および体育の基礎となるべきものと位置付ける。

食育推進会議　食育に関する方針を発表し、施策の実施を推進する会議をいう。

食育推進基本計画　食育に関する基本方針をまとめた計画、またはその計画書をいう。

※学校給食法について　→P31「公衆衛生学ー１　公衆衛生の概要」参照
労働安全衛生法について　→P50「公衆衛生学ー７　労働衛生」参照

練習問題 ＊解答は別冊P３

4-1 次の組み合わせで誤りはどれか。
1 健康増進法 —— 調理技術の合理的な発達と国民の食生活の向上。
2 地域保健法 —— 地域住民の健康の保持および増進。
3 労働安全衛生法 —— 職場における労働者の安全と健康の確保。
4 学校給食法 —— 学校給食の普及充実と学校における食育の推進。

4-2 次の組み合わせで誤りはどれか。
1 健康増進法 —— 管理栄養士の免許
2 製菓衛生師法 —— 製菓衛生師の免許
3 食品衛生法 —— 営業施設の業種別基準
4 地域保健法 —— 保健所、市町村保健センターの設置

4-3 菓子の製造、販売、調製または取り扱いに直接従事する業務に就くことを禁止できる法律は、次のうちどれか。
1 食品衛生法
2 製菓衛生師法
3 調理師法
4 感染症の予防および感染症の患者に対する医療に関する法律

4-4 次のA群とB群の各組み合わせで正しいのはどれか。

A群	B群
ア：健康増進法	a：市町村保健センター
イ：地域保健法	b：特定給食施設
ウ：医療法	c：公衆浴場
エ：環境衛生関係営業の運営の適正化に関する法律	d：助産所

1 ア－a イ－b ウ－c エ－d
2 ア－b イ－a ウ－d エ－c
3 ア－a イ－c ウ－b エ－d
4 ア－b イ－c ウ－d エ－a

4-5 次の組み合わせで誤りはどれか。
1 学校給食法 —— 食品衛生監視員
2 感染症予防法 —— 新型インフルエンザ等感染症
3 健康増進法 —— 国民健康・栄養調査
4 労働安全衛生法 —— 衛生管理者

4-6 次の組み合わせで誤りはどれか。
1 健康増進法 —— 国民健康・栄養調査員
2 感染症予防法 —— 食品の栄養表示基準
3 地域保健法 —— 保健所、市町村保健センター
4 食品衛生法 —— 食品衛生監視員

4-7　次の記述で誤りはどれか。

1　「感染症の予防および感染症の患者に対する医療に関する法律」は、感染症の予防および感染症の患者に対する医療に関し必要な措置を定めることにより、感染症の発生を予防し、およびそのまん延の防止を図り、もって公衆衛生の向上および増進を図ることを目的とする。

2　「健康増進法」は、地域保健対策に関する法律による対策が地域において総合的に推進されることを確保し、地域住民の健康の保持および増進に寄与することを目的とする。

3　「医薬品、医療機器等の品質、有効性および安全性の確保等に関する法律」は、医薬品等の品質、有効性および安全性の確保することを目的とする。

4　「食育基本法」は、食育に関する施策を総合的かつ計画的に推進し、現在および将来にわたる健康で文化的な国民の生活と豊かで活力ある社会の実現に寄与することを目的とする。

5　演習問題

＊解答は別冊P３

1　次の憲法第25条の条文の（　　）に入る正しい語句の組み合わせはどれか。
「すべて国民は、（　ア　）な最低限度の生活を営む権利を有する。国は、すべての生活部面について、社会福祉、社会保障および（　イ　）の向上および増進に努めなければならない」

	ア		イ
1	健康で文化的	——	食品衛生
2	安全で衛生的	——	食品衛生
3	健康で文化的	——	公衆衛生
4	安全で衛生的	——	公衆衛生

2　次の組み合わせで正しいのはどれか。
1　憲法 —— 国の組織および統治に関する基本事項を定めた国の最高法規である。
2　法律 —— 地方公共団体が議会の議決を経て制定する。
3　省令 —— 国会の議決を経て制定する。
4　条例 —— 各行政官庁の大臣が制定する。

3　次の記述の（　　）に入る組み合わせで正しいのはどれか。
「製菓衛生師法において［製菓衛生師］とは、（　ア　）の免許を受け、製菓衛生師の名称を用いて（　イ　）に従事する者をいう」

	ア		イ
1	都道府県知事	——	飲食店営業
2	都道府県知事	——	菓子製造業
3	保健所長	——	飲食店営業
4	保健所長	——	菓子製造業

4　製菓衛生師法の目的に関する記述で、正しいのはどれか。
1　菓子製造業に従事する者の社会的地位の向上および増進に寄与することを目的とする。
2　菓子製造業に従事する者の製造技術を向上させ、国民の体力の維持向上に寄与することを目的とする。
3　菓子製造業に従事する者の資質を向上させ、もって公衆衛生の向上および増進に寄与することを目的とする。
4　菓子製造業に従事する者の資質を向上させ、もって食生活の改善および業界の発展に寄与することを目的とする。

5　製菓衛生師法に関する記述で誤りはどれか。
1　麻薬、あへん、大麻または覚せい剤の中毒者には、免許を与えないことがある。
2　製菓衛生師でなければ、製菓衛生師またはこれに類似する名称を用いてはならない。
3　製菓衛生師の免許を受けようとする者は、申請書に厚生労働省令で定める書類を添え、これを就業地の都道府県知事に提出しなければならない。
4　製菓衛生師は、免許証を破り、汚し、または失ったときは、免許証の再交付を申請することができる。

6　次の記述で正しいのはどれか。

1　製菓衛生師の免許が取り消されるのは、麻薬、あへん、大麻もしくは覚せい剤の中毒者になったときのみである。

2　製菓衛生師が死亡したり、失踪の宣告を受けたときには、製菓衛生師の身分を失うものではないから、免許を与えた都道府県知事に製菓衛生師免許証を返納する必要はない。

3　菓子製造業を行うためには、必ず製菓衛生師を1名置かなければならない。

4　製菓衛生師法の目的は、製菓衛生師の資格を定めることにより菓子製造業に従事する者の資質を向上させ、もって公衆衛生の向上および増進に寄与することである。

7　次の記述で誤りはどれか。

1　製菓衛生師とは、製菓衛生師の名称を用いて菓子製造業に従事することができる者として、厚生労働大臣の免許を受けた者をいう。

2　製菓衛生師試験は、厚生労働大臣の定める基準に基づき都道府県知事が行う。

3　製菓衛生師の免許は、製菓衛生師試験に合格した者に対しその申請に基づき与えられる。

4　製菓衛生師でなければ、製菓衛生師またはこれに類似する名称を用いてはならない。

8　次の記述で正しいのはどれか。

1　製菓衛生師試験は、厚生労働大臣の定める基準に基づき、必要な知識について都道府県知事が行う。

2　製菓衛生師免許の取消処分を受けた者は、処分を受けたのち2年を経過しないと免許申請しても免許は得られない。

3　製菓衛生師の免許証は、取得した都道府県の区域でしか効力がない。

4　製菓衛生師試験に合格した者が伝染性疾患に罹(かか)っているときは、製菓衛生師免許が与えられない。

9　次の記述で正しいのはどれか。

1　製菓衛生師免許を取得するには、製菓衛生師試験に合格するしか方法がない。

2　製菓衛生師免許の申請は、試験に合格した都道府県の知事に行わなければならない。

3　製菓衛生師免許は、免許を取得した都道府県の区域しか効力がない。

4　新制中学校の卒業者で菓子製造に1年従事すれば、製菓衛生師試験を受けることができる。

10　大阪府知事交付の製菓衛生師免許所持者で奈良県に居住する者が、本籍地を京都府から兵庫県へ移した場合は、次の誰に対して免許証の書換え申請を行えばよいか。

1　京都府知事

2　奈良県知事

3　大阪府知事

4　兵庫県知事

11　製菓衛生師免許が取り消される理由とならないのは次のうちどれか。

1　覚せい剤、あへんの中毒者

2　罰金以上の刑に処せられた者

3　製菓衛生師の責任による食中毒、その他衛生上の重大な事故を発生させたとき

4　大麻、麻薬の中毒者

12　製菓衛生師免許を取得する方法で、次のうち正しいのはどれか。

1　厚生労働大臣の指定する製菓衛生師養成施設を卒業し、都道府県知事が実施する製菓衛生師試験に合格したのち、厚生労働大臣あてに免許申請する。

2　厚生労働大臣が実施する製菓衛生師試験に合格後、厚生労働大臣に免許申請する。

3　都道府県知事が指定する製菓衛生師養成施設を卒業後、住所地の都道府県知事に免許申請する。

4　都道府県知事が実施する製菓衛生師試験に合格後、住所地の都道府県知事に免許申請する。

13　製菓衛生師試験の合格者が免許の申請を行う場合、申請書に添付する必要のない書類は次のうちどれか。

1　合格を証する書類

2　戸籍抄本

3　菓子製造業での従事証明書

4　麻薬、大麻、あへんもしくは覚せい剤の中毒者であるかないかの医師の診断書

14　製菓衛生師免許証の再交付の申請先について、次のうち正しいのはどれか。

1　厚生労働大臣

2　免許を与えた都道府県知事

3　住所地の都道府県知事

4　住所地の市町村長

15　製菓衛生師法において、絶対的欠格事由により製菓衛生師の免許が与えられない者とは次のうちどれか。

1　素行が著しく不良である者

2　結核に感染した者

3　麻薬、あへん、大麻または覚せい剤の中毒者

4　免許の取消処分を受けたのち１年を経過しない者

16　次の製菓衛生師法に規定する名簿登録の削除に関する記述で、（　　）に入る正しいものはどれか。

「製菓衛生師が死亡したり、失踪（しっそう）の宣言を受けたときは、届出義務者は（　　）以内に名簿の登録の削除を申請しなければならない」

1　５日

2　７日

3　10日

4　30日

17　次の記述で誤りはどれか。

1　食品とは、医薬品、医療機器等の品質、有効性および安全性の確保等に関する法律で規定する医薬品や医薬部外品を含むすべての飲食物をいう。

2　添加物とは、食品の製造過程において使用されたり、食品の加工や保存の目的で使用するものであり、食品に添加、混和、浸潤その他これに類する方法で使用されるものである。

3　食品、添加物、器具または容器包装の表示については、公衆衛生に危害をおよぼすおそれがある虚偽の表示や広告、または誇大な表示や広告を行うことは禁止されている。

4　都道府県知事が営業施設の基準（政令で定める32業種）を定めている営業を営もうとする者は、都道府県知事の許可を受けなければならない。

18　次のうち、食品衛生法上において、営業許可を必要としない業種はどれか。

1　菓子製造業
2　アイスクリーム類製造業
3　酒類販売業
4　魚介類せり売り営業

19　食品衛生法の規定に関する記述で正しいのはどれか。

1　食肉処理および食肉製品製造施設には、食品衛生管理者の設置が義務付けられている。
2　食品および添加物の販売には、製造年月日、販売所所在地、販売者氏名、数量などの表示が義務付けられている。
3　食中毒患者やその疑いのある者を診断した医師は、直ちに最寄りの市町村長にその旨届出なければならない。
4　食品衛生法の目的は、飲食に起因する衛生上の危害の発生を防止し、国民の健康の保護を図ることである。

20　食品衛生法に規定する用語に関する記述で正しいのはどれか。

1　食品衛生とは、食品や添加物だけでなく、器具や容器包装も対象とする飲食に関する衛生である。
2　食品とは、すべての飲食物のことをいうが、医薬品でも該当するものがある。
3　添加物とは、海外で安全に使用されていれば、厚生労働大臣の指定がなくても使用できる。
4　営業者とは、営業を営む人のことであり、法人は含まない。

21　次の衛生管理運営基準に関する記述の（　　）に入る正しいものはどれか。
「飲食店等の営業施設に設置された（　　）は、営業者の指示に従い、食品衛生上の管理運営にあたり、営業者に対する改善の進言や従事者の衛生教育を行う」

1　食品衛生推進員
2　食品衛生管理者
3　食品衛生責任者
4　食品衛生監視員

22　食品衛生法に関する記述で正しいのはどれか。

1　この法律は、国民保健の向上を図ることを目的としている。
2　飲食店営業、食肉処理業、そうざい製造業は、いずれも食品衛生法による営業許可が必要である。
3　食品衛生管理者は、食品関係施設の監視指導、立入検査および食品の収去を行うことができる。
4　菓子製造業を営もうとする者は、市町村長の許可を受けなければならない。

23　食品衛生法の営業に関する記述で正しいのはどれか。

1　菓子製造などの営業をする者は、厚生労働大臣が定めた施設基準に適合しなければ営業許可が与えられない。
2　都道府県知事は、営業許可にあたって許可の有効期限に条件を付けることはできない。
3　営業許可とは、一般的に禁止されている行為を、特定の場合に、特定の人に対して解除し、適法にその行為をさせる行政庁の処分である。
4　許可を要する営業施設は、すべてに「食品衛生管理者」の配置が義務付けられている。

24　菓子製造業の営業許可が必要なものは次のうちどれか。

1　いり豆、焼きいか、甘栗
2　わたあめ、ポップコーン、ばくだんあられ
3　せんべい、ケーキ、チューインガム
4　最中の外殻、乾燥果実、クリーム

25　次の記述で正しいのはどれか。

1　食品とは、そのまま飲食できるもの、加工、調理することにより飲食できるものすべてをいい、医薬品、医療機器等の品質、有効性および安全性の確保等に関する法律に規定する医薬品および医薬部外品も含む。
2　食品あるいは添加物が、いつ、どこで、だれによって作られたのか、その内容にどのようなものが含まれているのかなどの記載は、飲食に起因する事故防止のために重要で、法律で食品、添加物について表示の基準を定めている。
3　食品の製造過程または食品の加工もしくは保存の目的で添加物を使用してはならない。
4　食中毒に罹っているか、またはその疑いのある患者を診断した医師は保健所長に届出なくてもよい。

26　次の組み合わせで正しいのはどれか。

1　健康増進法 ―― 栄養士養成施設 ―― 栄養士免許
2　食品衛生法 ―― 製菓衛生師免許 ―― 菓子販売業営業許可
3　医師法 ―― 歯科医師免許 ―― 歯科医院の開設
4　感染症の予防および感染症の患者に対する医療に関する法律 ―― 腸管出血性大腸菌（O157）感染症 ―― 3類感染症

27　次の組み合わせで正しいのはどれか。

1　食品衛生法 ―― 食品添加物の規定
2　地域保健法 ―― 国民健康・栄養調査
3　健康増進法 ―― 食中毒調査
4　食品安全基本法 ―― 保健所の設置

28　次の組み合わせで誤りはどれか。

1　健康増進法 ―― 国民健康・栄養調査の実施
2　食品衛生法 ―― 営業施設の業種別基準
3　製菓衛生師法 ―― 菓子製造業の許可
4　栄養士法 ―― 管理栄養士の資格

29　次の記述で誤りはどれか。

1　健康増進法は、国民健康づくり運動「健康日本21」を法制化したものであり、医療制度改革の一環である。
2　厚生労働大臣は、国民の健康増進を図るための基礎資料として、国民の身体状況、栄養摂取量および生活習慣の状況を明らかにするため、国民健康・栄養調査を実施する。
3　製菓衛生師は、免許の取消処分を受けたときは、免許証を5日以内に、免許を与えた都道府県知事に返納しなければならない。
4　食品衛生監視員には、食品関係営業施設の立入検査の権限は与えられているが、食品などの収去の権限は与えられていない。

公衆衛生学

（公衆衛生学）

1　公衆衛生学の概要

18世紀、イギリスに端を発した産業革命において、環境衛生、労働衛生などの公衆衛生活動が始まった。
19世紀には細菌学、免疫学が発展し、公衆衛生活動が活発になった。
20世紀に入り、国際社会における人権、保健衛生への意識の高まりから、1946年に世界保健機関（WHO）が発足するなど、公衆衛生活動は国際的な連携へと広がりを見せた。

公衆衛生の定義

「公衆衛生とは、国や地方公共団体あるいは組織化された社会の責任において、人々の生命と健康をおびやかす社会的、医学的原因をとり除き、人々が長生きする方法をも考え、さらに精神的、身体的能力および人間としての尊厳の向上を図る学問および技術である」

＊アメリカのウインスロー教授による定義
「公衆衛生とは、国や地域社会の組織的な努力により疾病を予防し、生命を延長し、肉体的・精神的健康と能率の増進を図る科学であり、技術である」

「健康」の定義

世界保健機関（ＷＨＯ）憲章
「健康とは、単に疾病や虚弱でないというだけではなく、肉体的、精神的ならびに社会的に完全に良好な状態、さらに、人間としての尊厳が保たれている状態をいう。およぶ限り最高の健康水準を享受することは、人種、政治的信条、経済状態のいかんを問わず、すべての人の基本的権利である」

≫虫食い問題（文章の一部分を空白にして、そこにあてはまる語句を選ばせる）で出題率が高い。

ヘルスプロモーション

「人々が自らの健康とその決定要因をコントロールし、改善することができるようにするプロセス」
第１回ヘルスプロモーション会議において採択された「オタワ憲章」では、プライマリ・ヘルスケアの精神を基盤に、健康的な公共政策や環境整備の重要性が強調された。

＊プライマリ・ヘルスケア：「アルマ・アタ宣言」
健康は人間の基本的権利であり、政治的・社会的・経済的な理由で格差が生じてはならない。

公衆衛生行政

日本国憲法第25条
「すべて国民は、健康で文化的な最低限度の生活を営む権利を有する。国は、すべての生活部面について、社会福祉、社会保障および公衆衛生の向上および増進に努めなければならない」

≫虫食い問題で出題率が高い。

衛生行政の構成

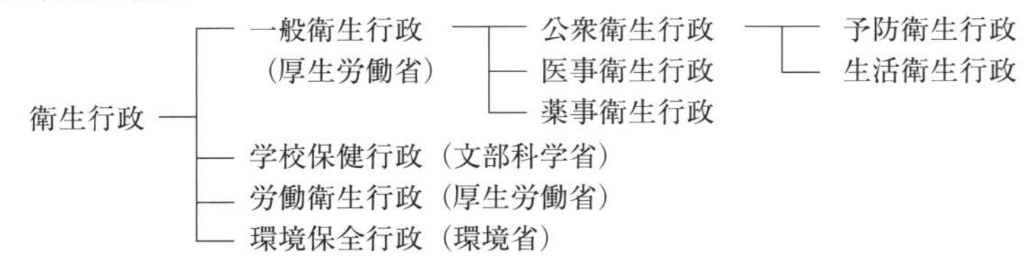

一般衛生行政の機構

国（厚生労働省）→ 都道府県（衛生主管部局）→ 保健所 → 市町村　の体系が作られている。

保健所

保健所とは、衛生行政の第一線機関で、公衆衛生活動のセンターとして、地域住民の生活環境の向上と健康増進の拠点である。保健所の数は以前より減少している。

＊第一線とは地域住民や食品営業者に対して、直接に指導や監視を行う仕事と解釈する。

保健所の業務（地域保健法第６条）
①地域保健に関する思想の普及および向上に関する事項
②人口動態統計その他地域保健に係る統計に関する事項
③栄養の改善および食品衛生に関する事項
④住宅、水道、下水道、廃棄物の処理、清掃その他の環境の衛生に関する事項
⑤医事および薬事に関する事項
⑥保健師に関する事項
⑦公共医療事業の向上および増進に関する事項
⑧母性および乳幼児ならびに老人の保健に関する事項
⑨歯科保健に関する事項
⑩精神保健に関する事項
⑪治療方法が確立していない疾病その他の特殊な疾病により長期に療養を必要とする者の保健に関する事項
⑫エイズ、結核、性病、感染症、その他の疾病の予防に関する事項
⑬衛生上の試験および検査に関する事項
⑭その他地域住民の健康の保持および増進に関する事項

市町村の活動
地域住民に身近な対人保健サービスを行う拠点として、市町村保健センターを設置する。

≪母子保健≫
母子保健とは、母性と小学校入学までの乳幼児を対象とする保健をいう。

母子保健の指標として、妊産婦死亡率、周産期死亡率、新生児死亡率、乳児死亡率などがある。
＊周産期死亡とは、妊娠満22週以後の死産と生後１週未満の新生児の死亡。
＊新生児・乳児死亡に関しての詳細は　→P34「公衆衛生学－２　衛生統計」参照
母子保健対策は市町村にて実施されている。

≪学校保健≫
学校保健とは、幼児、児童、生徒、学生、教職員の健康保持増進を目的とした保健対策である。
「学校保健安全法」では、定期健康診断や感染症予防（出席停止、臨時休業）などを定める。
学校保健統計において被患率の高いものに、虫歯（う歯）、近視がある。

学校給食の目標（学校給食法）
①適切な栄養の摂取による健康の保持増進を図る。
②食事について正しい理解を深め、健全な食生活を営む判断力を培い、望ましい食習慣を養う。
③学校生活を豊かにし、明るい社交性および協同の精神を養う。
④生命および自然を尊重する精神ならびに環境の保全に寄与する態度を養う。
⑤勤労を重んじる態度を養う。
⑥伝統的食文化について理解を深める。
⑦食料の生産、流通および消費について、正しい理解に導く。

≪介護保険制度≫
介護保険制度は、2000年より施行された介護保険法に基づく、高齢者の介護を社会全体で支え合うしくみである。
保険者は市区町村であり、被保険者は65歳以上の第1号被保険者と40～64歳の第２号被保険者からなるが、財源は保険料が５割、公費が５割である。
介護が必要となった場合に市区町村の窓口で申請し、要介護認定で判断される。要介護度は要支援１～２と要介護１～５に区分される。要介護度は数字が大きいほど重い。

練習問題

*解答は別冊P５

1-1　公衆衛生の現状に関する記述で誤りはどれか。

1　公衆衛生行政は、医療行政、薬事行政や食品衛生行政とも深い関連があり、これらを一括して単に衛生行政と呼んでいる。

2　憲法第25条の規定に基づいて、公衆衛生関係の諸法規が作られ、これに従って衛生行政が実施される。

3　わが国では、公衆衛生行政は、一般衛生行政、学校保健行政、労働衛生行政の３本立てとして展開されている。

4　保健所は公衆衛生行政の第一線機関として広範な活動を行い、住民の健康を守るセンターとしての役割を負っている。

1-2　わが国の憲法25条に下記の一文があるが、（　　）に入る語句の組み合わせで正しいのはどれか。
「すべて国民は、健康で文化的な（　Ａ　）生活を営む権利を有する。国は、すべての生活部面について、社会福祉、社会保障および（　Ｂ　）の向上および増進に努めなければならない」

	A		B
1	豊かな	——	公衆衛生
2	豊かな	——	国民健康
3	最低限度の	——	公衆衛生
4	最低限度の	——	国民健康

1-3　次の（　　）に入る語句の組み合わせで正しいのはどれか。
（　ア　）憲章の中で「健康とは単に疾病でないとか虚弱でないというだけではなく、肉体的、（　イ　）ならびに（　ウ　）に完全に良好な状態」と述べられている。

	ア		イ		ウ
1	ＷＨＯ	——	精神的	——	社会的
2	ＷＨＯ	——	環境的	——	経済的
3	ＦＡＯ	——	精神的	——	経済的
4	ＦＡＯ	——	環境的	——	社会的

1-4　次のわが国における「公衆衛生の定義」の（　　）に入る組み合わせのうち正しいのはどれか。
公衆衛生とは、（　ア　）や地方公共団体あるいは組織化された社会の責任において、人々の生命と（　イ　）をおびやかす（　ウ　）、医学的原因をとり除き、人々が長生きする方法をも考え、さらに精神的、身体的能力および人間としての尊厳の向上を図る学問および技術である。

	ア		イ		ウ
1	個人	——	財産	——	個人的
2	個人	——	健康	——	個人的
3	国	——	健康	——	社会的
4	国	——	財産	——	社会的

1-5　WHOが「人々が自らの健康をコントロールし、改善することができるようにするプロセス」と定義する健康観について、正しいのはどれか。

1　プライマリ・ヘルスケア

2　ヘルスプロモーション

3　アルマ・アタ宣言

4　ウインスロー

1-6　次の保健所が行う指導や事業で誤りはどれか。

1　エイズ、結核、性病、感染症その他の疾病の予防に関すること。
2　栄養の改善および食品衛生に関すること。
3　母性および乳幼児ならびに老人の保健に関すること。
4　食糧生産統計その他地域特産品にかかわる統計に関すること。

1-7　地域保健法に規定する保健所の事業として、誤りはどれか。

1　医事および薬事に関する事項
2　事業場における労働衛生に関する事項
3　精神保健に関する事項
4　住宅、水道、下水道、廃棄物の処理、清掃その他の環境の衛生に関する事項

1-8　母子保健に関する記述で正しいのはどれか。

1　乳幼児健診や3歳児健診は、都道府県が実施している。
2　乳幼児死亡とは、生後1週間未満の死亡をいう。
3　周産期死亡とは，妊娠満22週以降の死産と生後4週未満の新生児死亡をいう。
4　妊娠した者は妊娠の届出を行うことにより、市町村から母子健康手帳が交付される。

1-9　学校保健に関する記述で誤りはどれか。

1　学校保健の対象に、職員も含まれる。
2　毎年2回、児童生徒の定期健康診断が行われる。
3　虫歯は、被患率の高い疾病の中でも上位を占めている。
4　保健管理と安全管理を重点的にとり上げている。

1-10　学校給食の目標に関する記述で誤りはどれか。

1　食物の調理の方法を習得させる。
2　学校生活を豊かにし、明るい社交性および協同の精神を養う。
3　適切な栄養の摂取による健康の保持増進を図る。
4　食料の生産、流通および消費について正しい理解に導く。

1-11　介護保険制度に関する記述で正しいものはどれか。

1　都道府県に設置される介護認定審査会において、要介護認定の審査・判定が行われる。
2　被保険者は、第1～3号被保険者からなる。
3　給付を受けるためには、市区町村の窓口に認定申請をする。
4　要介護度の区分は、要介護6がもっとも重い。

(公衆衛生学)

2　衛生統計（人口統計、疾病統計）

衛生統計とは、一定の人口集団について、人口の増減や、どのような疾病に罹(かか)ってどのくらい死亡したかなどを集計したもので、公衆衛生行政を行うための重要な統計である。

≪人口統計≫

人口静態統計　ある一定の日時における全人口の状態に関する統計をいう。

＊具体的には、総務省統計局が５年ごとの10月１日午前０時を期して行う国勢調査の結果をいう。

＊年齢階級別人口割合：年少人口（０～14歳）、生産年齢人口（15～64歳）、老年人口（65歳以上）に分けたその人口割合（％）

＊平成９年以降は老年人口が年少人口よりも多くなった。全人口に対する老年人口割合を高齢化率という。

人口動態統計　１年間の出生、死亡（死産も含む）、婚姻、離婚など人口の変動要因となる事柄についての統計をいう。

＊区市町村への戸籍法等による届出によって把握され、保健所・都道府県を経て厚生労働省に送られ、集計される。

≫人口動態・静態の違いが出題されることが多い。

出生率、死亡率、婚姻率、離婚率　人口1,000人あたりの数値で表わす。

①計算式：１年間その各々の件数 ÷ その年の人口 × 1,000

＊日本の出生率は、現在減少傾向にある。また、高齢者割合の増加により、死亡率は増加傾向にある。

②合計特殊出生率とは、15～49歳の女子の年齢別出生率を合計したもの。
この数字が2.07～2.08の場合に、人口は一定になるとされる。現在日本では、1.3程度で推移している。

≫傾向が出題されることもある。

乳児死亡率、新生児死亡率　出生1,000人あたりの数値で表わす。

①計算式：１年間のその各々の件数 ÷ その年の出生数 × 1,000

②乳児とは生後１年未満、新生児とは生後４週未満をいう。

生命表　国民の寿命に関する数値を男女別に表わしたものである。

＊平均余命とは、各年齢の生存者が平均してあと何年生きられるかを示したものである。

＊平均寿命とは、０歳の平均余命をいう。

＊健康寿命とは、心身ともに健康で活動できる年齢期間である。

ある人口集団の衛生状態を表わす重要な指標は、「死亡率」「乳児死亡率」および「平均寿命」で、
これを３大指標という。

死因順位については、１位　悪性新生物、２位　心疾患がここ20年以上変わらず、３位～５位は変動があるものの、同じく生活習慣病である脳血管疾患が入る。全死亡者の半分以上がこのいずれかに該当するため、この３つを３大生活習慣病と呼ぶ。

≪疾病(しっぺい)統計≫

疾病統計とは、どのような疾病にどのくらいの人が罹(かか)っているかなど、疾病の発生やまん延の実態を正しく把握するための統計である。

主な感染症や食中毒は、それぞれ感染症法および食品衛生法によって、診断した医師が、最寄りの保健所に届け出なければならない。
届出義務がない一般の疾病については、国民生活基礎調査から推定する。
国民生活基礎調査では、大規模調査（３年ごと）の年に健康状況を調べて集計する。

健康指標　主な疾病統計の調査には、感染症発生動向調査、食中毒統計調査、患者調査、国民生活基礎調査などがある。

①罹患（りかん）率の計算式：１年間に届出られた患者数 ÷ その年の人口 × 100,000

②有病率の計算式：ある時点における患者数 ÷ その時点の人口 × 1,000

③有訴者率、通院率：病気やけがで自覚症状がある者の割合、通院率は医療施設に通院している者をいう。国民生活基礎調査から求められる。

練習問題

＊解答は別冊Ｐ５

2-1　人口静態統計に関する記述で誤りはどれか。

1　国勢調査（５年ごと）が代表的なものである。
2　出生届、死亡届、婚姻届、離婚届などの届出をもとに作られる。
3　一定の日時における人口集団の特性を数学的に表わしたものである。
4　総務省が調査を行っている。

2-2　次の衛生統計に関する記述で正しいのはどれか。

1　わが国の死亡率が上昇傾向にあるのは、高齢者人口割合の増加によるものである。
2　人口動態統計は、特定の一時点における人口集団の特性を把握する統計である。
3　疾病統計の有訴者率とは、世帯員のうち、医療施設に通院している者の割合を表す。
4　わが国の年齢階級別人口構成割合において、年少人口は老年人口よりも多い。

2-3　次の衛生統計に関する定義で誤りはどれか。

1　罹患（りかん）率 ＝ １年間の発生患者数 ÷ その年の人口 × 100,000
2　死亡率 ＝ １年間の死亡数 ÷ その年の人口 × 100
3　有病率 ＝ ある時点における患者数 ÷ その時点の人口 × 1,000
4　乳児死亡率 ＝ １年間の生後１年未満の死亡件数 ÷ その年の出生数 × 1,000

2-4　次の衛生統計に関する記述で正しいのはどれか。

1　わが国の死因順位は悪性新生物が１位で自殺が２位である。
2　出生率とは女性の年齢別出生率の合計で、１人の女性が一生の間に生む平均子ども数である。
3　有訴者率や通院者率は、国勢調査により算出されている。
4　人口集団の衛生状態を表わす３つの重要な指標として、死亡率・乳児死亡率・平均寿命があげられる。

2-5　合計特殊出生率についての記述で誤りはどれか。

1　１人の女性が一生の間に生む子どもの数を表わす。
2　出産可能年齢である15歳から49歳の女性が集計の対象となっている。
3　昭和50年から低下傾向にあり、2019年（令和元年）は2.34人になっている。
4　低下傾向の原因には、若年者の未婚率の上昇があげられる。

2-6　平均寿命に関する記述で正しいのはどれか。

1　老衰で死亡した人の平均年齢である。
2　０歳の平均余命のことである。
3　心身ともに健康で活動できる年齢期間のことである。
4　１年間に死亡した人の平均年齢である。

3　環境衛生（空気と水の衛生、公害）

環境衛生とは、私たちが生活している環境を衛生上より良好にし、疾病の予防など、健康の保持増進のために改善することをいう。

≪空気（大気）と衛生≫

空気は、窒素（約78%）、酸素（約21%）、アルゴン（約１%）、炭酸ガス（0.04%）、その他微量成分で構成され、特に酸素の供給源として重要である。

＊高地になるほど気圧が低く、空気が薄くなるので、高山病に気を付けなければならない。

＊空気中の炭酸ガス量が汚染の指標となり、0.1%を換気必要濃度という。

空気は、体温調節の場としての働きがある。

人体が感じる温度は、気温、湿度（気湿）、気流などが関係する。

＊体内で熱を生み出すことを「産熱」、皮膚や呼吸などにより熱を体外へにがすことを「放熱」という。

快適な温熱条件とは「気温20℃前後、湿度40～60%、やや気流がある」環境をいい、体温調節がしやすい。

＊体温調節には、体と衣服の間にできる衣服気候も関係し、「温度32℃程度、湿度50%程度」がよいとされる。

住宅内の空気環境は健康上重要であり、室内に化学物質や湿気がこもることなどによる「シックハウス症候群」が問題となる。シックハウス症候群の原因となる代表的な化学物質として、ホルムアルデヒドやトルエンなどがあげられる。

大気汚染（空気中の有害物質）

①一酸化炭素：不完全燃焼によって発生する。自動車の排気ガスにも含まれ、中毒症状を引き起こす。

②硫黄酸化物（亜硫酸ガス）：二酸化硫黄について環境基準が定められている。
石油を燃料とする工場のばい煙に含まれている。
鼻やのどなどの呼吸器を刺激して気管支炎やぜんそくを引き起こす。
酸性雨の原因ともなる。

③浮遊粒子状物質（ばいじんや粉じん）：空気中に含まれる直径10μm以下の微細な粒状の物質をいう。
工場の煙やディーゼルエンジンからの排気ガスに含まれ、ぜんそくなど呼吸器に悪影響を与える。

④微小粒子状物質（PM2.5）：PM2.5は2009年に環境基準が設定された物質で、粒子の大きさが2.5μm以下の小さな粒子のため、肺の奥深くまで入りやすく、ぜんそくや気管支炎などの呼吸器系疾患が懸念されている。

⑤窒素酸化物：二酸化窒素について環境基準が定められている。
自動車の排気ガスに含まれ、気管支炎や肺の疾病を引き起こす。
酸性雨の原因ともなる。

⑥光化学オキシダント（光化学スモッグ）：窒素酸化物や炭化水素が紫外線の作用によって変化して発生する物質。
濃度が高くなると光化学スモッグと呼ぶ目やのどを刺激する有害な現象を起こす。

≪水と衛生≫

人体の約60%が水で、一度にその10%を失うと健康がおびやかされ、20%を失うと生命に危険がおよぶといわれる。一般に1日に必要な水の量は2.5～3Lといわれている。

水の衛生条件のポイント

水道法により水質基準が規定されている。

①細菌検査で大腸菌が検出されないこと。一般細菌は1mL中の集落数が100以下であること。

②異常な酸性またはアルカリ性でないこと（pH5.8～8.6）。

③異常なにおいや味がないこと。ただし、水道は塩素消毒を行っているので、その塩素臭は除く。

＊各戸の水道の蛇口から出る水には0.1ppm以上の遊離残留塩素を含むことと規定されている。

④シアン、水銀、有機リンなどは基準値以下でなければならない。

上水道の普及率は98%以上になっている。

下水道の普及率は80%を超えているが、先進国の中では低い。

水の汚染指標

①生物化学的酸素要求量（BOD）：微生物を用いて水中の有機物を酸化・分解するのに要する酸素の量。
汚染度が大きいほど値は大きくなる。

②化学的酸素要求量（COD）：水中の還元物質を化学的に酸化するのに要する酸素の量。
汚染度が大きいほど値は大きくなる。

③溶存酸素量（DO）：水中の酸素量。汚染度が大きいほど値は小さくなる。

＊この他、pHや浮遊物質量（SS）が使われる。

水質汚濁は、主に下水や産業排水などが公共用水域に流入することにより引き起こされる。現在の汚染の発生源は生活排水（下水）が原因となる。

主に生活排水から排出される有機物（窒素やリン）が湖沼や内湾の富栄養化を起こし、赤潮などの発生する原因となる。

≪公害≫

環境基本法では、大気汚染、水質汚濁、騒音、振動、地盤沈下、悪臭および土壌汚染の7つを公害としている。

①主な公害事例と原因物質：

四日市ぜんそく —— 亜硫酸ガス（二酸化硫黄、硫黄酸化物）

イタイイタイ病 —— カドミウム

水俣病 —— メチル水銀（有機水銀）

慢性ヒ素中毒 —— 亜ヒ酸

②騒音：日常的な公害であり、常時70～80デシベル以上の騒音になると人に影響をおよぼす。

＊デシベルとは音の感覚的な大きさを表わす単位をいう。

練習問題　＊解答は別冊P５

3-1　空気の化学的成分割合で正しいのは次のうちどれか。
1　窒素　78%、酸素　21%、その他　１%
2　窒素　58%、酸素　41%、その他　１%
3　窒素　38%、酸素　61%、その他　１%
4　窒素　18%、酸素　81%、その他　１%

3-2　大気汚染に関する記述で誤りはどれか。
1　自動車の排ガスにはＮO_x（窒素酸化物）が多い。
2　石油を燃やすと亜硫酸ガスが発生する。
3　ディーゼル自動車から出る浮遊粒子状物質が問題になっている。
4　初夏に多い光化学スモッグは黄砂が紫外線の影響を受けて変色したものである。

3-3　空気に関する次の記述のうち正しいのはどれか。
1　空気の化学的成分の組成としてもっとも多くを占めるものは酸素である。
2　「快適な温熱条件」とは、一般的には気温10℃前後、気湿40～60%、やや気流がある程度の環境であり、この環境の中では、人間はもっとも産熱と放熱のバランスをとりやすく、体温調節がしやすい。
3　体温調節にかかわるものとして、衣服気候が関係し、「温度32℃程度、湿度50%程度」がよいとされる。
4　「シックハウス症候群」の原因となる代表的な化学物質として、有機スズがある。

3-4　次の給水に関する記述の（　　）に入る数値で正しいのはどれか。
「水道法では、各戸の水道の蛇口から出る水には（　　）以上の遊離残留塩素を含むことと規定されている」
1　0.1 ppm
2　0.5 ppm
3　1.0 ppm
4　2.0 ppm

3-5　飲料水の水質基準について、検出されないことと規定されているものはどれか。
1　一般細菌
2　鉄およびその化合物
3　シアン、水銀、その他の有害物質
4　大腸菌

3-6　次のうち誤りはどれか。
1　水道法の規定により、各戸の水道の蛇口から出る水には遊離残留塩素が含まれる。
2　人体の約60%は水分であり、その10%を一度に失うと健康がおびやかされる。
3　わが国の下水道普及率は95%を超えている。
4　成人が１日に必要な水の量は、2.5～ 3Lといわれている。

3-7　次の組み合わせのうち誤りはどれか。
1　生物化学的酸素要求量 ―― BOD
2　溶存酸素量 ―― DO
3　浮遊物質量 ―― pH
4　化学的酸素要求量 ―― COD

3-8　次の語句の組み合わせで誤りはどれか。

1　イタイイタイ病 ―― メチル水銀
2　ダイオキシン ―― 廃棄物の燃焼
3　赤潮 ―― 窒素、リン
4　四日市ぜんそく ―― 亜硫酸ガス

3-9　次の記述のうち、正しいのはどれか。

1　一酸化炭素は、富山県神通川流域で発生したイタイイタイ病の原因物質である。
2　BOD（生物化学的酸素要求量）は、大気汚染の指標である。
3　dB（デシベル）は音の大きさの単位であり、70～80デシベル以上の騒音になると人体に影響をおよぼす。
4　微小粒子状物質（PM2.5）は光化学スモッグの原因で、紫外線の影響により光化学反応を起こし、人体に有害な光化学オキシダントを発生する。

3-10　環境基本法で規定されている公害として、誤りはどれか。

1　騒音
2　温暖化
3　水質汚濁
4　悪臭

（公衆衛生学）

4　環境衛生（光の衛生その他）

≪光（輻射線）と衛生≫

光とは、物体から放出される電磁波のこと。日光には波長の長い順に赤外線、可視光線、紫外線がある。
赤外線は、視覚には感じないが、体に吸収されると熱を生じるので熱線ともいう。
　＊鎮痛効果があるが、照射量が多すぎると日射病や白内障を起こす。
可視光線は、明るさや色の識別に関係する光線である。
紫外線には、紅斑作用（日焼け）、ビタミンD形成作用、目への有害作用（雪眼炎）、殺菌作用がある。
　＊化学線ともいう。

照度

採光とは、日光を室内に入れて明るさをとることをいい、日光の充分に入らない場所や夜間に人工的な光源を用いて明るさをとるのが人工照明である。
照度とは、照らされる面の明るさを表わし、単位はルクスが用いられる。
日常生活では室内の明るさは150～300ルクスが適当である。
JIS（日本工業規格）では、精密作業は300～750ルクス、普通の作業は150～300ルクス、
倉庫での作業は75～150ルクスとしている。

≪その他の衛生≫

廃棄物の処理

一般廃棄物（ごみ、屎尿、犬や猫の死体など）は市町村の責任で処理をする。
産業廃棄物（事業活動によって発生する燃え殻、汚泥、廃油など）は、排出事業者の責任で処理をする。
近年はごみの資源化、再利用が進められている。
ごみの処理方法の多くは焼却処理で、直接埋立は減少している。
ダイオキシンによる環境汚染のほとんどが、廃棄物の焼却の際に発生するものである。
　＊ダイオキシンには催奇形性などの影響があるとされ、体内では脂肪組織に蓄積する。

そ族（ネズミ）、衛生害虫の駆除

動物が媒介する疾病
　①ネズミ　：食中毒、ワイル病、つつが虫病、ペスト
　　＊ペストはネズミに付着しているノミ、つつが虫病はネズミに付着しているダニが原因である。
　②ハエ　　：赤痢、腸チフスなどの消化器系感染症
　③蚊　　　：日本脳炎、マラリア、フィラリア症、デング熱、黄熱
　④ノミ　　：ペスト、発しん熱、回帰熱
　⑤シラミ　：発しんチフス
　⑥ゴキブリ：消化器系感染症
　⑦ダニ　　：つつが虫病
駆除は、広い範囲でいっせいに行うのが効果的である。

練習問題

＊解答は別冊P６

4-1　光に関する記述で誤りはどれか。

1　光は、物体から放出される電磁波のことである。
2　赤外線は、人体にあたると吸収されて熱を生じるので、熱線ともいわれる。
3　可視光線は、日光として感覚的にとらえているもので、明るさとして、また色として日常もっとも関係の深い光線である。
4　紫外線は、物の内部にまで浸透して、微生物に対し殺菌的に作用するので、利用範囲が広い。

4-2　次の記述の（　　）に入る語句の組み合わせで正しいのはどれか。
「太陽光線にあたることは、（　A　）の形成など保健衛生上大切であるが、過度の太陽光線を浴びることは、特に比較的波長の（　B　）紫外線により日焼けを生じたり、皮膚がんなどの発生原因となる」

	A		B
1	ビタミンD	——	長い
2	ビタミンC	——	短い
3	ビタミンC	——	長い
4	ビタミンD	——	短い

4-3　次の照度にかかわる記述のうち誤りはどれか。

1　採光とは人工的な光源を用いて明るさを確保することである。
2　日常生活に必要な照度は150～300ルクスである。
3　JIS（日本工業規格）において必要な精密作業の照度は300～750ルクスである。
4　JIS（日本工業規格）において必要な倉庫の照度は75～150ルクスである。

4-4　廃棄物処理に関する記述で誤りはどれか。

1　廃棄物処理は「廃棄物の処理および清掃に関する法律」に基づいて行われている。
2　法律では一般廃棄物の処理は市町村の責務、産業廃棄物の処理は都道府県の責務としている。
3　屎尿は一般廃棄物に分類される。
4　ごみ処理のうち、直接埋立は年々減少している。

4-5　ダイオキシン類による環境汚染や生体への影響について誤りはどれか。

1　人への発がん性や催奇形性が指摘されている。
2　廃棄物の焼却場から排出されることが多い。
3　体内では筋肉組織に蓄積しやすい。
4　環境基準が決められている。

4-6　ネズミや衛生害虫と感染症の組み合わせで正しいのはどれか。

1　ハエ　　——　マラリア
2　蚊　　　——　日本脳炎
3　ネズミ　——　結核
4　ノミ　　——　赤痢

5　疾病の予防（感染症）

感染症とは、病原体が生体内に進入・定着・増殖することで引き起こされる疾病である。
感染源、感染経路、感受性の３条件がそろったときに感染症が発生し、流行する。

病原体とその主な感染症

①原虫　　　　：マラリア、アメーバ赤痢、トキソプラズマ症、クリプトスポリジウム症
②スピロヘータ：ワイル病、梅毒、回帰熱
③真菌　　　　：カンジダ症
④細菌　　　　：ペスト、コレラ、細菌性赤痢、腸チフス、パラチフス、腸管出血性大腸菌（O157）感染症、ジフテリア、百日ぜき、破傷風、結核
⑤クラミジア　：オウム病
⑥リケッチア　：発しんチフス、つつが虫病、Q熱
⑦ウイルス　　：インフルエンザ、風しん、麻しん（はしか）、エイズ（後天性免疫（めんえき）不全症候群）、日本脳炎、急性灰白髄炎（ポリオ）、狂犬病、肝炎、デング熱、ＳＡＲＳ（重症急性呼吸器症候群）、新型コロナウイルス感染症

≫病原体の大きさは、ウイルス＜細菌＜原虫の順に大きくなる。

感染症の分類　（「感染症の予防および感染症の患者に対する医療に関する法律」に規定 ）

１類感染症：危険性が極めて高い感染症。
エボラ出血熱、クリミア・コンゴ出血熱、痘そう、ペスト、マールブルグ病、ラッサ熱、南米出血熱の７種

２類感染症：危険性が高い感染症。
ジフテリア、急性灰白髄炎（ポリオ）、重症急性呼吸器症候群（病原体がＳＡＲＳコロナウイルスであるものに限る）、結核、鳥インフルエンザ（Ｈ５Ｎ１）、中東呼吸器症候群（病原体がＭＡＲＳコロナウイルスであるものに限る）、鳥インフルエンザ（Ｈ７Ｎ９）の７種

３類感染症：危険性は高くはないが、特定の職業に就くことにより集団発生を起こしうる感染症。飲食物を扱う業務に就業制限がある。
腸管出血性大腸菌感染症、コレラ、細菌性赤痢、腸チフス、パラチフスの５種

４類感染症：動物や飲食物を介して感染し、国民の健康に影響を与える恐れがある感染症。
Ａ型肝炎、狂犬病、マラリアなど

５類感染症：国が情報を提供、公開することにより発生、拡大を防止すべき感染症。
エイズ（後天性免疫不全症候群）、インフルエンザ、麻しんなど

上記以外に、新型インフルエンザ等感染症、指定感染症、新感染症がある。

感染源の分類

①人　：感染症を発症している「患者」と、発症していないが、病原体を保有している「無症候性病原体保有者（キャリア）」がある。
②動物：人畜共通感染症に注意が必要である。ペットからの感染事例も報告されているため、病気を知り、適切な飼育が大切である。
③土壌：破傷風などの病原体は土の中に存在する。

感染経路の分類

①経口感染：水や飲食物を介して感染する消化器系感染症がある。

＊接触感染にも含まれる。

細菌性赤痢、腸チフス、パラチフス、コレラ、急性灰白髄炎（ポリオ）、流行性肝炎など

②経気道感染：せき、くしゃみ（飛沫）から病原菌が飛び散り、感染する呼吸器系感染症がある。

飛沫が直接入り込むことで起こる飛沫感染と、空気中に浮遊している病原体を吸い込む空気感染（飛沫核感染など）がある。

（飛沫感染）インフルエンザ、風しん、百日ぜき、新型コロナウイルス感染症

（空気感染）結核、麻しん（はしか）、ノロウイルス感染症

③経皮感染：傷口や血を吸う虫などによって皮膚から感染する節足動物媒介性感染症がある。

蚊 ―― マラリア、日本脳炎、フィラリア症、黄熱、デング熱、ジカ熱

シラミ ―― 発しんチフス

ノミ ―― ペスト、発しん熱、回帰熱

ダニ（ツツガムシ） ―― つつが虫病

ダニ（ヒゼンダニ） ―― 疥癬

マダニ ―― 重症熱性血小板減少症候群（SFTS）、日本紅斑熱

感受性

体内に侵入した病原菌による発病の有無をいう。

病原菌が体内に侵入しても、免疫などにより発病しない場合がある（感受性がない）。

＊免疫とは、ある特定の感染症に対して、人体がもっている抵抗力をいう。

感染症の予防

①感染源対策　：患者や無症候性病原体保有者（キャリア）発見のための検便や検疫がある。

＊検疫感染症＝1類感染症、新型インフルエンザ等感染症、その他政令で定めるものがあり、空港や海港で検査が行われている。

②感染経路対策：感染症の種類により感染経路が異なるため、対策も異なる。共通してもっとも重要なものは消毒である。

経口（消化器系）感染症：環境設備の改善（上下水道の普及など）、食品衛生の徹底など

経気道（呼吸器系）感染症：混雑場所をさけ、手洗い、うがいを励行するなど

経皮（節足動物媒介性）感染症：衛生害虫の駆除など

＊消毒に関しての詳細は　→P121「食品衛生学－12　食品衛生対策Ⅱ」参照

③感受性対策　：体力の向上と、予防接種による抵抗力の向上がある。

＊予防接種とは、ワクチンを接種して人工的に免疫を付けることをいう。

＊予防接種法で定める定期Ａ群予防接種＝4種混合（ジフテリア、百日ぜき、破傷風、ポリオ）、
ヒブ、肺炎球菌（小児）、水痘、ヒトパピローマウイルス、
ＭＲ（風しん、麻しん＝はしか）、日本脳炎、ＢＣＧ（結核）、
Ｂ型肝炎、ロタウイルス

練習問題

＊解答は別冊P６

5-1　次の組み合わせで正しいのはどれか。

1　ウイルス　――　インフルエンザ、麻しん
2　リケッチア　――　ペスト、破傷風
3　原虫　――　発しんチフス、つつが虫病
4　細菌　――　マラリア、アメーバ赤痢

5-2　次のうち感染症が発生し、または流行する３つの条件でないのはどれか。

1　感染力
2　感染経路
3　感受性
4　感染源

5-3　「感染症の予防および感染症の患者に対する医療に関する法律」に定める３類感染症は、次のうちどれか。

1　エボラ出血熱
2　腸管出血性大腸菌感染症
3　後天性免疫(めんえき)不全症候群
4　急性灰白髄炎

5-4　腸管出血性大腸菌の保菌者に対して就業制限がある職種は次のうちどれか。

1　学校の教師
2　飲食物の製造、販売、調理などに従事する者
3　警察官
4　医師や看護師

5-5　次の衛生害虫と感染症との組み合わせで正しいのはどれか。

1　ノミ　――　赤痢
2　ネズミ　――　結核
3　蚊(か)　――　日本脳炎
4　ハエ　――　マラリア

5-6　次の感染症で飛沫(ひまつ)感染するのはどれか。

1　黄熱
2　赤痢
3　風しん
4　コレラ

5-7　次の感染症で飲食物を介して病原体が人の体内に侵入するのはどれか。

1　赤痢
2　SARS
3　破傷風
4　マラリア

5-8　次の感染経路から分類した感染症と病名の組み合わせで誤りはどれか。

経口感染………（ア）　　経気道感染………（イ）

	ア		イ
1	コレラ	——	インフルエンザ
2	麻しん	——	フィラリア症
3	赤痢	——	ジフテリア
4	急性灰白髄炎（ポリオ）	——	結核

5-9　次の感染症の予防対策のうち感染源対策はどれか。

1　食器類やふきんの消毒
2　予防接種
3　便所の水洗化や環境施設の改善
4　保菌者検索（検便）

5-10　次の保菌者に関する記述で誤りはどれか。

1　感染して体内に病原体をもっているが、症状を示さず、常にまたはときどき病原体を排出している者を保菌者という。
2　感染していても症状を示さないで、保菌状態を示す者を健康保菌者という。
3　保菌者は一般的に病原体の排出数が少ないので、特に衛生上の注意は不要である。
4　発病してから一応症状が治まっても、なお保菌している者を病後保菌者という。

5-11　次の感染症の予防対策のうち感染経路対策でないのはどれか。

1　便所などの清掃、消毒
2　井戸水、使用水、飲用水などの消毒
3　空港や海港などでの入国者に対する検疫
4　ハエ、蚊、シラミなどの撲滅

5-12　次の消毒法に関する記述で誤りはどれか。

1　湿熱による消毒には、沸騰した湯の中で10～15分加熱する煮沸消毒と、蒸気を用いる蒸気消毒があり、食器類やふきんなどの消毒に適する。
2　紫外線発生装置（殺菌灯）は室内空気の消毒などに利用されているが、紫外線には物を通す力がないのでその効果は表面的である。
3　塩化ベンザルコニウム（逆性石鹸（せっけん））は、ほとんど無味無臭で消毒力が強く、手指の消毒に適しているが、刺激性や毒性が強いので取り扱いに注意を要する。
4　次亜塩素酸ナトリウムは、井戸水や野菜、果物などの消毒に適しており、漂白作用も有している。

5-13　次の疾病で予防接種法に規定されていないのはどれか。

1　赤痢
2　結核
3　破傷風
4　ジフテリア

（公衆衛生学）

6　疾病の予防（生活習慣病）

生活習慣病とは、長年にわたる生活習慣（喫煙、飲酒、食事、運動、睡眠など）が影響して発生する疾患の総称をいう。

生活習慣病には、悪性新生物（がん）、心疾患（心臓病）、脳血管疾患、高血圧、糖尿病などさまざまなものがある。
＊このうち心疾患、脳血管疾患、高血圧など血液の循環にかかわる体の組織に起こる疾患を循環器病という。

悪性新生物（がん）
死因順位の第１位で、全死亡数の約30%を占めている。
食生活の変化や集団検診による早期発見と治療により、がんの発生内容が変化している。
部位別がんの粗死亡率では、胃がんが減少傾向にあり、肺がん、大腸がん、乳がんなどが増加傾向にある。
＊年齢調整死亡率や罹患率などを見ると、傾向が異なる場合がある。
発生部位によりリスクが異なり、胃がんでは高食塩食、肺がんでは喫煙との関連が深いとされている。

●日本人のためのがん予防法（国立がん研究センター）

喫煙	たばこは吸わない。他人のたばこの煙を避ける。 〈目　標〉 たばこを吸っている人は禁煙をしましょう。吸わない人も他人のたばこの煙を避けましょう。
飲酒	飲むなら、節度のある飲酒をする。 〈目　標〉 飲む場合は１日あたりアルコール量に換算して約23g程度まで（日本酒なら１合、ビールなら大瓶１本、焼酎や泡盛なら１合の2／3、ウイスキーやブランデーならダブル１杯、ワインならボトル1／3程度）。飲まない人、飲めない人は無理に飲まない。
食事	食事は偏らずバランスよくとる。 ＊塩蔵食品、食塩の摂取は最小限にする。＊野菜や果物不足にならない。 ＊飲食物を熱い状態でとらない。 〈目　標〉 食塩は１日あたり男性８g、女性７g未満（食塩摂取基準は2020年版を参照→P140）、特に、高塩分食品（たとえば塩辛、練りうになど）は週に１回未満に控えましょう。
身体活動	日常生活を活動的に過ごす。 〈目　標〉 たとえば歩行またはそれと同等以上の強度の身体活動を１日60分行いましょう。また、息がはずみ汗をかく程度の運動は１週間に60分程度行いましょう。
体形	成人期での体重を適正な範囲に維持する（太りすぎない、やせすぎない） 〈目　標〉 中高年期男性のBMI［体重kg÷（身長m）^{2}］で21～27、中高年期女性では21～25の範囲内になるように体重を管理する。
感染	肝炎ウイルス感染の有無を知り、感染している場合は適切な措置をとる。機会があればピロリ菌感染検査を。 〈目　標〉 地域の保健所や医療機関で、一度は肝炎ウイルスの検査を受けましょう。機会があればピロリ菌の検査を受けましょう。感染している場合は禁煙する、塩や高塩分食品のとりすぎに注意する、野菜・果物が不足しないようにするなどの胃がんに関係の深い生活習慣に注意し、定期的に胃の検診を受けるとともに、症状や胃の詳しい検査をもとに主治医に相談しましょう。

循環器病

心疾患の中でも生活習慣と関係の深いものは、冠動脈で発生する虚血性心疾患（狭心症、心筋梗塞など）である。
脳血管疾患には血管が詰まって起こる脳梗塞と、血管が破れて出血することで起こる脳出血などがあり、脳卒中ともいう。脳血管疾患は後遺症が残りやすい。
高血圧の原因には、食塩のとりすぎ、肥満、ストレスなどがある。

＊正常血圧は収縮期（最高）血圧120mmHg未満、拡張期（最低）血圧80mmHg未満である。

動脈硬化の原因には、動物性脂肪や糖質のとりすぎ、喫煙、運動不足などがある。
高血圧、動脈硬化が進行すると心疾患や脳血管疾患につながる。

糖尿病

膵(すい)臓から分泌されるホルモン（インスリン）の不足による糖代謝の障害である。

＊生活習慣とかかわりが深いものに、２型糖尿病がある。

初期は気づかないことが多く、症状が進むと視力障害、のどの渇きなどが起こり、多くの疾病の原因となる。糖尿病型の診断は、空腹時血糖値：126mg/dL以上や、ヘモグロビン（HbA1c）：6.5%以上などで判定する。

肝臓病

アルコールの飲みすぎによる肝硬変や、ウイルスによる急性肝炎などがある。

メタボリックシンドローム（内臓脂肪症候群）

内臓脂肪型肥満（腹囲：男性85cm以上、女性90cm以上）に加え、脂質異常、高血圧、高血糖の３項目のうち２項目以上が当てはまる場合をメタボリックシンドロームという。

特定健診・特定保健指導

特定健診は生活習慣病の発症前の段階であるメタボリックシンドロームおよびその予備群を早期に発見・治療することを目的として、40歳から74歳までの者を対象に実施される。
特定保健指導は、特定健診の結果から、メタボリックシンドロームおよびその予備群に対し、生活習慣を見直すサポートとして実施されている。

喫煙

喫煙はがんや循環器病など多くの疾病と関連が深い。また、妊婦の喫煙は胎児へも影響をおよぼす。
周囲の非喫煙者にも悪影響があり、健康増進法では受動喫煙防止についての規定が盛り込まれている。

＊タバコの煙に含まれる有害成分には、ニコチン、タール、一酸化炭素などがある。

疾病の予防

第１次予防	健康増進：衛生教育、生活習慣の改善、生活環境の改善など
	特異的予防：予防接種など
第２次予防	早期発見と早期治療：定期的な集団検診など
第３次予防	悪化の防止：機能障害を残さない
	リハビリテーション：機能の回復、社会復帰など

＊近年は、第１次予防を中心に健康増進施策が実施されている。

練習問題　＊解答は別冊P６

6-1　次の生活習慣病に関する記述で誤りはどれか。

1　長年にわたる生活習慣が影響して発症する。
2　適切な運動により、高血圧、動脈硬化などのリスクが低減する。
3　喫煙により、心疾患、脳血管疾患などのリスクが高まる。
4　脳出血の予防には、脂肪摂取を極力控えた食生活が重要である。

6-2　悪性新生物（がん）に関する記述で誤りはどれか。

1　わが国では、がんによる死亡は全死亡数の約30%を占めている。
2　わが国では、大腸がんによる死亡数は増加傾向にある。
3　胃がんの発生は、高食塩食と関係があるとされている。
4　わが国のがんによる死亡率は増加の傾向にあったが、最近は横ばいの状態である。

6-3　悪性新生物（がん）の予防に関する記述で適切でないのはどれか。

1　バランスのよい食事をとる。
2　タバコは吸わない。
3　日常生活では身体活動を減らす。
4　お酒は飲みすぎない。

6-4　高血圧に関する記述で誤りはどれか。

1　食塩のとりすぎは高血圧の原因になることがある。
2　高血圧は脳卒中や心臓病の原因になることがある。
3　高血圧は生活習慣病の１つであると考えられている。
4　最高血圧が180mmHg（水銀柱）以上を一般に高血圧という。

6-5　次の文の（　　）に入る語句の組み合わせで正しいのはどれか。
「糖尿病は、（　Ａ　）のランゲルハンス島から分泌される（　Ｂ　）というホルモンが不足したり、そのホルモンの働きが悪くなって起こる疾病である」

	A		B
1	膵臓（すい）	——	アドレナリン
2	膵臓	——	インスリン
3	肝臓	——	アドレナリン
4	肝臓	——	インスリン

6-6　メタボリックシンドロームに関する記述で正しいのはどれか。

1　腹囲が男性85cm以上、女性90cm以上であれば必ず該当する。
2　命にかかわる重大な疾病の発症リスクは低い。
3　食事、運動と密接な関係がある。
4　皮下脂肪との関係が深い。

6-7　特定健診・特定保健指導に関する記述で正しいのはどれか。

1　特定健診では、腹囲測定の他、血圧測定や血液検査が行われる。
2　特定健診は、60歳以上の人を対象として実施される。
3　特定保健指導は全特定健診対象者に対して実施される。
4　特定保健指導はメタボリックシンドロームの者に対してのみ実施される。

6-8　喫煙に関する記述で誤りはどれか。

1　喫煙者は、非喫煙者に比べて、食道がんに罹(かか)るリスクが高い。
2　タバコの煙には一酸化炭素が高濃度に含まれる。
3　喫煙により気分が爽快になるのは主にニコチンの作用である。
4　喫煙により食欲が増進するので、胃の弱い人にすすめられる。

6-9　疾病予防の対策と段階の組み合わせで適当でないのはどれか。

1　早期発見・早期治療 ―― 第2次予防
2　健康増進 ―― 第1次予防
3　リハビリテーション ―― 第3次予防
4　予防接種 ―― 第2次予防

6-10　疾病予防に関する記述で誤りはどれか。

1　第1次予防には、生活習慣の改善、生活環境の改善などがある。
2　第2次予防には、定期的な集団検診などがある。
3　第3次予防には、リハビリテーションなどにより機能の維持・回復を図ることなどがある。
4　近年、疾病の予防において重視されているのは、第2次予防である。

（公衆衛生学）

7　労働衛生

≪労働衛生≫

労働衛生に関する法律では、労働時間などについて規定した「労働基準法」と、労働者の安全と健康保持、快適な作業環境の促進について規定した「労働安全衛生法」が重要である。

労働基準法では、労働時間、休憩、休日、女性や年少者の労働などについて規定している。労働時間については、原則として週40時間を法定の労働時間として、その法定労働時間を各日に割り振るが、上限として１日８時間と定めている（いずれも休憩時間を除く）。

労働安全衛生法は、労働者の安全と健康の保持、快適な作業環境の形成を促進することを目的に定められている。労働安全衛生法の改正（平成27年［2015年］施行）により、職場におけるメンタルヘルス対策として、ストレスチェックが義務化された。

安全衛生管理の基本対策

①作業環境管理：「作業環境測定法」により定期的に労働環境調査を行い、有害な因子を除く努力が必要。
②作業管理　　：作業時間、作業速度、休憩などを適切に行う。
③健康管理　　：事業者は全労働者に一般健康診断（年１回以上）、有害業務従事者には特殊健康診断を実施しなければならない。

＊従業員が50人以上の企業では産業医、衛生管理者、安全管理者等の選任が義務付けられる。
＊菓子製造施設においても、安全衛生委員会を最低月１回開催し、労働安全衛生と従業員の健康保持増進に努めることが必要である。

過重労働による過労死や過労自殺などが問題としてあり、労働衛生の必要性は高まっている。
業務により発生した脳・心臓疾患を労働災害として認定する基準が設けられている。

職業病

ある職業に従事していて起こりやすい特有な病気を職業病と呼んでいる。

①作業環境による職業病

（職業病）	（原因）	（主な職業）
熱中症	高温作業	ガラス溶融、圧延工
減圧症	高圧環境	潜かん工、潜水夫
白内障	赤外線	ガラス溶融、鍛冶工
振動障害（白ろう病）	振動	振動工具作業
じん肺症	粉じん	鉱山、炭鉱の採掘夫、研磨工、石工

②作業方法による職業病

（職業病）	（原因）	（主な職業）
脊椎・関節障害	過重な筋肉労働	荷役作業
静脈瘤	立位作業	デパート店員
ＶＤＴ障害（頸肩腕症候群、腱鞘炎、眼精疲労など含む）	コンピューター作業	コンピューター作業者

※菓子製造業では特殊な有害物を扱うことは極めて少ないが、前屈みの姿勢やくり返し作業による腰痛、腱鞘炎、頸肩腕症候群などが生じる恐れがある。

練習問題

＊解答は別冊P７

7-1　労働衛生に関する記述で誤りはどれか。

1　労働基準法と労働安全衛生法の２つの法律が基本となる。
2　作業環境管理、作業管理、健康管理の３つの基本対策が行われている。
3　職業に特有な環境条件、作業方法によって引き起こされる疾患を職業病という。
4　労働時間や休憩、女性の労働などについては、労働安全衛生法に規定されている。

7-2　労働衛生に関する記述で誤りはどれか。

1　労働時間については、原則として週40時間を法定の労働時間として定めている。
2　１日あたりの法定労働時間は、休憩時間を含み８時間である。
3　従業員が50人以上の企業では、衛生管理者の選任が義務付けられている。
4　特殊健康診断とは、有害業務に従事する労働者に対して行う健康診断のことである。

7-3　次の労働衛生に関する記述で誤りはどれか。

1　労働基準法に基づき、事業者は労働者に一般健康診断を実施しなければならない。
2　労働安全衛生法の改正により、職場におけるメンタルヘルス対策として、ストレスチェックが義務化された。
3　事業者はすべての従業員に対して、年１回以上一般健康診断を実施しなければならない。
4　過重労働による過労死や過労自殺などが問題としてあり、労働衛生の必要性は高まっている。

7-4　次の職業病とその原因の組み合わせで正しいのはどれか。

疾病の種類　　原因
1　減圧症 ―― 一酸化炭素
2　熱中症 ―― 異常気圧
3　じん肺症 ―― 粉じん
4　振動障害 ―― 異常気温

7-5　次の疾病とその疾病に関係のある職業や作業方法の組み合わせで、正しいのはどれか。

1　静脈瘤（りゅう） ―― デパートの店員などの立位作業者
2　ＶＤＴ障害 ―― 深夜勤務者
3　白内障 ―― コンピュータなどのディスプレイ端末装置従事者
4　じん肺症 ―― 飲食店の従業員

（公衆衛生学）

8　演習問題

＊解答は別冊P７

1　公衆衛生に関する記述で正しいのはどれか。

1　保健所の設置主体は、市町村である。
2　労働衛生行政を担う国の機関は、環境省である。
3　日本国憲法において、「国はすべての生活部面について、社会福祉、社会保障および公衆衛生の向上および増進に努めなければならない」と規定されている。
4　地域住民に身近な対人保健サービスを行う拠点として、保健所が設置されている。

2　WHO（世界保健機関）憲章における健康の定義に関する記述として適切なのはどれか。

1　健康とは、疾病や虚弱でない状態であることだけをいう。
2　健康とは、単に疾病や虚弱でないということだけでなく、栄養の状態がよいことをいう。
3　健康とは、単に疾病や虚弱でないということだけでなく、肉体的、精神的並びに社会的に完全に良好な状態であることをいう。
4　健康とは、単に疾病や虚弱でないということだけではなく、疾病に対する抵抗力に合わせ、体力がある状態であることをいう。

3　次の記述の（　　）に入る語句の組み合わせで正しいのはどれか。

「アメリカのエール大学のウインスロー教授は、1949年に『公衆衛生とは、国や地域社会の（　A　）な努力により疾病を予防し、生命を延長し、肉体的、精神的健康と（　B　）の増進を図る科学であり、技術である』と述べている」

	A		B
1	政治的	——	能率
2	組織的	——	体力
3	政治的	——	体力
4	組織的	——	能率

4　次の記述で正しいのはどれか。

1　衛生行政に関与する国の行政機関は厚生労働省、環境省、文部科学省である。
2　公衆衛生の向上のために各市町村に保健所が設置され、地域における公衆衛生活動の中心的役割を担っている。
3　プライマリ・ヘルスケアとは、「人々が自らの健康をコントロールし、改善することができるようにする過程である」と定義されている。
4　精神保健や結核の予防に関する事項は保健所の業務外である。

5　保健所に関する記述で正しいのはどれか。

1　保健所は、地域住民の生活環境の向上と健康の保持増進に極めて重要な役割を果たしている。
2　保健所法が変わって新しく制定された地域保健法により保健所の数は増加している。
3　保健所の業務に関しては、地域保健法第10条に定められている。
4　国が設置する保健所は、地域保健の広域的・専門的・技術的拠点として機能を強化される。

6　次の保健所の業務に関する記述で誤りはどれか。

1　介護保険に関する事項
2　保健師に関する事項
3　歯科保健に関する事項
4　母性および乳幼児ならびに老人の衛生に関する事項

7　次の記述で誤りはどれか。

1　母子保健とは、母性と中学校までの子どもを対象とする保健をいう。

2　母子保健対策は市町村にて実施される。

3　学校保健安全法では、定期健康診断や感染症予防などを定める。

4　学校給食は、児童および生徒の心身の健全な発達と、食に関する正しい理解と適切な判断力を養う上で、重要な役割を果たす。

8　次の衛生統計に関する記述で正しいのはどれか。

1　人口動態統計とは、住民基本台帳に基づき、月々の国内の都道府県、大都市間の転入・転出の状況を明らかにするための統計である。

2　合計特殊出生率とは、18～48歳までの女子の年齢別出生率を合計したものである。

3　年齢調整死亡率とは、年齢構成の異なる地域間で死亡状況の比較ができるように年齢構成を調整した死亡率のことである。

4　周産期死亡とは、妊娠満22週以降の死産のことである。

9　次のうち近年の死因順位で5位までに入らないものはどれか。

1　心疾患

2　結核

3　脳血管疾患

4　悪性新生物（がん）

10　次の衛生統計に関する記述で誤りはどれか。

1　人口静態統計とは、ある一定の時点を期して調査した全人口の状態に関する統計である。

2　人口動態統計とは、出生・死亡・婚姻・離婚という人口の変動の要因となる事柄についての統計である。

3　保健統計には、疾病統計と感染症統計がある。

4　衛生統計にもさまざまなものがあるが、薬事統計は含まれない。

11　平均余命に関する記述で正しいのはどれか。

1　0歳の者が平均してあと何年生きられるかを示したもの。

2　各年齢の生存者が平均してあと何年生きられるかを示したもの。

3　平均寿命を超えて生存している者があと何年生きられるかを示したもの。

4　心身とも健康な状態で活動できる期間を示したもの。

12　公害に関する記述について、誤りはどれか。

1　騒音は、心身に不快感や日常生活の妨害などの影響をおよぼす。

2　悪臭の苦情でもっとも多いのは、野外焼却によるものである。

3　光化学オキシダントは、目やのどの刺激を引き起こす。

4　水質汚濁の発生源として、近年もっとも多いのは工場排水である。

13　次の環境汚染に関する記述で誤りはどれか。

1　四日市公害事件は、亜硫酸ガスによる代表的な大気汚染事件である。

2　水俣病は、魚介類に蓄積された有機水銀による中毒である。

3　光化学スモッグとは、窒素酸化物や炭化水素に紫外線が作用して、目への刺激などの健康被害を起こすことをいう。

4　イタイイタイ病は、神通川流域で発生した慢性ヒ素中毒である。

14 次の大気汚染物質とその発生源に関する組み合わせで誤りはどれか。

	大気汚染物質		発生源
1	一酸化炭素	——	不完全燃焼
2	浮遊粒子状物質	——	ディーゼル自動車の排気ガス
3	光化学オキシダント	——	ダイオキシン類が太陽光により変化
4	トリクロロエチレン	——	溶剤、洗浄剤などに含有

15 次の記述で誤りはどれか。

1 人体が感じる温度は、気温、湿度、気流などが関係する。
2 赤外線は、微生物に対し殺菌的に作用する。
3 人体の約60%は水分であり、その10%を失うと健康がおびやかされ、20%を失うと生命の危険がある。
4 一般廃棄物の処理は市町村の責務、産業廃棄物の処理は事業者の責任である。

16 PM2.5（微小粒子状物質）に関する記述で誤りはどれか。

1 2009（平成21）年に環境基準が設定された。
2 粒子の大きさが2.5μm以下の小さな粒子である。
3 肺の奥深くまで入りやすく、ぜんそくや気管支炎などの呼吸器系疾患が懸念されている。
4 PM2.5が蓄積した魚介類を妊婦が摂取することで、胎児に神経系の重篤な障害を引き起こす。

17 水道法による水質基準の規定に関する記述で誤りはどれか。

1 細菌検査で、大腸菌群がみつからないこと。
2 シアン、水銀、有機リンなどは基準値以下でなければならない。
3 異常な酸性またはアルカリ性でないこと（pH5.8～8.6）。
4 給水口において、1ppm以上の遊離残留塩素を含むことと規定している。

18 大気汚染に関する記述で誤りはどれか。

1 微小粒子状物質（PM2.5）の直径は、スギ花粉よりも小さい。
2 微小粒子状物質（PM2.5）は、ぜんそくや気管支炎などの呼吸器系疾患を引き起こすことがある。
3 光化学スモッグの原因物質は、一酸化炭素である。
4 大気汚染物質の一つである二酸化硫黄は、早くから対策がとられてきたため、現在の汚染状況は改善されている。

19 次の記述のうち正しいのはどれか。

1 空気の組成は、酸素約60%、窒素約39%、炭酸ガス約0.04%である。
2 光化学オキシダントは、目やのどに刺激はないが、農作物など植物に被害を与える。
3 代表的な公害病といわれる水俣病は、カドミウムが原因とされている。
4 有機物、特に窒素やリンを多量に含む下水・排水が湖沼に流れ込むと、湖沼の富栄養化という現象を起こす。

20　次の記述で誤りはどれか。

1　感染経路とは、病原体が感染源から他の人へ伝染する方法であり、それぞれの病原体ごとに決まったものである。

2　直接接触感染とは、感染源に直接触れることによって伝染することで、狂犬病や性病などがその例である。

3　石炭酸やクレゾール水は、屎（し）尿、おう吐物などの排泄物や便所の消毒の他、手指の消毒にも適している。

4　逆性石鹸（せっけん）は無味無臭で調理従事者の手指の消毒に適しており、普通の石鹸と同時に使うと効果的である。

21　次の記述で誤りはどれか。

1　室内の空気の消毒に利用されるいわゆる殺菌灯は、紫外線の殺菌作用を利用したものである。

2　感染症が発生し、また流行するのは、感染源、感染経路および感受性の３つの条件がそろった場合である。

3　予防接種によって免疫（めんえき）が作られると、特定の感染症に対する感受性が高まり、感染症に罹（かか）りにくくなる。

4　赤痢には予防ワクチンがなく、予防接種ができないので、調理に携わる者は定期的な検便を行うことが重要である。

22　次の感染症と病原体の組み合わせで誤りはどれか。

1　マラリア　――　原虫

2　梅毒　――　スピロヘータ

3　赤痢　――　ウイルス

4　オウム病　――　クラミジア

23　次の感染症のうちウイルスが原因で起こるものはどれか。

1　結核

2　狂犬病

3　破傷風

4　マラリア

24　次の感染症と病原体の組み合わせで正しいのはどれか。

1　マラリア　――　細菌

2　コレラ　――　真菌

3　ペスト　――　リケッチア

4　日本脳炎　――　ウイルス

25　次の疾病名と媒介昆虫の組み合わせで正しいのはどれか。

1　シラミ　――　日本脳炎

2　ハエ　――　腸チフス

3　蚊（か）　――　ペスト

4　ノミ　――　結核

26 次の感染症のうち、「感染症の予防および感染症の患者に対する医療に関する法律」における２類感染症はどれか。

1 南米出血熱
2 腸管出血性大腸菌感染症
3 結核
4 麻しん

27 次の感染症とその主な感染経路の組み合わせで誤りはどれか。

1 コレラ ―― 経口感染
2 パラチフス ―― 経口感染
3 インフルエンザ ―― 飛沫（ひまつ）感染
4 ペスト ―― 飛沫感染

28 次の記述の（　）に入る語句の組み合わせで正しいのはどれか。
「赤痢による死亡者は激減したが、症状のない（　ア　）が非常に多いので、調理に携わる者は（　イ　）を行うことが重要である」

	ア		イ
1	病後保菌者	――	予防接種
2	健康保菌者	――	定期的な検便
3	病後保菌者	――	食器の消毒
4	健康保菌者	――	水質検査

29 生活習慣病に関する記述で正しいのはどれか。

1 食塩の過剰摂取により、糖尿病の発症率が高まる。
2 コレステロールの過剰摂取により、骨粗しょう症の発症率が高まる。
3 喫煙により、冠動脈性心疾患の発症率が高まる。
4 たんぱく質の摂取不足により、痛風の発症率が高まる。

30 わが国の最近の３大生活習慣病の組み合わせのうち正しいのはどれか。

1 悪性新生物 ―― 肺炎および気管支炎 ―― 結　核
2 悪性新生物 ―― 脳血管疾患 ―― 肺　炎
3 悪性新生物 ―― 心疾患 ―― 脳血管疾患
4 悪性新生物 ―― 結　核 ―― 老　衰

31 次の生活習慣病に関する記述で誤りはどれか。

1 生活習慣病とは、食生活や運動習慣、休養、喫煙、飲酒などの生活習慣によって引き起こされる疾患の総称をいう。
2 糖尿病とは、インスリンの分泌や作用の低下により、血液中に糖分があふれる疾病で、動脈硬化を促進したり、さまざまな合併症を起こすようになる。
3 狭心症や心筋梗塞などの心臓病は、心房および心室にて発生する血流量の低下をまねく疾患である。
4 健康寿命とは、平均寿命から日常生活を大きくそこねる疾病やけがの期間を差し引いた期間を示す。

32　メタボリックシンドロームの診断に用いられている腹囲の基準値で正しいのはどれか。

1　男性　90cm　女性　90cm
2　男性　85cm　女性　90cm
3　男性　90cm　女性　80cm
4　男性　100cm　女性　100cm

33　次の生活習慣病に関する記述で誤りはどれか。

1　高血圧の原因には、食塩のとりすぎ、肥満などがあげられる。
2　メタボリックシンドロームは、腹囲のみで診断される。
3　動脈硬化は、脳卒中や虚血性心疾患などの発症の危険因子である。
4　喫煙は、肺がんの要因の１つである。

34　次のうち疾病の第１次予防として正しいのはどれか。

1　早期発見・早期治療
2　合併症の防止
3　リハビリテーション
4　健康教育

35　次の記述で誤りはどれか。

1　職業病とは、ある職業に従事していて起こりやすい特有の疾病のことである。
2　栄養の改善および食品衛生に関する指導や必要な事業は、保健所の業務である。
3　主要な感染症や食中毒は、診断した医師が保健所に届出なければならない。
4　不完全燃焼が起こると二酸化炭素が発生し、中毒を起こすので危険である。

36　次の記述で誤りはどれか。

1　作業環境とは、労働をする環境条件のことで、温度・風速・ガス・騒音などが含まれる。
2　ある職業に従事していて起こりやすい特有な疾病を労働災害という。
3　定期健康診断は疾病異常の早期発見のために、少なくとも年に１回は行わなければならない。
4　従業員50人以上の施設では、労働安全衛生法に基づいて事業主は安全衛生委員会を最低月１回開催し、従業員の健康保持、増進に努めることが必要である。

37　労働安全衛生法に基づき、従業員が50名いる菓子製造施設において選任が義務付けられている者として、誤りはどれか。

1　総括安全衛生管理者
2　安全管理者
3　衛生管理者
4　産業医

38　次の職業病とその原因の組み合わせとして、誤りはどれか。

1　立位作業　―― VDT障害
2　過重な筋肉労働 ―― 脊椎・関節障害
3　高温作業　―― 熱中症
4　粉じん　―― じん肺症

39　労働衛生に関する記述で誤りはどれか。

1　労働安全衛生法により、事業者は、常時使用する労働者に対し、定期的に医師による健康診断を行わなければならない。

2　労働基準法上の法定労働時間は、原則として１日８時間、１週間につき40時間を超えてはならないとされている。

3　業務による場合でも脳・心臓疾患の罹患は、労働災害とは認められない。

4　労働安全衛生法により、一定の規模の事業場には産業医の選任が義務付けられている。

40　労働衛生に関する記述で誤りはどれか。

1　事業者は、労働安全衛生法に基づき有害業務に従事する労働者に対して特殊健康診断を実施しなければならない。

2　作業環境により、熱中症、職業性難聴、白ろう病などの職業病を引き起こすことがある。

3　職場の健康づくりにおいては、労働者のメンタルヘルスも重要視されている。

4　労働安全衛生法のみが、労働衛生に関する法律である。

食品学

（食品学）　1　食品学の概要と食品成分

食品に関する成分や特性などを知り、健全な食生活の保持と食の楽しさを追究する学問が食品学である。

食品とは、少なくとも１種類以上の栄養素を含み、人に対して安全で、し好に適したものをいう。
＊有毒有害なもの（たとえばフグなど）であっても、適切な調理加工により有毒有害成分をとり除いたものも含む。

食品を加工調理し、消化しやすい形にしたものが食物である。

食品の３つの機能　食品は、その栄養面からみると３つの機能に大別される。
身体の組織の成分になる：たんぱく質、脂質、無機質（ミネラル）―― 筋肉、血液、臓器、毛髪、爪、骨、歯
エネルギーのもとになる：炭水化物、脂質、たんぱく質 ―― 仕事や運動をする力、体温の維持
身体の働きを調節する　：ビタミン、無機質（ミネラル）、たんぱく質
―― 発育や健康保持などの生理現象を調節

≪食品の成分≫
食品の一般成分　水分、たんぱく質、脂質、炭水化物、灰分（かいぶん）の５成分をいう。
炭水化物には食物繊維を含む。
食物繊維は主に植物性食品に含まれ、消化されにくい成分である。腸を刺激して便通をよくする。
＊コレステロールの沈着防止や大腸がんの予防作用があるといわれる。
灰分とは、食品を焼いたあとに残ったいわゆる灰の量をいう。

食品の成分値　食品に含まれる栄養成分の種類とその量を示す値で、食品成分表により知ることができる。
＊「食品成分表」には、食品別の一般成分（５成分）と脂肪酸、食物繊維および無機質（ミネラル）、ビタミンなど微量成分の含有量が表示されている。

食品成分表　文部科学省による「日本食品標準成分表」が代表的なものである。
日本食品標準成分表は時代の変化の中で順次改訂される。最新の電子版が文部科学省のWebサイトで確認できる。
＊他の資料と組み合わせて１冊の本にしたものが多くの出版社から市販されている。
食品の可食部100g中に含まれる栄養成分値とエネルギー値などが記載されている。
＊可食部とは、魚の骨など廃棄する部分を除いた、食べる部分のことをいう。
水分、たんぱく質、脂質、炭水化物、灰分はグラム（g）で表わされている。
無機質（ミネラル）、ビタミンB_1、ビタミンB_2、ナイアシン（ニコチン酸）、ビタミンＣは
ミリグラム（mg：1000分の１g）で表わされている。
ビタミンＡ、ビタミンＤはマイクログラム（μg：100万分の１g）で表わされている。
脂肪酸、食物繊維、食塩相当量はグラム（g）で表わされている。
＊食品の栄養成分表示は　→P162「栄養学－13 栄養成分表示、基礎食品」参照

食品のエネルギー
エネルギー量の表わし方にカロリーとジュールの２つの単位があり、国際的にはジュールを用いる方向にある。
＊１キロカロリー（kcal）とは、水１gを１℃（摂氏１度）高めるために必要なエネルギーをいう。
＊１kcalは4.18キロジュール（kJ）に相当する。
＊日本では、実務的にはまだkcalを用いている。
エネルギーを発生するのはたんぱく質、脂質、炭水化物の３成分のみである。
＊ただし、アルコールはエネルギーを発生し、１gあたり約７kcalとして計算する。有機酸は１gあたり約３kcal。
エネルギー計算は、正確には消化吸収率を考慮した食品別の生理的換算係数を用いるが、多くの食品を
組み合わせた料理や菓子などではアトウォーターの係数を用いる。
＊アトウォーターの係数：たんぱく質と炭水化物は１gで４kcal、脂質は１gで９kcalとして計算する。

練習問題　＊解答は別冊P８

1-1　主に植物性食品に含まれる消化されにくい成分は次のうちどれか。

1　たんぱく質
2　炭水化物
3　脂質
4　食物繊維

1-2　栄養素がもつ１g値のエネルギーで次のうち正しいのはどれか。

1　炭水化物：９kcal、たんぱく質：４kcal、脂質：９kcal
2　炭水化物：４kcal、たんぱく質：９kcal、脂質：９kcal
3　炭水化物：９kcal、たんぱく質：４kcal、脂質：４kcal
4　炭水化物：４kcal、たんぱく質：４kcal、脂質：９kcal

1-3　アトウォーターの係数を用いて算出した鶏卵１個（可食部50g）のエネルギー値はどれか。
※鶏卵の可食部100gあたりの栄養素量は、炭水化物0.3g、脂質10.3g、たんぱく質12.3g。
※小数点以下は四捨五入する。

1　143kcal
2　72kcal
3　153kcal
4　34kcal

（食品学）

2　食品の色、味、香りと有害成分

≪し好成分≫

し好成分とは、食品に含まれている色、味、香りにかかわる成分のことで、食品のおいしさに関係している。

色素成分　し好成分のうち、色にかかわる成分は主に色素成分であり、大きく２つに分類される。

①植物性色素

色素名		色の特徴
アントシアニン系色素	ナスニン、シソニン	酸性で赤色、アルカリ性で青色
カロテノイド系色素	カロテン、リコペン	黄色～赤色
フラボノイド系色素	ヘスペリジン	白色
クロロフィル		青緑色

≫カロテンをカロチン、カロテノイドをカロチノイドと表記して出題する場合がある。

≫アントシアニンをアントシアンと表記して出題する場合がある。

②動物性色素

色素名	色素を含む食品・部位
ミオグロビン	筋肉
ヘモグロビン	血液
ルテイン	卵黄
アスタキサンチン	さけ、かになどの甲殻類

香気成分　し好成分のうち、香りにかかわる成分。食品に最初から含まれるものと、食品の調理中の変化によって生じるものがある。

香気成分の種類	香気成分を含む食品
各種のアルコールと脂肪酸のエステル	果物
アミン	魚
アンモニア	腐敗した肉類
アルデヒド	乳製品、肉製品、焙焼食品

＊アルデヒドは、アミノ酸と糖（還元糖）のアミノカルボニル（メイラード）反応で生じる香気成分。

呈味成分　し好成分のうち、味を感じる成分のこと。有機酸、アルカロイドなどがある。

①有機酸　食品に酸味やうま味などを与える物質である。

有機酸の種類	有機酸を含む食品
乳酸	ヨーグルト、漬物
酒石酸	ぶどう
リンゴ酸	りんご、梨
クエン酸	かんきつ類、梅干
コハク酸	未熟の果実、貝類

②アルカロイド　苦味を与える物質である。

アルカロイドの種類	アルカロイドを含む食品
カフェイン	コーヒー、緑茶
テオブロミン	ココア、チョコレート

＊じゃがいもの芽中に含まれるソラニンもアルカロイドで、これは有毒成分でもある。

特殊成分　他に、特殊な成分でし好成分となるものがある。

特殊成分の種類	含むもの
アルコール	酒類
フィロズルチン	甘茶
グリチルリチン	甘草
フムロン	ビールのホップ
ショウガオール	しょうが
カプサイシン	とうがらし
シニグリン	からし

≪有害成分≫

有害成分とは、食中毒や発がん性などにかかわる物質をいう。

急性毒性をもつ成分

テトロドトキシン —— フグ　パリトキシン —— 魚類　サキシトキシン —— 貝類
ワックス —— バラムツ　オカダ酸 —— 貝類　アミグダリン —— 青梅
リナマリン —— 青酸含有雑豆　ソラニン —— じゃがいも
高濃度のビタミンA —— イシナギの肝　ムスカリン、アマニタトキシン —— きのこ

慢性毒性をもつ成分

プタキロサイド —— わらび　ペタシテニン —— ふきのとう　アガリチン —— きのこ
ベンゾ〔a〕ピレン —— 焼き魚の焦げ　水銀 —— 魚　カドミウム —— 米
ニトロソ化合物 —— 食肉加工品　グルコシノレート —— アブラナ科の植物
アフラトキシン —— ナッツ類、香辛料、とうもろこし

栄養素の消化吸収や生理作用を妨害する成分

トリプシン阻害物質 —— 生大豆　赤血球凝固物質レクチン —— 豆類
無機質吸収阻害物質フィチン酸 —— 穀類　無機質吸収阻害物質シュウ酸 —— 野菜類

アレルゲンとなりうる食品

特定原材料：えび、かに、くるみ、小麦、そば、卵、乳、落花生（ピーナッツ）
特定原材料に準じるもの：アーモンド、あわび、いか、いくら、オレンジ、カシューナッツ、キウイフルーツ、牛肉、ごま、さけ、さば、大豆、鶏肉、豚肉、まつたけ、もも、やまいも、りんご、バナナ、ゼラチン

＊アレルギー物質を含む食品の表示の義務化は　→P116「食品衛生学 - 11 食品衛生対策Ⅰ」参照

練習問題

＊解答は別冊Ｐ８

2-1　次の組み合わせで誤りはどれか。

1　アントシアニン系色素 ―― ナスニン
2　フラボノイド系色素 ―― カロテン
3　カロテノイド系色素 ―― リコピン
4　動物性色素 ―― ヘモグロビン

2-2　次の記述で誤りはどれか。

1　クエン酸やコハク酸などの有機酸は、食品の酸味、うま味などの呈味成分になる。
2　カフェインやテオブロミンは苦味成分である。
3　アルデヒド類はアミノ酸と糖の反応により、香気成分を生じる。
4　カプサイシンはしょうがの辛味成分である。

2-3　次の食品の味覚成分に関する組み合わせで正しいのはどれか。

1　メントール ―― しょうがの辛味
2　タンニン ―― ホップの苦味
3　カプサイシン ―― とうがらしの辛味
4　サンショール ―― からしの辛味

2-4　次の有害成分のうち食中毒のような急性毒性を示さないものはどれか。

1　テトロドトキシン
2　アフラトキシン
3　サキシトキシン
4　アマニタトキシン

（食品学）　3　食品の分類と成分特性

食品の分類法の１つに、植物性食品と動物性食品に大きく区別する方法がある。

植物性食品と動物性食品に含まれる成分特性の比較

	植物性食品	動物性食品
たんぱく質	含有量は少なく、栄養価は低い	含有量は多く、栄養価は高い
脂　質	含有量は少ないが、必須脂肪酸は多い	含有量は多いが、必須脂肪酸は少ない
炭水化物	糖質、食物繊維ともに多い	糖質、食物繊維ともに少ない
無機質（ミネラル）	カリウムとリンが多い	カルシウムとリンが多い
ビタミン	B_1、C、カロテンが多い	A、B_2、Dが多い
消化吸収	悪い（低い）	よい（高い）
（例外）	豆類にはたんぱく質、脂質を多く含むものがある（大豆）	魚油は必須脂肪酸を多く含む

植物性食品の特性

一般に炭水化物、ビタミン、無機質（ミネラル）に富み、たんぱく質や脂質は少ない。
ビタミン類は、緑黄色野菜にＡ（カロテン）とＣ、穀類にＢ群、いも類にB_1とＣ、植物油類にＥを多く含む。
食物繊維を多く含み、便通を整えて大腸がんの予防や、コレステロールの低下作用で動脈硬化予防に役立つ。
穀類、いも類、砂糖類、植物油類、種実類は主にエネルギー源となる。
大豆類その他の豆類は主にたんぱく質源となる。
野菜類、果実類、きのこ類、海藻類は主にビタミン、無機質源となる。

動物性食品の特性

一般にたんぱく質と脂質を多く含み、炭水化物はほとんど含まない。
たんぱく質は人の成長に必要な必須アミノ酸を多く含む。
無機質は骨や歯の成分となるカルシウムやリンが多い。

「日本食品標準成分表2020」では、食品を18群に分類している。
①穀類　②いもおよびでん粉類　③砂糖および甘味類　④豆類　⑤種実類　⑥野菜類
⑦果実類　⑧きのこ類　⑨藻類　⑩魚介類　⑪肉類　⑫卵類　⑬乳類　⑭油脂類
⑮菓子類　⑯し好飲料類　⑰調味料および香辛料類　⑱調理済み流通食品類

エネルギーの多い食品　：油脂類、脂の多い肉、砂糖、穀類、種実類、いも類
たんぱく質の多い食品　：肉類、魚類、卵類、大豆、脱脂粉乳
脂質の多い食品　：油脂類、落花生（ピーナッツ）などの種実類、大豆
炭水化物の多い食品　：砂糖、穀類、豆類（大豆は除く）、いも類、菓子類
カルシウムの多い食品　：牛乳、乳製品、海藻類、小魚
鉄の多い食品　：肝臓（レバー）、ヤツメウナギ、卵黄、緑黄色野菜
ビタミンＡの多い食品　：肝臓（レバー）、バター、卵黄、緑黄色野菜、魚類、乳製品
ビタミンB_1の多い食品：酵母、豆類、穀類、いも類、豚肉
ビタミンB_2の多い食品：酵母、肝臓（レバー）、卵類、海藻類、きのこ類、牛乳
ビタミンＣの多い食品　：かんきつ類、緑黄色野菜、いちご、柿、いも類、緑茶

練習問題　＊解答は別冊P９

3-1　次の植物性食品と動物性食品の成分比較に関する記述で、正しいのはどれか。

1　植物性食品にはたんぱく質は少ないが、ビタミンA、B_2、Dが多い。
2　植物性食品には脂質は多いが、必須脂肪酸は少ない。
3　植物性食品には糖質、食物繊維は多いが、ビタミンB_1、C、カロテンは少ない。
4　植物性食品のほうがたんぱく質の栄養価は低いが、カリウムとリンが多い。

3-2　次の組み合わせで誤りはどれか。

1　ビタミンAの多い食品 ―― レバー、バター、卵黄、緑黄色野菜
2　ビタミンB_1の多い食品 ―― 卵、藻類、きのこ類、牛乳
3　ビタミンCの多い食品 ―― かんきつ類、緑黄色野菜、緑茶、いちご
4　鉄の多い食品 ―― レバー、ヤツメウナギ、卵黄、緑黄色野菜

3-3　次の組み合わせで誤りはどれか。

1　カルシウムの多い食品 ―― 牛乳、海藻
2　鉄の多い食品 ―― レバー、ヤツメウナギ
3　炭水化物の多い食品 ―― いも類、穀類
4　ビタミンAの多い食品 ―― きのこ類、大豆

4　食品各論（米、小麦）

穀類は重要なエネルギー源で、主に主食として、さらに菓子類に多く用いられている。

穀類の主成分は炭水化物（50～70%）で、たんぱく質は10%前後含まれ、脂質は少ない。無機質（ミネラル）はリンが多い。

種子は外皮、胚芽、胚乳の３部分からなり、外皮と胚芽にたんぱく質、脂質、無機質、ビタミン（B_1、Ｅなど）が多いが、消化は悪い。

＊基本的に外皮と胚芽をとり除くことを精白、製粉という。

例：玄米→精白米（精白）　　　小麦の玄麦（精白していない小麦）→小麦粉（製粉）

＊胚乳とは、種子が栄養分（主にでん粉）を貯蔵している部分で、米の場合は白米に相当する。

米

玄米に近いほど栄養成分はすぐれているが、消化吸収率は白米に近いほど良好で、風味もよくおいしい。
栄養学的には、胚芽米（胚芽を残して精白した米）や七分搗米（精白米よりも精白の度合いが低い米）がよい。

＊胚芽米や七分搗米は玄米よりも消化がよく、精白米よりも栄養成分を多く含む。

精白米は、玄米を歩留り90～92%に精白したものをいう。

＊歩留り約90%とは、玄米の表面部分を約10%削りとって精白することをいう。

精白米の主成分は炭水化物（主にでん粉）で、炭水化物（糖質）の代謝に必要なビタミンB_1が極めて少ない。
米を長期間貯蔵するとビタミンB_1が減少し、脂質が酸化して風味が悪くなる。
米の貯蔵は、白米よりも玄米、籾米のほうが品質が低下しにくい。

＊高温多湿の時に品質の低下が大きく、梅雨を過ぎた米は「古米」と呼ぶ。

ビタミンＢ群を添加した黄色い米を「強化米」と呼ぶ。米はビタミンＣをほとんど含まない。
粘り気の多い糯米のでん粉は、粘りの成分であるアミロペクチンがほぼ100%である。
日常、めしとして食べる粳米のでん粉は、アミロペクチンが約80%で、残りの約20%はアミロースである。

＊でん粉はアミロースとアミロペクチンの混合物で、その比率の違いにより粘り気が変わる。

糯米を原料とする米製品は、もち、みりん、白酒、みじん粉、寒梅粉、道明寺粉、白玉粉など。
粳米を原料とする米製品は、上新粉、米粉（ビーフン）など。　→P177「製菓理論－2　原材料」参照
もちとめしのエネルギーを比較すると、めしのほうが水分が多いので、もちのほうがエネルギーが高い。

小麦・小麦粉

国内産以外に、アメリカ、カナダ、オーストラリアなどから大量に輸入している。

＊小麦の生産量の約８割は小麦粉として利用される。

＊小麦粉の自給率（国内生産でまかなえる量）は10～15%程度でしかない。

粒のかたさにより、硬質小麦（グルテン　→P176「製菓理論－２　原材料」参照　が多く、強力粉用）と軟質小麦（グルテンが少なく、薄力粉用）に区別する。
小麦粉の主成分は炭水化物で、大部分はでん粉である。
小麦粉のたんぱく質はグリアジンとグルテニンからなり、水を加えて練ると粘りが強い麩質（グルテン）を形成する。
たんぱく質含有量の多い順に　強力粉　＞　準強力粉　＞　中力粉　＞　薄力粉　となる。

＊デュラム粉は強力粉と同様にたんぱく質含有量が多い。

灰分（皮部分が入ると多くなる）による区分は、少ないものから 特等粉 ＜ １等粉 ＜ ２等粉 ＜ ３等粉 となる。

＊灰分の少ない小麦粉が良質といえる。

強力粉はパン、準強力粉は菓子パンや中華めん、中力粉はうどん、薄力粉は菓子類や天ぷら、デュラム粉はスパゲティーに使用する。

米と小麦の栄養成分の比較

小麦は米よりもたんぱく質を多く含む。
たんぱく質を構成するアミノ酸は米のほうが良質である。
米の胚乳部（精白米）よりも小麦の胚乳部（小麦粉）のほうがビタミンB_1が多い。

練習問題

＊解答は別冊P９

4-1　次の米の消化吸収に関する記述で誤りはどれか。

1　もちは粘り気があり、質も緻密(ちみつ)であるので、米飯よりも消化が悪い。
2　精白米の栄養成分は玄米より劣るが、消化吸収率は精白米のほうがよい。
3　精白米は炭水化物が主成分であるが、たんぱく質も含まれている。
4　七分搗(つき)米や胚芽米は玄米より消化吸収率がよく、精白米よりもビタミンB_1が多い。

4-2　次の記述で誤りはどれか。

1　白米は、玄米よりも消化吸収率がよい。
2　強化米とは、米にビタミンB群の栄養素を浸透させた黄色い米である。
3　糯(もち)米のでん粉は、アミロペクチンを100%近く含む。
4　ビーフンの原料は、糯米である。

4-3　次の記述で誤りはどれか。

1　米にはビタミンCは含まれていない。
2　玄米は精白米より消化吸収率が悪い。
3　めし100ｇと、もち100ｇのエネルギーを比較すると、めしのほうが高い。
4　粳(うるち)米のでん粉は約20%のアミロースを含む。

4-4　次の記述で誤りはどれか。

1　玄米より白米のほうが、ビタミンB_1含有量が多い。
2　胚芽米は胚芽を残して精白した米である。
3　糯米のでん粉はほとんどアミロペクチンである。
4　アルファ化米は、精白米中のでん粉をαでん粉に変えて急速に熱風乾燥させ、水または湯などを加えてそのまま食用できるようにしたものである。

4-5　次の記述で誤りはどれか。

1　米の主成分は炭水化物である。
2　米のビタミンB_1は、胚部と皮部に偏在している。
3　米を長期間貯蔵すると、ビタミンB_1はほとんどなくなる。
4　米の貯蔵は白米で行うのがよい。

4-6　次の記述で誤りはどれか。

1　小麦のたんぱく質含有量は米より多い。
2　小麦のグルテンのたんぱく質の栄養価は、米のたんぱく質よりも低い。
3　小麦のビタミンB_1は胚乳部にもかなり含まれている。
4　小麦胚芽にはビタミンDが含まれている。

4-7　次の記述で誤りはどれか。

1　小麦の主成分は炭水化物である。
2　小麦のたんぱく質含有量は、米よりも少ない。
3　グルテンはグリアジンとグルテニンの２つのたんぱく質からできている。
4　小麦から小麦粉を製造する時にできる表皮の粗い粉をふすまという。

4-8　次の記述で誤りはどれか。

1　グルテンは小麦特有のたんぱく質である。
2　小麦のたんぱく質の栄養価は米よりも高い。
3　強力粉は麩(ふ)質が多い。
4　薄力粉はカステラやケーキの材料として用いられる。

5　食品各論（麦類、雑穀類、とうもろこし、いも類）

大麦

大麦は精白して押麦、ひき割麦として米に混ぜて炊く。
麩質（グルテン　→P68、176参照）を含まないので、パンやめんの製造には適さない。
精白米に比べて食物繊維が多く消化吸収率は劣るが、ビタミンB_1が多い。
麦焦がしや麦茶、味噌や醤油などに加工する。発芽させた麦芽はビール、飴の原料になる。

その他の麦類

えん麦はたんぱく質と脂質、食物繊維が多い。煎ってひき割したオートミールに加工すれば、押麦より消化がよい。
ライ麦は黒パンの原料に用いられるが、グルテンを含まないので黒パンは膨らみにくい。

雑穀類

粟は白米よりたんぱく質の含有量が多い。
稗は脂質の含有量が比較的多い。
黍は精白、製粉して小麦粉に混ぜ、餅、団子、菓子などに用いる。
高粱は製粉したものをマイロ粉と呼ぶ。
そばは良質なたんぱく質を含み、ビタミンB_1やB_2を含む。高血圧予防に効果があるルチン（ビタミンＰ）も含む。

とうもろこし（玉蜀黍）

小麦、米とともに世界３大穀物の１つである。
とうもろこしは脂質が多くコーン油の原料となるが、たんぱく質の栄養価は低い。
　＊コーンスターチ、コーングリッツ、コーンフレークなどの原料でもある。
　＊とうもろこしの主要なたんぱく質はツェインで、必須アミノ酸のリシン（リジン）とトリプトファンが極めて少ない。

さつまいも

さつまいも（甘藷）の主成分は炭水化物（主にでん粉）で、たんぱく質や脂質は少ないが、ビタミンＣを含む。
食物繊維が多く便通を整える効果がある。黄色種はカロテンを相当量含む。
切干いも、水飴、アルコール、焼酎、でん粉などの原料になる。

じゃがいも

じゃがいも（馬鈴薯）の成分はさつまいもと似ている。
ビタミンＣを含み、貯蔵しても比較的安定している。
発芽時の芽にソラニンという毒素が生ずるので、芽の部分を除いて調理する。
でん粉、アルコール、水飴などの原料になる。

やまのいも（やまいも）

いちょういも、じねんじょ、ながいも、やまといもなどがある。
ジアスターゼ（アミラーゼ）を含んでいるので、でん粉質の消化を助ける。

その他のいも類

さといも（里芋）の地上茎はずいきと呼ばれ、食用になる。
こんにゃくいもの炭水化物の主成分はグルコマンナンで、栄養価はほとんどないが整腸の効果がある。

でん粉類

じゃがいも（馬鈴薯）でん粉、コーンスターチ（とうもろこしでん粉）、さつまいも（甘藷）でん粉などで、
主成分は炭水化物（主にでん粉）である。
いもでん粉を原料として水飴、アルコール、はるさめなどが作られる（ただし、中国産はるさめは緑豆が原料）。

練習問題

*解答は別冊P９

5-1　次の穀類についての記述で正しいのはどれか。

1　糯(もち)米のでん粉は、アミロースとアミロペクチンがおよそ２：８の割合で構成されている。
2　小麦粉をグルテンの少ないものから並べると、強力粉、準強力粉、中力粉、薄力粉、デュラム粉の順になる。
3　えん麦の種実を煎ったあと、ひき割したものをオートミールという。
4　とうもろこしは製油原料となり、たんぱく質の栄養価が高い。

5-2　次の記述で誤りはどれか。

1　粟(あわ)のたんぱく質は白米よりも多い。
2　高粱(こうりゃん)のたんぱく質をツェインという。
3　ツェインのたんぱく質の栄養価は低い。
4　そばのたんぱく質は比較的優秀である。

5-3　次の記述で誤りはどれか。

1　大麦は精白米に比べて食物繊維が少ない。
2　大麦はビールや醤油などの原料として用いられる。
3　えん麦をオートミールにすると、押麦などよりも消化がよい。
4　ライ麦は黒パンの原料に用いられる。

5-4　そばに含まれる成分で高血圧の予防に効果があるのは次のうちどれか。

1　カロテン
2　ルチン
3　グルテン
4　グルコマンナン

5-5　次の記述で正しいのはどれか。

1　さつまいもは貯蔵しておくと、リパーゼによりでん粉が分解され甘味が増す。
2　さといもはアミラーゼを多く含み、消化がよく生でも食べられる。
3　じゃがいもの芽には、有毒成分であるソラニンが含まれている。
4　やまのいもの粘りは、ガラクタンによるものである。

5-6　次の記述で誤りはどれか。

1　じゃがいもの発芽時の芽に含まれる毒素はソラニンである。
2　じゃがいもはビタミンＡを含まない。
3　さつまいもはビタミンＣを含まない。
4　こんにゃくの主成分グルコマンナンには整腸作用がある。

5-7　やまのいもに含まれ、でん粉質の消化を助ける成分は次のうちどれか。

1　サポニン
2　グリシン
3　ジアスターゼ
4　グリチルリチン

6　食品各論（砂糖および甘味類、豆類、種実類）

砂糖

さとうきび、または甜菜（砂糖大根）の搾汁から作られ、大部分はショ糖（蔗糖）という炭水化物からできている。
精製の程度により、黒砂糖、三温糖、中白糖、上白糖などと呼ばれる。
氷砂糖は糖液からショ糖を結晶化させたもので、ほとんど純粋なショ糖である。
白く精製するほどカルシウムなどが減るので、栄養的には白砂糖よりも黒砂糖のほうがすぐれている。

水飴

麦芽飴は米などを糖化して作る。主成分は麦芽糖とデキストリンである。
でん粉飴はでん粉を原料とし、酸で糖化して作られるのでブドウ糖とデキストリンが主成分である。

→P171「製菓理論－1　原材料（甘味料）」参照

その他の甘味類

ハチミツの主成分はブドウ糖と果糖である。

＊ハチミツはその原料である花の違いにより風味が異なる。

サッカリンやアスパルテームなどの人工甘味料はエネルギーはほとんどなく、栄養素は含まない。

→P171、172「製菓理論－1　原材料（甘味料）」参照

豆類

大豆はたんぱく質をもっとも多く含み、脂質も多く含んでいる。小豆、えんどう（豆）、いんげん豆、そら豆は炭水化物、たんぱく質の順に多く、脂質は少ない。

大豆

たんぱく質の大部分が、アミノ酸組成が牛乳のカゼインと似ているグリシニン（塩溶性）であり、栄養価が高いことから、畑の肉とも呼ばれる。特に、穀類に少ない必須アミノ酸であるリシン（リジン）を多く含む。
炭水化物として、ショ糖、ラフィノースやスタキオースなどのオリゴ糖、ガラクタン、アラバンなどの多糖類が含まれている。成熟大豆にはでん粉はほとんど含まれない。
脂質にはリノール酸などの必須脂肪酸が多い。
泡立ちやすい成分のサポニンや、動脈硬化を防ぐといわれる成分であるレシチンを含む。
生大豆はたんぱく質分解酵素の働きを抑制するトリプシンインヒビターを含むが、加熱したものにはない。
豆腐は、大豆を水に浸けてやわらかくしてからすりつぶして「呉」を作り、これを加熱、ろ過した「豆乳」に澄まし粉や苦汁を加え、固めて作る。

＊澄まし粉の主成分は硫酸石灰、苦汁の主成分は塩化マグネシウムである。

湯葉は豆乳を煮た時に表面にできる膜を引き上げたもので、たんぱく質や脂質を多く含む。
糸引き納豆は蒸した大豆に納豆菌を付け、粘質発酵（発酵により粘りを出）させたものである。
凍豆腐（高野豆腐）は豆腐を凍らせて脱水乾燥したものである。
味噌は蒸した大豆に麹および塩を加えて発酵熟成させたものである。

＊塩分が10％未満のものを甘味噌、それ以上のものを辛味噌という。

≫大豆の成分およびその加工品の出題率はかなり高い。

種実類

種実類には、ごま、ぎんなん、栗、落花生（ピーナッツ）、くるみなどが分類される。

＊ピーナッツはマメ科の一年草で、地下結実性の植物であるが、豆類ではなく種実類に分類される。

練習問題

＊解答は別冊P９

6-1　次の記述で誤りはどれか。

1　砂糖は、さとうきびまたは甜菜（てんさい）の搾汁（さくじゅう）から作られる。
2　砂糖は、精製の程度により、黒砂糖、三温糖、中白糖（ちゅうはくとう）、上白糖などと呼ばれる。
3　栄養学的には、黒砂糖より白砂糖のほうがすぐれている。
4　氷砂糖は、糖液からショ糖を結晶化させたものである。

6-2　次の記述で誤りはどれか。

1　豆類はビタミンＣを含んでいない。
2　大豆は他の豆類に比べてたんぱく質と脂質に富む。
3　塩分が15%以下の味噌を甘味噌という。
4　小豆（あずき）やいんげん豆などの炭水化物を主成分とする豆類は、餡（あん）や菓子に用いられる。

6-3　次の記述で誤りはどれか。

1　湯葉（ゆば）は、豆乳を平たい鍋に入れて加熱し、表面にできた膜を引き上げて乾燥させたものである。
2　凍（こおり）豆腐は、豆腐を凍らせて脱水乾燥させたものである。
3　大豆を水に浸けて膨潤軟化させたのち、磨砕したものを呉（ご）という。
4　塩分が15%未満の味噌を甘味噌、それ以上のものを辛味噌という。

6-4　次の記述で誤りはどれか。

1　大豆はたんぱく質と脂質を多く含んでいる。
2　大豆のたんぱく質のアミノ酸組成は、牛乳のカゼインと似ている。
3　大豆の脂質にはリノール酸が多い。
4　大豆の炭水化物はほとんどでん粉である。

6-5　次の記述で誤りはどれか。

1　大豆は他の豆類に比べ、たんぱく質、脂質を多く含んでいる。
2　成熟大豆はでん粉を多く含んでいる。
3　大豆はサポニンを含んでいる。
4　大豆油はリノール酸を多く含んでいる。

6-6　次の記述で誤りはどれか。

1　湯葉は、豆乳より作られる。
2　凍豆腐は、豆腐を凍らせて脱水乾燥したものである。
3　納豆は、蒸した大豆に納豆菌を作用させて粘質発酵を起こさせたものである。
4　大豆は、豆腐、納豆、味噌などに加工したほうが消化が悪い。

6-7　次の記述で誤りはどれか。

1　ごまはカルシウムを多く含んでいる。
2　落花生はビタミンB_1を多く含んでいる。
3　ぎんなんの主成分は炭水化物である。
4　くるみの主成分は炭水化物である。

7　食品各論（野菜類、果実類、きのこ類、藻類）

野菜類

野菜類は一般に水分が多く、炭水化物、たんぱく質、脂質は少ない。
無機質ではカリウム、カルシウム、鉄などに富み、食物繊維も多く含む。
緑黄色野菜とは、食品100ｇ中にカロテンを600μg以上含むもので、ビタミンＡ、Ｃを多く含む。
　＊μg（マイクログラム）とは、100万分の１g。
にんじんはビタミンＣ酸化酵素であるアスコルビナーゼを含む。
ほうれん草はカルシウムを多く含むが、シュウ酸を含んでいるためにカルシウムの利用効率は悪い。
大根はビタミンＣやでん粉分解酵素アミラーゼ（ジアスターゼ）を含み、生食できるすぐれた食品である。
ねぎ類の特有の刺激臭は揮発性の硫化アリルで、これとビタミンB_1が結合するとアリチアミン（アリサイアミン）となる。
　＊アリチアミンはビタミンB_1の効力が強く、アノイリナーゼ（B_1分解酵素）にも破壊されない。

野菜類の植物学的分類

葉菜類：ほうれん草、小松菜、春菊、パセリ、レタス、キャベツ、白菜　など
茎菜類：アスパラガス、うど、ねぎ、たけのこ、セロリ、わらび　など
根菜類：大根、かぶ、にんじん、ごぼう、れんこん、しょうが　など
果菜類：きゅうり、トマト、なす、かぼちゃ、ピーマン、おくら、メロン、すいか、いちご　など
　＊メロン、すいか、いちごなどは果実（漿果類）として出題されることもある。
花菜類：カリフラワー、ブロッコリー、みょうが、菊　など

果実類

果実類はビタミン類やミネラル成分の給源として重要な食品である。
水分が多いので熱量（kcal）はあまり多くないが、果糖、ブドウ糖、ショ糖などの炭水化物を10～20％含んでいる。
ビタミンＣはいちご、柿、かんきつ類に多く、カロテンは柿、びわ、みかんなどに多く含まれている。
酸味はリンゴ酸、酒石酸、クエン酸などの有機酸で、芳香成分のエステル類とともに美味と爽快感を与える。
一般にペクチン（多糖類、食物繊維）を含み、酸と糖といっしょに加熱するとゼリー状に固まる。
果実表皮の鮮やかな赤、紫色はアントシアニン系色素が主である。
果実の切り口が褐変するのは、ポリフェノール（タンニン）が酸化酵素によって酸化されるためである。

果実類の植物学的分類

仁果類　：りんご、梨、びわ　など
準仁果類：柿、かんきつ類　など
漿果類　：ぶどう、キイチゴ、キウイ　など
核果類　：もも、梅、あんず、さくらんぼ（桜桃）　など
堅果類　：栗、くるみ、アーモンド　など
　　　　（堅果類は種実類 →P72参照 として果実類とは別に分類することもある）
≫製菓理論での出題率が高い。

きのこ類

一般に水分が多く（約90％）、炭水化物（特に食物繊維）が多い。
香気と快い歯ざわりを楽しむ食品で栄養的価値は高くないが、血中コレステロール低下作用で評価されつつある。
まつたけは天然もののみで、しいたけ、つくりたけ（マッシュルーム）、なめこ、しめじ、きくらげは人工栽培もある。
エネルギーは暫定値で表わされている。

藻類

主成分は炭水化物のガラクタン、アルギン酸などの難消化性多糖類で、食物繊維として価値がある。
無機質ではカルシウム、カリウム、鉄、ヨウ素を多く含む。
寒天、ところてんはてんぐさを原料として製造される。
寒天の主成分であるアガロース、アガロペクチンと呼ばれる炭水化物は、人体内では消化されず、排泄されてしまう。

練習問題

＊解答は別冊P10

7-1 次の記述で誤りはどれか。
1 ほうれん草中のシュウ酸は、ゆでることによりとり除くことができる。
2 大根には、ビタミンCが含まれる。
3 にんじんなどに含まれるクロロフィルは、油脂とともに摂取すると吸収がよくなる。
4 たけのこのえぐみはホモゲンチジン酸によるもので、鮮度が悪くなるほど強くなる。

7-2 次の記述で正しいのはどれか。
1 たけのこの煮汁が冷えると濁るのは、リシン（リジン）というアミノ酸によるものである。
2 ほうれん草には、クエン酸が多く含まれ、カルシウムの吸収を悪くする。
3 大根には、たんぱく質分解酵素のアミラーゼが多く含まれている。
4 にんじんには、ビタミンC酸化酵素のアスコルビナーゼが含まれている。

7-3 次の記述で誤りはどれか。
1 果実類には水分が多く、炭水化物が10～20％程度含まれている。
2 果実の酸味は酒石酸、クエン酸などの有機酸である。
3 果実にはジャムの製造に活用されるグルコマンナンが含まれる。
4 果実の切り口が褐変するのは、タンニンなどの成分が酸化されたためである。

7-4 次の記述で正しいのはどれか。
1 りんごの切り口は、アントシアニン系色素が酸化酵素の働きにより褐変する。
2 かんきつ類の酸味は、主にイノシン酸やグアニル酸による。
3 いちごの赤い色は、リコピンによる。
4 柿の渋味は、水溶性のシブオールによる。

7-5 次の記述で誤りはどれか。
1 寒天やところてんはでん粉を原料として製造される。
2 わかめやひじきの主成分は炭水化物である。
3 藻類の炭水化物はガラクタンなどの難消化性多糖類である。
4 藻類は無機質としてカルシウム、カリウム、鉄、ヨウ素を多く含んでいる。

7-6 次の記述で正しいのはどれか。
1 こんぶのうま味成分はグリコーゲンによるものである。
2 あまのりはところてんやこんにゃくの原料に使用される。
3 寒天の主な成分はゼラチンである。
4 わかめにはアルギン酸などの多糖類が含まれる。

（食品学）

8　食品各論（魚介類、肉類、卵類）

魚介類

わが国では動物性たんぱく質の給源として重要な食品である。
食用にする筋肉部分は良質のたんぱく質を平均20％含み、獣肉よりもやわらかく消化がよい。
脂質の含有量は魚の種類や季節によって異なる。産卵期前の「旬」の時期は脂質が多い。
脂質には多価（高度）不飽和脂肪酸が多く含まれており、変質して悪臭や毒性を示すので注意が必要である。

＊脂肪酸については　→P136「栄養学－３　脂質」参照

骨ごと食べられる小魚や干魚はカルシウムのよい給源となる。
貝類には、一般に貧血を防ぐビタミンB_{12}や、発育に欠かせないビタミンB_2が多く含まれている。
牡蠣はグリコーゲンを多く含み、消化がよく、たんぱく質の他ビタミン類も多く、栄養価の高い食品である。

　＊グリコーゲンは動物性食品には少ない炭水化物で、動物性でん粉とも呼ばれる。

えびやかにをゆでると赤くなるのは、アスタキサンチンが加熱によってたんぱく質と離れて酸化され、
アスタシンに変化するからである。

魚介類の主な加工品

筋子　：さけ、ますの卵巣	キャビア：チョウザメの卵
めふん：さけの腎臓の塩辛	このわた：ナマコの腸

肉類

たんぱく質と脂質に富み、特に約20％含まれるたんぱく質は良質（必須アミノ酸を多く含む）で消化吸収もよい。
肉（筋肉）の部分にはビタミンは少ないが、豚肉だけはビタミンB_1が多い。
内臓はたんぱく質、脂質、無機質（ミネラル）、ビタミンが豊富である。
肉類は、と殺直後よりも一定時間経過したもののほうがやわらかく美味である。これを肉の熟成という。
鶏肉は繊維が細く、脂質は少なく、消化がよく、味は淡白である。
ハムは元来豚のもも肉部分の名称で、これを塩漬けして燻煙したものである。
ベーコンは豚のわき腹肉を塩漬けし、燻煙して作ったものである。
ソーセージは、牛、豚、羊の腸や人工ケーシングに肉を詰めて加工したものである。
ゼラチンは、動物の骨や皮にある肉基質たんぱく質のコラーゲンから作られる。

卵類

鳥卵の中でもっとも多く用いられているのは鶏卵である。
鶏卵は卵殻（10～12％）、卵白（45～60％）、卵黄（26～33％）の部分に分けられ、通常１個50～60ｇである。
卵白には水分が約90％含まれ、残りの固形分の大部分（93％）がたんぱく質である。

　＊卵白のたんぱく質にはオボアルブミンがもっとも多く含まれている。
　＊オボアルブミンは卵アレルギーの原因物質（アレルゲン）と考えられている。

卵白のたんぱく質は栄養価が高い。ビタミンB_2も多く含む。

　＊たんぱく質の栄養価は、その中に含まれるアミノ酸の種類と量で決まる。

卵黄はその約半分が水分で、脂質約33％、たんぱく質約16％。卵白に比べて各種栄養素を多く含んでいる。
卵黄は特に脂質、鉄、ビタミンＡ、ビタミンB_1を多く含んでいる。
卵黄はリンを多く含んでいる酸性食品である。これに対して、卵白はアルカリ性食品である。
卵黄には脂肪を乳化するリン脂質のレシチンが含まれ、マヨネーズを作る時にその働きを利用する。
卵黄はコレステロールを多く含む。
卵黄の黄色はルテインという色素によるもので、ビタミンＡ効力はない。
卵白を加熱して完全に凝固させるには約80℃の温度が必要であるが、卵黄は65～70℃で完全に凝固する。
産み落とされた直後の卵の殻の外側にある薄い層をクチクラといい、殻には気孔という穴があいている。
産卵直後の卵の表面はザラザラしているが、古くなるとクチクラがはがれてなめらかになる。
卵の鮮度を示すものに卵黄係数（卵黄の高さを卵黄の直径で割った数値）があり、0.4程度のものが鮮度がよい。
マヨネーズは水分中に油が乳化した状態の、水中油滴型エマルジョン（乳濁液）である。
中国料理の皮蛋（ピータン）はあひるの卵の加工品である。

練習問題　＊解答は別冊P10

8-1　次の食肉に関する記述で誤りはどれか。

1　と殺した食肉を一定期間低温で貯蔵しておくと、死後硬直のあと軟化し、風味を増し、うま味が出てくる。これを肉の熟成という。

2　牛肉でサーロインとは、リブロースからももに続く部位で、リブロースとならんで最高の肉質であり、ステーキなどに用いられる。

3　食肉中のアクチンの含有量が、食肉の色の濃さに関与している。

4　肉基質たんぱく質であるコラーゲンに、水を加えて加熱するとゼラチンに変化する。

8-2　次の肉類に関する記述で誤りはどれか。

1　肉の熟成とは、と殺後一定時間貯蔵し、自己消化により死後硬直を解き、味をよくすることである。

2　牛肉は冷めるとかたくなり、食味が悪くなるが、脂肪を構成している脂肪酸のうちパルミチン酸のような飽和脂肪酸が多いからである。

3　食肉の赤い部分はミオグロビンによるものである。

4　肉には一般にビタミンが少ないが、豚肉は例外でビタミンB_2が多く含まれている。

8-3　次の記述で誤りはどれか。

1　魚類のたんぱく質は牛肉や豚肉同様にすぐれた栄養価値をもっている。

2　魚類の脂質含有量は、魚の種類、季節によって非常に異なる。

3　魚類の脂質は高度不飽和脂肪酸が多いので、変質しにくい。

4　魚類の血合肉は他の部分に比べて脂質、鉄、ビタミンB_1を多く含んでいる。

8-4　次の記述で誤りはどれか。

1　魚の脂質には高度不飽和脂肪酸が多い。

2　カツオやマグロの血合肉には、他の部分に比べて脂質や鉄分を多く含んでいる。

3　うなぎはビタミンAを多く含む。

4　牡蠣（かき）は筋肉が固く消化が悪い。

8-5　次の記述で誤りはどれか。

1　卵白のたんぱく質は栄養価が高い。

2　卵黄は、卵白に比べて脂肪、鉄、ビタミンA、B_1などの各種栄養素を多く含んでいる。

3　卵白は脂肪を乳化するレシチンを含んでいる。

4　皮蛋（ピータン）はあひるの卵の加工品である。

8-6　次の卵の性質とそれを用いた料理の組み合わせで、正しいのはどれか。

Ａ：泡立ち性（起泡性）　　ａ：マヨネーズ、アイスクリーム
Ｂ：乳化性　　ｂ：スポンジケーキ、メレンゲ
Ｃ：熱凝固性　　ｃ：卵豆腐、茶碗蒸し

1　Ａとａ、Ｂとｂ、Ｃとｃ

2　Ａとｂ、Ｂとｃ、Ｃとａ

3　Ａとｂ、Ｂとａ、Ｃとｃ

4　Ａとｃ、Ｂとａ、Ｃとｂ

8-7　次の卵に関する記述で誤りはどれか。

1　卵は多くの栄養素が含まれ栄養価の高い食品であるが、ビタミンCは含まれない。

2　卵白にはたんぱく質が多く、オボグロブリンが主である。

3　卵黄には脂質が多く、中でもコレステロールが多いのが特徴である。

4　ピータンはあひるの卵に赤土、石灰、食塩、茶などを混ぜたものを塗り付け、アルカリによるたんぱく質の凝固を利用したものである。

(食品学)　9　食品各論（乳類、油脂類）

≪乳類≫

乳類には、牛乳、人乳、やぎ乳が分類されるが、食品としては牛乳が重要である。

牛乳

牛乳は人に必要な栄養素の多くを含み、消化吸収されやすい状態で存在している。ただし、ビタミンＣは少ない。
＊牛乳は良質たんぱく質、カルシウム、ビタミンB_2の給源として重要な食品といえる。
牛乳の水分は約90%で固形分は少ないので、栄養素の含有量は少ない。
牛乳のたんぱく質には、カゼイン、ラクトアルブミン、ラクトグロブリンなどがある。
ラクトアルブミンやラクトグロブリンは熱により固まり、加熱した牛乳の表面にできる薄い被膜となる。
牛乳の代表的なたんぱく質はカゼインで、カルシウムと結合して存在し、栄養価が高い。
カゼインは熱では固まらないが、酸によって固まる。
＊牛乳が古くなると乳酸菌により乳酸が作られ、これによってカゼインが凝固して変質する。
牛乳の炭水化物の主成分は乳糖で、人乳よりも含有量は少ない。
脂肪は脂肪球となって牛乳中に混ざっているので、長時間放置すると浮き上がり、クリーム層ができる。
＊市販の普通牛乳はホモジナイズ（均質化）により脂肪球を小さくしてあるので、分離しにくくなっている。
無機質（ミネラル）ではカルシウムがリンより多く、動物性食品には数少ないアルカリ性食品である。
牛乳はカルシウムのすぐれた給源である。しかし鉄分が少ない。
牛乳に他の成分を加えたものは、乳製品の加工乳として販売されている。
＊外観は同じであるが、ビタミン類やたんぱく質を強化したものなどがある。粉乳より再生したものも含む。

乳製品

脱脂粉乳はチーズ、ヨーグルト、アイスクリーム、菓子、パンの原料として広く用いられている。
クリームは、牛乳中の乳脂肪を遠心分離機（クリームセパレーター）で分離したものである。
＊乳脂肪分は18%以上のものとなる。
バターは、クリームを攪拌(かくはん)して乳脂肪を塊状にし、練り固めたものである。
＊乳脂肪分は80%以上のものとなる。
アイスクリームは、牛乳、乳製品に砂糖、香料などを加えて攪拌しながら凍結したものである。
＊乳脂肪分を８%以上含むものがアイスクリームで、ラクトアイス、アイスミルクとは区別される。
チーズは、牛乳に乳酸菌と凝乳酵素のレンネットを加えて固めたもの。その後熟成させるものもある。
ナチュラルチーズはそのかたさによって硬質、半硬質、軟質に分類される。
＊硬　質：パルメザン、グリュイエール など
＊半硬質：ゴーダ、チェダー、ゴルゴンゾーラ など
＊軟　質：カマンベール、カッテージ、クリーム など
プロセスチーズは、１～２種類のナチュラルチーズを粉砕し、混合し、加熱殺菌したものである。
ヨーグルトは、牛乳に乳酸菌を加えて乳酸発酵させたもので、整腸作用があるとされている。

≪油脂類≫

動物性と植物性の２種類があり、脂質が主成分である。
植物油の多くは融点が低く、常温で液体である。
ごま油、大豆油、菜種油、米油、オリーブ油、サフラワー油はリノール酸が多く、ビタミンＥも含み栄養価が高い。
バターは油脂の中でもっとも消化吸収がよく、ビタミンＡも多く含んでいる。
魚油は多価(高度)不飽和脂肪酸であるイコサペンタエン酸（ＥＰＡ、ＩＰＡ）、ドコサヘキサエン酸（ＤＨＡ）を多く含んでいる。
肝油は、タラ、イシナギなどの肝臓から抽出した油で、ビタミンＡ、Ｄを多く含む。
マーガリンは、精製した動・植物性油脂または硬化油を主原料に、乳製品、着色料、香料、乳化剤などを混合して作られている。ビタミンＡやリノール酸を強化したものがある。
ショートニングは、精製した動・植物性油脂または硬化油を主原料に、乳化剤や窒素ガスなどを混合して作られている。　＊硬化油は、植物油や魚油などに水素を添加して作られる。

練習問題

＊解答は別冊P10

9-1　次の記述で誤りはどれか。

1　チーズは、牛乳の脂質とカルシウムを凝固したものである。
2　牛乳は消化がよく、ビタミンCを除いてほとんどの栄養素が含まれている。
3　ヨーグルトは、牛乳または脱脂乳を乳酸発酵させたもので、特に整腸作用がある。
4　バターは、乳脂肪が主成分で風味がよく、消化のよい食品である。

9-2　次の記述で誤りはどれか。

1　ナチュラルチーズはかたさによって、硬質、半硬質、軟質などに分けられる。
2　カッテージチーズは数種のナチュラルチーズを混合し、加熱殺菌したものである。
3　クリームは牛乳中の脂肪分を遠心分離したものである。
4　バターはクリームを攪拌（かくはん）し、脂肪を集めたものである。

9-3　次の記述で誤りはどれか。

1　牛乳の主なたんぱく質はカゼインである。
2　牛乳のカゼインは熱で固まるが、酸では固まらない。
3　牛乳はすぐれたカルシウムの給源であるが、鉄分が少ないのが欠点である。
4　牛乳の脂質は小さい脂肪球となって混ざっている。

9-4　次の記述で正しいのはどれか。

1　牛乳に含まれる主なたんぱく質は、グルテンである。
2　牛乳は、ビタミンCを多く含んでいる。
3　チーズは、牛乳に乳酸菌とアノイリナーゼを加え、発酵、熟成させたものである。
4　牛の生乳は、長く放置しておくと脂肪球が浮き上がり、クリーム層ができる。

9-5　次の記述で誤りはどれか。

1　植物油にはリノール酸が多い。
2　植物油にはビタミンAが多い。
3　植物油はビタミンEを含んでいる。
4　バターは水分を含んでいる。

9-6　次の記述で誤りはどれか。

1　バターはビタミンAを多く含んでいる。
2　魚油には高度不飽和脂肪酸が少ない。
3　マーガリンは動物性油脂、ヤシ油、大豆油などを原料にして作り、ビタミンAなどが強化してある。
4　ショートニングの主原料は精製した動・植物性油脂である。

9-7　次の記述で誤りはどれか。

1　油脂はビタミンA、D、Eなどの脂溶性ビタミンの吸収を高める。
2　バターは油脂中もっとも消化が悪い。
3　肝油はタラなどの肝臓から抽出した油で、ビタミンA、Dが多い。
4　マーガリンはヤシ油、大豆油などを原料として作られる。

9-8　次の記述で正しいのはどれか。

1　一般的に油脂は、室温で液状のものが脂、固体のものが油といわれている。
2　ラードは牛から得られる脂肪である。
3　硬化油は魚油や鯨油、植物油などに水素を添加して作られる。
4　大豆油の主な脂肪酸はオレイン酸である。

10　食品各論（し好飲料類、調味料、香辛料）

≪し好飲料類≫

し好飲料は非アルコール飲料とアルコール飲料に分類される。

主な非アルコール飲料

茶はつばき科に属する茶の樹の若葉を加工して飲用にしたもので、非発酵茶、半発酵茶、発酵茶に分類する。

非発酵茶：緑茶。うま味はテアニン、渋味はタンニン（カテキン）、苦味はカフェイン、テオブロミンによる。ビタミンＣを多く含む。

半発酵茶：主にウーロン茶。浸出液の色が濃く褐色に近いが、香りが高いのが特徴である。

発酵茶　：紅茶。発酵により特有の香気と色を生成する。発酵中にビタミンＣは失われ、渋味も少なくなる。

コーヒーにはカフェインとタンニンが多く含まれ、風味と興奮刺激性を与える。

ココアはカカオ樹の果実中に含まれる種子（カカオ豆）から作られる。

ココアはカフェインは少ないが、テオブロミンを多く含む。

主なアルコール飲料

日本の酒税法では、アルコールを１％以上含む飲料を酒類とし、製造法により醸造酒、蒸留酒、混成酒に分類される。

醸造酒：清酒（日本酒）は米、ビールは大麦、ワイン、シェリーはぶどう、ミードは蜂蜜、紹興酒（しょうこうしゅ）は糯（もち）米から作る。

蒸留酒：ウイスキーは大麦やライ麦、ブランデーはぶどう、ラム酒はさとうきびの糖蜜から作る。

混成酒：リキュール類は果実と草木の根や茎など、ポートワインはぶどう、みりんは米や糯米から作る。

≪調味料≫

食塩の主成分は塩化ナトリウムで、他に少量の苦汁（にがり）成分を含んでいる。

＊苦汁の成分は塩化マグネシウム、硫酸マグネシウム、塩化カルシウム、硫酸カルシウムなどである。

食酢は酢酸を主成分とする酸味調味料で、市販品は３～５％の酢酸を含んでいる。

＊醸造酢と合成酢があり、醸造酢は穀物や果実類を原料として作る。

≫食酢はpHを下げることで食品の保存性を高める働きがある。

味噌は、蒸した大豆に米か大豆あるいは大麦の麹（こうじ）と塩を加えて熟成させた発酵食品である。

＊市販されている味噌の食塩の含有量は、通常甘味噌が６～７％、辛味噌が12％前後である。

≫塩分が10％未満の味噌を甘味噌、それ以上のものを辛味噌という。

醤油は、蒸し煮した大豆、小麦を混合して麹を作り、食塩水を加えて熟成したもろみを圧搾（あっさく）、ろ過した発酵食品である。

みりんはわが国古来の酒の一種で、焼酎に蒸した糯（もち）米、麹を加えて熟成後、圧搾、ろ過した発酵食品である。

うま味調味料は、小麦や大豆のたんぱく質を分解してグルタミン酸を作り、ナトリウムを結合させたものである。

＊天然調味料のうま味成分

こんぶのうま味：グルタミン酸

かつお節のうま味：イノシン酸

しいたけのうま味：グアニル酸

≪香辛料≫

辛味性香辛料

しょうが（ジンジャー）：薬味、におい消しとして料理に、また菓子類の味付けなどに使用する。
わさび：刺身、すしなどに使用する。
赤とうがらし：キムチなどに使用する。
からし（マスタード）：日本料理、西洋料理、中国料理など多くの料理に使用する。
さんしょう：若葉は汁物や和え物に、実は粉にしてうなぎ料理などに使用する。
にんにく（ガーリック）：味の引き立て、におい消しとして料理に使用する。
こしょう（ペッパー）：白こしょうよりも黒こしょうのほうが香りが強い。肉料理に使用する。

≫製菓理論での出題がある。

芳香性香辛料

オールスパイス：シナモン、クローブ、ナツメグを合わせたような香りをもつ。煮込み料理などに使用する。
シナモン（肉桂（にっけい））：クッキーや焼りんごなどの菓子に使用する。
ナツメグ（にくずく）：肉料理やハムなどに、またドーナツにも使用される。
クローブ（丁字（ちょうじ））：西洋料理のスープ、ソースなどや菓子類にも使用する。
ローリエ（ベイリーフ）：煮込みやシチューなどの肉料理に使用する。
サフラン：煮込みやブイヤベースなどの魚料理に、色と香り付けに使用する。
バニラ：クッキーやアイスクリームなど、多くの洋菓子に使用する。

練習問題

＊解答は別冊P11

10-1　次の記述で誤りはどれか。
1　コーヒーはカフェインを含んでいる。
2　緑茶はビタミンCを含んでいる。
3　わが国の酒税法での酒類は、アルコールを1％以上含んでいる。
4　アルコールのエネルギーは1gあたり4kcalとして計算されている。

10-2　次の記述で正しいのはどれか。
1　緑茶のうま味の主成分は、イノシン酸である。
2　緑茶の渋味の主成分は、カフェインである。
3　ウーロン茶は、生葉を蒸気で蒸したあと、釜で煎り、乾燥させて作る。
4　紅茶は、発酵中に酸化酵素が働き、ビタミンCが失われる。

10-3　次の食酢に関する記述で正しいのはどれか。
1　10～15％の酢酸を含んでいる。
2　醸造酢の主な原料は穀類や果実類である。
3　合成酢は化学薬品の酢酸と化学調味料のみで作られる。
4　食品のpHを上げる働きがある。

10 - 4　次の記述で正しいのはどれか。

1　食酢は、食物に付着している細菌の増殖を促す。
2　味噌は蒸した大豆に、米か大麦あるいは大豆の麹(こうじ)と、塩を加えて熟成させたものである。
3　濃口醤油は、塩分濃度が高い醤油のことをいう。
4　みりんは、清酒に蒸した米、麹を加え、仕込んで熟成させたものである。

10 - 5　次の食品とうま味成分の組み合わせで誤りはどれか。

1　しいたけ —— グアニル酸
2　小魚 —— クエン酸
3　かつお節 —— イノシン酸
4　こんぶ —— グルタミン酸

10 - 6　次のうち香辛料についての組み合わせで正しいのはどれか。

1　シナモン —— にくずく —— 焼りんご、菓子
2　ローリエ —— ベイリーフ —— 肉料理、煮込み、シチュー
3　ナツメグ —— 肉桂 —— ひき肉料理、ハム
4　しょうが —— マスタード —— 薬味、におい消し

10 - 7　次の香辛料とその用途の組み合わせで誤りはどれか。

1　シナモン —— クッキー、焼りんご
2　ナツメグ —— ドーナツ、ひき肉料理
3　ローリエ —— 和食、中華料理
4　バニラ —— クッキー、アイスクリーム

10 - 8　次のうち芳香性香辛料でないのはどれか。

1　さんしょう
2　ナツメグ
3　シナモン
4　ターメリック

11　食品各論（加工食品、微生物応用食品）

≪加工食品≫

レトルト食品は、高圧釜（レトルト）で殺菌できる特殊なフィルムで作った袋に入った調理済み食品である。

コピー食品とは、既存の食品を他の食材を使用して模倣して作った食品をいう。

＊魚のすり身で作ったカニ風かまぼこ、植物油とカラギーナンなどで作ったイクラなどがある。

インスタント食品は、熱湯を注ぐだけ、またはごく短時間の加熱により、簡便に食べられる食品をいう。

冷凍食品とは、「前処理を施し、急速凍結を行って包装された規格商品で、簡単な調理で食膳に供されるが、消費者に渡す直前まで冷凍ストッカーで－15℃以下に保蔵されたもの」をいう。

＊前処理とは、酵素の活性をなくす処理や解凍後に簡単な調理で食べられるように、ある程度調理しておくこと。

≫マグロの冷凍魚は包装していないので冷凍食品ではない。切り身で包装した凍結品は冷凍食品にあたる。

真空調理食品とは、食材を調味して真空包装し、低温で時間をかけて加熱調理した食品をいう。

＊素材の風味やうま味を残し、均一に調味できるなどの利点があり、外食産業を中心に利用されている。

≫保存性を高めるための真空包装食品とまちがえないように注意する。

≪微生物応用食品≫

数千年前より、食品の加工にカビ類、酵母類、細菌類の微生物が用いられている。

カビ類の利用

こうじカビ　　　　：でん粉を糖化する酵素や、たんぱく質を分解する酵素を利用する。
でん粉から水飴を作り、米から清酒（日本酒）を作り、米、麦および大豆から味噌、醤油を作る。

青カビ　　　　　　：チーズの熟成に利用し、特有の香気を与える。また、かつお節の製造にも利用する。

毛カビ、くものすカビ：アルコールの製造に利用する。

酵母類の利用

糖を発酵してアルコールと炭酸ガスに分解する作用を利用して、清酒、味噌、醤油やパンの製造に利用する。

細菌類の利用

乳酸菌　　　　：糖を発酵して乳酸を作る作用を利用して、牛乳や脱脂乳よりヨーグルトや乳酸飲料を製造するのに利用する。

酢酸菌　　　　：アルコールから酢酸を作る作用を利用して、酢の製造に利用する。

酪酸菌　　　　：糖を発酵して酪酸を作る作用を利用して、ぬかみそやチーズに風味を付けるのに利用する。

グルタミン酸菌：糖と無機窒素からグルタミン酸を作る作用を利用して、うま味調味料の製造に利用する。

＊無機窒素とは、アンモニウム塩、硝酸塩などをいう。

納豆菌　　　　：蒸した大豆に増殖してたんぱく質に作用し、消化されやすい納豆（糸引き納豆）を作る。

発酵食品の分類

カビを利用した食品　　　　　　：かつお節

酵母を利用した食品　　　　　　：ビール、ワイン、パン

細菌を利用した食品　　　　　　：納豆、ヨーグルト、酢

カビと酵母を利用した食品　　　：清酒（日本酒）

カビと酵母と細菌を利用した食品：醤油、味噌

練習問題

＊解答は別冊P11

11 - 1　次の記述で誤りはどれか。

1　レトルト食品とは、高圧釜（レトルト）で殺菌できる特殊なフィルムで作った袋に入った調理済み食品である。

2　コピー食品とは、ある食品を模倣して、他の食材を加工して似せて作られたものである。

3　冷凍食品とは、前処理を施し、商品が－10℃以下になるように急速凍結し、通常そのまま消費者に販売することを目的として包装されたものである。

4　インスタント食品とは、熱湯を注いだり、ごく短時間に簡便に食用に供することのできる食品である。

11 - 2　次の組み合わせで誤りはどれか。

1　特別用途食品 ―― 乳児、授乳婦、病者などを対象にして、その用途に適するという表示を消費者庁長官が許可した食品。

2　インスタント食品 ―― 水や熱湯を注ぐだけ、またはごく短時間の加熱を行うだけで食することができる食品。

3　コピー食品 ―― カニ風かまぼこなど、他の食材を加工してその食品を模倣して作られた食品。

4　レトルト食品 ―― 半調理品を特殊なフィルムで作った袋に入れ、冷凍状態で販売する食品。

11 - 3　冷凍食品に関する記述で正しいのはどれか。

1　ブランチングとは、野菜を凍結させたあとに行う処理である。

2　冷凍保管中に、食品中の水分は変化しない。

3　食品の脂質は、冷凍保管中でも酸素による酸化を受ける。

4　肉や魚をゆっくり凍結させると、解凍した時に出る液（ドリップ）の量が少ない。

11 - 4　次の組み合わせで誤りはどれか。

1　でん粉を糖化して水飴を作る ―― こうじカビ

2　チーズの熟成に利用し、特有の香気をチーズに与える ―― 青カビ

3　アルコールの製造に利用される ―― くものすカビ

4　かつお節の製造に利用される ―― 毛カビ

11 - 5　次の組み合わせで誤りはどれか。

1　納豆菌 ―― うま味調味料

2　酢酸菌 ―― 酢の製造

3　酪酸菌 ―― ぬかみそ

4　乳酸菌 ―― ヨーグルト

11 - 6　次の組み合わせで誤りはどれか。

1　かつお節の製造に利用される ―― 青カビ

2　アルコールの製造に利用される ―― 毛カビ

3　チーズの熟成に利用し、特有の香気を与える ―― くものすカビ

4　でん粉を糖化して水飴を作る ―― こうじカビ

11 - 7　次の食品微生物応用食品とその製造に関与する微生物との組み合わせで、誤りはどれか。

1　ビール ―― 酵母

2　清酒 ―― 酵母、カビ

3　漬物 ―― カビ、細菌

4　醤油 ―― 酵母、カビ、細菌

（食品学）

12　食品の変質と保存法、食品の動向

≪食品の変質≫

食品に含まれている酵素の作用や、食品に付着または混入した微生物が増殖して食用できなくなる現象を変質という。自己消化、腐敗、変敗、酸化などがある。

自己消化：動植物の生命力がなくなるとその体内の酵素が本体を分解して、品質が低下する現象をいう。
腐敗　　：食品に付着、混入した微生物が増殖して主にたんぱく質を分解し、アミンなどの有害物質を生じ、さらにアンモニアなどの有臭物質を生じて食用できなくなる現象をいう。
変敗　　：食品中の炭水化物や脂肪が、微生物の増殖や酵素作用、その他食品成分の相互反応などによって、食用できなくなる現象をいう。
酸化　　：空気中の酸素によって食品成分が酸化され、品質が低下する現象をいう。
　＊酸化によって、不飽和脂肪酸の多い魚の干物が「油焼け」したり、粉ミルクに悪臭が生じる。

≪食品の保存法≫

食品保存の目的
①食品の損失を少なくする。
②長期保存を可能にして食品供給の安定を図る。
③食生活の安全を図る。
④栄養素の分解を防ぎ、栄養価を保持する。

保存法は、物理的処理、細菌学的処理、化学的処理、総合的処理による方法に区別できる。

物理的処理による方法

食品の環境温度や放射線を利用して微生物の増殖や植物の成長を抑える方法をいう。
①冷蔵法：食品を凍らせないで０～10℃の温度で保存する方法。
②冷凍法：食品を急速に凍結したのち、－15℃以下で凍結状態のまま保存する方法。
食品が凍結状態にあっても食品中の微生物は死滅しない。解凍中の増殖に注意が必要である。
冷凍保存中の食品は、水分の昇華により乾燥しやすく、水が凍結して氷になる際に、組織が壊されることがある。
＊昇華とは、固体から直接気体になる、またはその逆の現象をいう。
＊低温流通システムにおける温度帯の基準
冷蔵　　　　　　　：５～７℃
氷温冷蔵（チルド）：－２～２℃
冷凍（食品衛生法の規定）：－15℃以下
≫安全性だけでなくおいしさの維持を目的に、市販冷凍食品は－18℃以下で保存している。（参考：一般社団法人　日本冷凍食品協会）
＊微生物の増殖と温度の関係は　→P96「食品衛生学－１　食品衛生と微生物」参照
③加熱殺菌法：食品に付着している微生物を高温で死滅させ、酵素の活性をなくして保存する方法。
低温殺菌法は風味や栄養価の低下は少ないが、すべての微生物を死滅させることはできない。
高温殺菌法は風味や栄養価を低下させる欠点はあるが、長期保存ができる。
④乾燥法　　：微生物の増殖と酵素作用に必要な食品中の水分を15％以下に減じて保存する方法。
⑤熱蔵庫　　：庫内を微生物に殺菌効果がある60～80℃に温度調節し、高温で保存する方法。
⑥放射線照射：生物の生命力をなくして保存する方法。日本ではじゃがいもの発芽防止にのみ使用できる。
⑦ＣＡ貯蔵法（ガス冷蔵法）：貯蔵庫内を酸素３～７％、二酸化炭素を３～８％、温度１～３℃に調整して、野菜や果実の呼吸を遅らせて長期保存させる方法。りんご、柿、梨などの貯蔵に利用している。

細菌学的処理による方法

有害な微生物が増殖する前に、有益または無害な微生物を増やして保存性を高める方法をいう。
例：乳酸菌を利用したヨーグルト、カビを利用したかつお節などの発酵食品 など

化学的処理による方法

塩や砂糖などを添加して食品中の水を化学的に変化させたり、酢の添加によって酸性度を高めたりして、
微生物の増殖を抑える方法をいう。保存料や殺菌剤などの添加物を利用する方法もある。

①塩蔵法　：食塩の微生物に対する作用と脱水作用により、微生物の発育を阻止する方法。
普通の細菌は10%以上の食塩濃度では発育しにくくなる。

②砂糖漬法：高濃度の砂糖による脱水作用により、微生物の発育を阻止する方法。果実などに利用されている。
普通の細菌の増殖を抑えるには、少なくとも50%以上の糖濃度が必要。一般にジャムやゼリーの糖濃度は60～70%になっている。

＊水分活性について

食品中の水分が多いほど微生物が増殖しやすく、腐敗しやすい。食品に塩や砂糖などを加えると、食品中の水と結合する。これを結合水と呼び、何も結合していない水を自由水と呼ぶ。
微生物は自由水を利用して増殖し、結合水は利用できないので、食品に塩や砂糖などを加えると腐敗しにくくなる。
つまり微生物の増殖や食品の保存には、単に食品成分表に記載される全水分量だけなく、自由水の含有量が関係する。
この食品中の自由水の割合を示す指標を水分活性という。
微生物の中でも細菌の多くは水分活性値が0.94以下になると増殖できなくなることがわかっており、
食塩を約10%、砂糖を約50%溶かすと水分活性値がともに0.94以下になり、保存性が高まる。

③酢漬法　：酸を添加することにより、水素イオン濃度を変化させて微生物の発育を抑える方法。
酸の中でも、酢酸（食酢は酢酸を３～５％含む）は微生物に対して殺菌作用があるので、
調味の目的と合わせて多く用いられている。

＊水や食品に、酸を加えると水素イオン濃度が高くなり、酸性となる。一般には、水素イオン指数（pH）によって、酸性、アルカリ性の度合いを０～14までの数値で表わしている。
pH７が中性、pHが０に近づくほど酸性が強くなり、pHが14に近づくほどアルカリ性が強くなる。

④化学物質添加：酵素剤、保存料、酸化防止剤などを添加して保存性を高める方法。

総合的処理による方法

物理的、細菌学的、化学的処理の各保存法を２つ以上組み合わせた方法をいう。

①燻煙（くんえん）法　：塩蔵法と脱水（乾燥法）と煙の中の化学物質の添加を組み合わせて保存性を高める方法。
食肉、魚介類の保存に利用されている。

②塩乾法　：塩蔵法と乾燥法を組み合わせて保存性を高める方法。魚介類の保存に利用されている。

③凍結乾燥法：食品中の水を凍結したあとに乾燥する方法。寒天や高野豆腐が作られている。

④びん詰や缶詰：食品をびんや缶に入れ、脱気（空気を抜く）して密封し、加熱殺菌する方法。
≫脱気、密封、加熱殺菌のいずれか１つでも処理をしていない場合は、「びん入り」「缶入り」になる。

⑤真空包装　：調味した食品を容器やフィルムに入れて真空包装して保存性を高める方法。
真空包装中では空気の少ない環境でよく増殖する嫌気性菌（ボツリヌス菌など）に注意が必要で、冷蔵を必要とする食品は、真空包装をしても常温で保存することは危険である。
包装後殺菌したものは保存性が高い。

⑥レトルト食品：食品を気密性のある容器に入れて加圧加熱殺菌したもの。常温での保存が可能である。

≪食品の動向≫

有機農産物と遺伝子組換え（組換えＤＮＡ技術応用）食品（作物）

有機農産物は、JAS規格によって基準が定められている。
有機農産物とは、下記の有機農法によって栽培された農産物である。

有機農法　＊化学肥料や農薬を使用する化学農法に対する栽培法である。

・堆肥等による土作りを２年以上行い、播種・植え付けをする。
（多年生作物の場合は、収穫前３年以上）
・栽培中は、原則として化学肥料および農薬は使用しない。
・遺伝子組換え種苗は使用しない。

遺伝子組換え（組換えＤＮＡ技術応用）食品（作物）とは、ある生物中の有用な遺伝子をとり出して、別の種の生物に組み込んで作られた作物をいう。

消費構造

昭和30年以降の食糧消費は、畜産物をはじめ果実・砂糖・油脂類が著しく増大するとともに、でん粉質食糧の消費が減少するという構成変化をした。

国民１人あたりの栄養供給量は、昭和40年では2,458kcal、昭和45年～平成19年ごろまでは2,500kcal台を推移し、令和元年（2019年）には2,426kcalと、わずかに減少傾向。

＊参考：食料需給表　わが国の食料の需要と供給の動向を農林水産省がまとめる統計。国内生産量、輸入量、国民１人あたりの供給純食料および栄養量などを示したものであり、食料自給率の算出の基礎となる。

≫食料需給表に基づいた出題がある。毎年更新されるため、最新のデータを確認しておくこと。
Web上の、政府統計の総合窓口（e-Stat）、または農林水産省のサイトから見ることができる。

練習問題

＊解答は別冊P11

12-1　次の記述の（　　）の中に入る正しい語句の組み合わせはどれか。

「食品中に含まれる自己消化酵素の働きによる変質を（　A　）という」
「空気中、その他に存在する有害微生物の作用による変質を（　B　）という」
「空気中の酸素の作用による変質を（　C　）という」

	A		B		C
1	自己消化	——	酸　化	——	腐敗・変敗
2	酸　化	——	自己消化	——	腐敗・変敗
3	自己消化	——	腐敗・変敗	——	酸　化
4	腐敗・変敗	——	酸　化	——	自己消化

12-2　CA（Control of Atmosphere）貯蔵法が多く利用されている食品として、誤っているものはどれか。

1　すいか
2　りんご
3　柿
4　梨

12-3　次のうち食品の貯蔵法の組み合わせで誤っているのはどれか。

1　土中埋蔵 —— 大根、にんじん
2　燻製(くんせい)法 —— 肉類、魚類、卵類
3　ＣＡ貯蔵 —— 乾めん、切干大根
4　殺菌灯による方法 —— オレンジジュース、清涼飲料水

12-4　次の食品の貯蔵法に関する記述で正しいのはどれか。

1　燻煙法は、煙に含まれる微量な成分の防腐作用を利用している。
2　ＣＡ貯蔵法は、酸素を多くし、二酸化炭素などの量を少なくして貯蔵する。
3　冷凍貯蔵法は、食品を冷凍で保存し、細菌を死滅させる方法である。
4　冷蔵貯蔵法は、－15℃以下の低温で保存する。

12 - 5　次の食品の貯蔵に関する記述で正しいのはどれか。

1　塩漬法は食塩の濃厚な液の中に食品を浸けるので、殺菌ができて保存性が高まる。
2　酢漬法は食品を酢に浸けるので、酢の殺菌作用により保存性が高まる。
3　缶・びん詰法は原料を調理、肉詰、脱気、密封、殺菌したもので、半永久的貯蔵が可能である。
4　放射線貯蔵法は食品に放射線をあて、微生物を殺菌、あるいは発芽を抑える方法で、日本ではじゃがいも、玉ねぎ、香辛料などに広く利用されている。

12 - 6　平成30年（2018年）度の食料需給表において、もっとも多く輸入された穀類として、正しいものはどれか。

1　米
2　小麦
3　大麦
4　とうもろこし

12 - 7　日本の食料自給率に関する次の記述について、（　　）に入る語句の組み合わせとして、正しいものはどれか。

令和元年（2019年）度の品目別自給率は、主食である米では（A）％であるが、野菜 79％、肉類 52％、（B）52％、果実 38％、砂糖類 34％、小麦 16％、（C）６％となっており、自然災害などで輸出国が日本へ食料供給できなくなった場合、国民の食生活に影響をおよぼす可能性がある。

	A	B	C
1	97	大　豆	魚介類
2	97	魚介類	大　豆
3	81	大　豆	魚介類
4	81	魚介類	大　豆

12 - 8　次の有機農産物に関する記述のうち正しいのはどれか。

1　遺伝子組換え種苗を使用している。
2　JAS規格によって基準が定められている。
3　堆肥等による土作りを１年以上行い、播種・植え付けをする。
4　栽培中は化学肥料および農薬を使用する。

13　演習問題

＊解答は別冊P12

1　次の食品の成分に関する記述で正しいのはどれか。

1　食品の水分はすべてたんぱく質、炭水化物などと化学的に結合して存在する結合水である。
2　水分活性とは、微生物が利用できる結合水の割合を示し、水分活性が大きいほど貯蔵性が高い。
3　たんぱく質は多くのアミノ酸がペプチド結合したものである。
4　中性脂肪を構成する脂肪酸には、二重結合をもつ飽和脂肪酸と二重結合をもたない不飽和脂肪酸がある。

2　次の食品栄養価に関する記述で誤りはどれか。

1　食品の成分値だけから栄養価を判断することはできない。
2　食品のエネルギー量、たんぱく質、脂質などの成分含有量は、水分の多少とは関係がない。
3　たんぱく質の栄養価は、たんぱく価（アミノ酸価）で評価している。
4　緑黄色野菜は脂溶性ビタミン（カロテン）を多く含む。

3　次の記述で正しいのはどれか。

1　成分表では、食品の可食部100ｇ中に含まれている各種成分をグラム、ミリグラムなどで表わしている。
2　「賞味期限」と「消費期限」はまったく同じ意味である。
3　寒天やモズクは野菜類である。
4　動物性食品は植物性食品に比べて、脂質が多く、必須脂肪酸も多い。

4　米に関する記述で正しいのはどれか。

1　玄米は白米（精白米）に比べて、消化吸収がよい。
2　みりんは米加工品である。
3　白玉粉は粳（うるち）米製品である。
4　粳米のでん粉は、アミロースがほとんどである。

5　次の記述で正しいのはどれか。

1　小麦粉はグルテン含有量が多い順に強力粉、中力粉、薄力粉に分類される。
2　小麦のたんぱく質は、グリシニンが主成分であり、グリシニンの多いものほどよく粘る。
3　小麦胚芽には良質のたんぱく質が多く含まれる。
4　パンはでん粉に油脂、砂糖、食塩、イーストなどを加えて発酵させ、焼いたものである。

6　麦に関する記述で正しいのはどれか。

1　ライ麦は小麦同様にグルテンを形成する。
2　うどんの原料は薄力粉である。
3　中華めんで使用するかんすいはアルカリ性である。
4　大麦は米より消化がよい。

7　次の記述で誤りはどれか。

1　稗（ひえ）は比較的脂質の含有量が高い。
2　マイロ粉は高粱（こうりゃん）を製粉したものである。
3　とうもろこしのたんぱく質は必須アミノ酸が多いので、たんぱく質の栄養価が高い。
4　そばはルチン（ビタミンＰ）を含むため、高血圧の予防に効果がある。

8　次の記述で誤りはどれか。

1　さといもの地上茎はずいきと呼ばれ食用になる。
2　こんにゃくいもにはグルコマンナンという炭水化物が含まれる。
3　じゃがいものビタミンＣは比較的熱に強い。
4　さつまいもは食物繊維が少ない。

9　次の記述で正しいのはどれか。

1　米の脂質は長期間貯蔵しても変化せず、米の風味は変わらない。
2　麩の主原料は大麦である。
3　そばは、比較的優秀なたんぱく質およびビタミンB_1、B_2を含むとともに、ルチン（ビタミンＰ）を含むため、高血圧の予防に効果がある。
4　さつまいもはリパーゼを含むため、貯蔵中に甘味が増す。

10　次の記述で誤りはどれか。

1　砂糖は甘蔗（かんしょ）または甜菜（てんさい）の搾汁（さくじゅう）から作られる。
2　砂糖の主成分は炭水化物である。
3　砂糖は精製するほど無機質の含有量が多くなる。
4　氷砂糖はほとんど純粋なショ糖である。

11　次の記述で誤りはどれか。

1　大豆は他の豆に比べ、たんぱく質と脂質に富んでいる。
2　大豆油にはリノール酸が多い。
3　大豆には、泡立ちやすい成分のレシチンが含まれている。
4　成熟大豆にはでん粉はほとんど含まれない。

12　次の記述で誤りはどれか。

1　豆類は脂質を20～35％含み、動物性食品に次ぐ脂質供給源である。
2　えだ豆やさやいんげんなど、未熟なものは野菜として取り扱われている。
3　緑豆はもやしやはるさめの原料とされている。
4　納豆、味噌、醤油は大豆を利用した発酵食品である。

13　次の豆加工品に関する記述で正しいのはどれか。

1　糸引き納豆は、蒸した大豆に、米麹（こうじ）や麦麹と塩を加えて発酵熟成させたものである。
2　豆乳は、大豆を水に浸漬（しんし）したのち、粉砕しながら水を加え、加熱ろ過したものである。
3　湯葉（ゆば）は、蒸した大豆に種麹と塩水を混ぜ、発酵熟成させ、圧搾（あっさく）したのち、加熱殺菌したものである。
4　はるさめは、濃い豆乳を加熱し、表面に生じた被膜を自然乾燥させたものである。

14　大豆に関する記述で正しいのはどれか。

1　たんぱく質は10～20％含まれ、その大部分は水溶性たんぱく質のアミロースである。
2　脂肪は約30％と多量に含むが、リノール酸などの必須脂肪酸は少ない。
3　泡立ちやすい成分のソラニンと、動脈硬化を防ぐといわれる成分のグリチルリチンが含まれている。
4　炭水化物は26～27％含むが、消化吸収の悪いガラクタン、スタキオース、アラバンなどの複雑な多糖類が多い。

15　次の記述で正しいのはどれか。
　1　小豆は大豆と同様にたんぱく質と脂質を多く含む。
　2　きな粉はそら豆を粉にしたものである。
　3　いんげん豆は畑の肉と呼ばれる。
　4　大豆の脂質には、リノール酸などの必須脂肪酸が多い。

16　次の記述で誤りはどれか。
　1　果実には一般に10%程度の炭水化物が含まれている。
　2　果実にはジャム製造に活用されるペクチン質を含むものが多い。
　3　いちごやかんきつ類にはビタミンAが多く含まれている。
　4　果実類で酸味を感じるのは、有機酸が含まれているからである。

17　次の記述で正しいのはどれか。
　1　ビールのホップに含まれる甘味成分はフムロンである。
　2　からしに含まれる辛味成分はアントシアニンである。
　3　テオブロミンはビールに含まれる酸味成分である。
　4　ヘスペリジンはかんきつ類に含まれる色素成分である。

18　次の記述で誤りはどれか。
　1　肉類は一般に平均約20%のたんぱく質を含んでいる。
　2　肉類は、と殺直後のものがやわらかく美味である。
　3　肉類のうま味のもとはアミノ酸などである。
　4　肉類の内臓には各種のビタミンが含まれている。

19　魚類に関する記述で正しいのはどれか。
　1　魚の脂質含有量は時期により大きく変わり、産卵直後が最高で魚肉もおいしい。
　2　魚の脂質には不飽和脂肪酸のリノール酸やリノレン酸が多い。
　3　魚肉には血合肉という特殊な筋肉があり、白身魚類ではよく発達している。
　4　魚肉がやわらかいのは、畜肉に比べ筋原繊維たんぱく質が多く、肉基質たんぱく質が少ないからである。

20　次の記述で正しいのはどれか。
　1　卵の殻には気孔という穴があいている。
　2　卵白は卵黄に比べて、脂質が多い。
　3　卵は完全食品と呼ばれ、ビタミンCやAを豊富に含む。
　4　卵黄の黄色（ルテイン）はビタミンA効力の高い色素である。

21　次の記述で誤りはどれか。
　1　卵黄はレシチンを含んでいる。
　2　卵黄にはリンが非常に多く含まれている。
　3　卵黄はその2分の1が水分で、卵白に比べて各種栄養素が多く含まれている。
　4　卵黄は卵白よりも高い温度で完全に凝固する。

22　次のマヨネーズに関する記述の（　　）に入る語句の組み合わせで、正しいのはどれか。
「マヨネーズのエマルジョン（乳濁液）のタイプは、（　A　）、アイスクリームと同じように、（　B　）である」

	A		B
1	バター	——	水中油滴型
2	牛乳	——	油中水滴型
3	バター	——	油中水滴型
4	牛乳	——	水中油滴型

23　次の記述で誤りはどれか。
1　牛乳の90%近くは水分であるが、ほとんどすべての栄養素を含んでいる。
2　牛乳の主なたんぱく質はカゼインである。
3　牛乳はカルシウムよりもリンを多く含んでいる。
4　牛乳は人乳より乳糖が少ない。

24　次の食品貯蔵法に関する記述で誤りはどれか。
1　ＣＡ貯蔵とは、酸素を少なくして炭酸ガスなどを多くすることで貯蔵庫内のガス組成を変え、低温で食品を貯蔵する方法である。
2　燻製（くんせい）法とは、一度塩漬けしたあとに燻煙（くんえん）する方法である。
3　びん詰とは、びんの中に密封したのち、紫外線を照射することによって殺菌し、貯蔵する方法である。
4　放射線照射は、日本ではさまざまな食品で行われているが、特にじゃがいもで行われる。

25　次の食品の貯蔵法に関する記述で誤りはどれか。
1　ＣＡ貯蔵法は、日本では主にりんごや柿など果実の貯蔵に利用される。
2　冷凍法は食品を－５℃以下で、凍結状態のまま保存することである。
3　食品中の水分が凍結しない程度の低温で貯蔵する方法を冷蔵といい、一般に０～10℃に保つ。
4　食品中に存在する微生物を完全に殺滅することを滅菌といい、缶詰、びん詰、レトルトパウチ食品などに用いられる。

26　魚介類に関する記述で誤りはどれか。
1　貝類には貧血を防ぐビタミンB_{12}が多い。
2　牡蠣はコラーゲンが多い。
3　ゼラチンは動物性たんぱく質から作られる。
4　肉はと殺後すぐは食用に適さない。

27　次の記述で誤りはどれか。
1　小麦粉は、たんぱく質の多いものほど粘り気が強い。
2　さつまいもは、発芽時の芽にソラニンという毒素があるので、とり除く必要がある。
3　油脂類で、常温で液状のものを油といい、固体のものを脂という。
4　大豆は、アミノ酸の中でもリシン（リジン）を多く含み、たんぱく質の給源としても重要な食品である。

28　次の食品と含有成分の組み合わせで誤りはどれか。

1　こんにゃく ―― グルコマンナン
2　小麦 ―― グルテン
3　茶 ―― カテキン
4　みかん ―― トリプシン

29　次の記述で正しいのはどれか。

1　白米は、玄米を歩留まり70～72%に精白したものをいう。
2　小麦粉は、薄力粉、中力粉、強力粉の順にたんぱく質の粘りが少なくなる。
3　さつまいもはでん粉が主で、ビタミンAを多く含む。
4　種実類は、一般に水分含有量が著しく少なく、脂質とたんぱく質に富んでいる。

30　こんにゃくの原料となる食品は次のうちどれに分類されるか。

1　海藻類
2　穀類
3　いも類
4　豆類

31　醤油の原料となる豆で正しいのは次のうちどれか。

1　ささげ
2　大豆
3　小豆（あずき）
4　いんげん豆

32　次の食品の成分特性に関する記述で誤りはどれか。

1　穀類は炭水化物、特にでん粉含有量が多く、主なエネルギーの給源である。
2　野菜類はカリウム、鉄などの無機質やビタミンA、C、食物繊維に富んでいる。
3　肉類に含まれる脂質は常温で液体であるが、魚類の脂質は常温で固体である。
4　卵類に含まれるたんぱく質は必須アミノ酸のバランスが極めてよい。

33　次の食品のうち醸造酒はどれか。

1　ビール
2　ウイスキー
3　キルシュ
4　ラム酒

34　次の記述で正しいのはどれか。

1　炭水化物と脂質は1gあたり4kcalである。
2　食品成分表では、ビタミンDはμgで表される。
3　食品成分表は食品1食あたりの栄養成分を表示している。
4　可食部とは魚の骨など廃棄する部分も含む。

食品衛生学

（食品衛生学）

1　食品衛生と微生物

食品衛生の目的は、飲食物を原因とする衛生上の危害の発生を防止して、健康の保護を図ることである。

飲食物を原因とする主な健康障害

①消化器系感染症（経口感染症）：　→P43「公衆衛生学－５　疾病の予防（感染症）」参照
②人畜（人獣）共通感染症　：ＢＳＥ（牛海綿状脳症）、炭疽、トキソプラズマ症 など
③食中毒　：細菌性食中毒、ウイルス性食中毒、自然毒食中毒、化学性食中毒、寄生虫食中毒 など
④異物の混入　：ガラス片、金属片 など

日本は、微生物、特に細菌、ウイルスによる食中毒が多く発生している。
微生物とは肉眼では見えない微小な生物で、人間の生活をとりまくあらゆる環境に存在している。
微生物の多くは人間にとって無害か有益なものであるが、一部に疾病の原因となるものがある。
＊疾病の原因となる微生物を「衛生微生物」と呼ぶ場合がある。
微生物の大きさは、マイクロメートル（μm）の単位で表わす。
＊マイクロメートル：100万分の１ｍ、1,000分の１mm。
＊マイクロメートルをミクロンということがある。

微生物の分類

①細菌：その形により球菌（ブドウ球菌など）、桿菌（サルモネラ属菌、大腸菌、腸炎ビブリオ、ボツリヌス菌など）、らせん菌（カンピロバクター）に分類する。
また、その特性により有芽胞菌と無芽胞菌、好気性菌と嫌気性菌などに区別する。
＊有芽胞菌（ボツリヌス菌、ウエルシュ菌、セレウス菌など）は、耐熱性（100℃でも死なない）で乾燥や酸にも強い芽胞（胞子）を作るので、一度加熱した食品中でも生き残って再び増殖することがあり、注意が必要である。
＊酸素が少ない環境で増殖する嫌気性菌（ボツリヌス菌、ウエルシュ菌など）は、缶詰、びん詰、真空パックなどの保存性を高めた食品中で増殖することがあり、注意が必要である。
＊細菌は１個が２個、２個が４個と倍々に増える「分裂」によって増殖するので、短時間で大量になる。
特に腸炎ビブリオは分裂速度が速く、一度の分裂増殖に要する時間は８～10分間である。
②真菌：カビや酵母の総称で、特にカビが産生する毒素（マイコトキシン）に注意が必要である。
＊カビは菌糸の先に胞子を作り、増殖する。
≫マイコトキシンの１つのアフラトキシン（肝臓がんの発がん性が強い）は出題率が高い。
③その他：リケッチア、ウイルス、スピロヘータ、原虫類など。
→P42「公衆衛生学－５　疾病の予防（感染症）」参照

微生物の増殖の３条件

①温度：一般に10～40℃の間でよく増殖する。
②水分：水分が多い食品ほど微生物は増殖しやすい。
＊食品に塩や砂糖などを加えると、溶けて食品中の水と結合して水分活性値が低下し、微生物の増殖を抑制する。
これを利用した保存法が塩漬け、砂糖漬けである。
＊水分活性については　→P87「食品学－12 食品の変質と保存法、食品の動向」参照
③栄養素：微生物も生物であり、生存し、増殖するには栄養素が必要である。

微生物の増殖と酸性、アルカリ性

細菌の多くは中性（pH７）あるいは弱アルカリ性でよく増殖する。カビや酵母は酸性でも増殖が可能である。
＊pHについては　→P87「食品学－12 食品の変質と保存法、食品の動向」参照

練習問題

＊解答は別冊P13

1-1　次の微生物に関する記述で誤りはどれか。

1　微生物には、真菌、リケッチア、スピロヘータなどの種類がある。
2　細菌はその外形により球菌、桿菌（かんきん）、らせん菌に分類される。
3　一般に、細菌の増殖には酸素が絶対に必要である。
4　細菌が増殖する条件として、栄養素、温度、水分が不可欠である。

1-2　微生物が発育し、増殖するための3条件でないのはどれか。

1　栄養素
2　水分
3　日光
4　温度

1-3　次のカビに関する記述で誤りはどれか。

1　多核の菌糸体を作って増殖する真菌類を一般にカビという。
2　カビの増殖は主として胞子によって行われる。
3　カビ毒の中にはアフラトキシンのように強い発がん性のあるものがある。
4　カビはすべて有毒であるから、食品の製造加工には利用されない。

1-4　次の細菌の芽胞に関する記述で正しいのはどれか。

1　すべての細菌は芽胞を作る。
2　黄色ブドウ球菌食中毒は、食品におけるその芽胞の増殖が原因で起きる。
3　細菌の芽胞は、60℃30分間の加熱ですべて死滅する。
4　細菌の芽胞は、乾燥に対する抵抗性が強い。

1-5　次の微生物で芽胞を作る嫌気性菌はどれか。

1　カビ
2　腸管出血性大腸菌O157
3　ボツリヌス菌
4　セレウス菌

（食品衛生学）　　2　食中毒

食中毒とは、①食中毒菌が付着あるいは増殖した飲食物、②有害な化学物質が混入している飲食物、③器具や容器包装などから有害物質が混入した飲食物　を気づかずに食べて発生する健康障害をいう。
食中毒の原因となった微生物や化学物質などを病因物質という。
食品の色、味、においに変化があらわれるのは腐敗という現象で、食中毒は腐敗していない食品でも発生する。
＊食中毒予防が難しいのは、食べる際に感覚的にわからないところである。
細菌による食中毒は毎年多く発生しており、細菌の増殖に好条件である高温多湿の季節（７～９月）に発生しやすい。ノロウイルスを原因とする食中毒は11～３月の冬季に多い。

食中毒が発生した際の対応
①食品衛生法により、患者やその疑いのある者を診断した医師は24時間以内に最寄りの保健所長に届出る。
※事例は保健所から都道府県を経て厚生労働省に集約され、一年ごとに食中毒統計としてまとめられている。
＊食中毒統計とは、項目として原因となった家庭・業者・施設等の所在地、名称、発病年月日、原因食品名、病因物質、患者数、死者数等を年度ごとに集計したもの。
≫近年、事件数の上位３位をアニサキス、ノロウイルス、カンピロバクターが占めている。また、患者数においてもノロウイルス、カンピロバクターが上位を占める。
②原因となった飲食店などの施設は食品衛生監視員の調査に協力する。
③原因と思われる食品や患者のおう吐物、便は原因調査のために残しておく。
※大規模な食中毒が発生しやすい弁当製造業、給食施設、ホテルや旅館などは、検食の保管が義務付けられている。
＊検食とは、食中毒が発生した際に速やかに原因をつきとめるため、製造ロットごとに食品を抜きとっておくこと。
－20℃以下で２週間以上の保存が必要。　→P117「食品衛生学－11　食品衛生対策Ｉ」参照

≪食中毒の分類≫
食中毒はその病因物質別に、細菌性食中毒、ウイルス性食中毒、自然毒食中毒、化学性食中毒、寄生虫食中毒の５つに分類する。

細菌性食中毒　その発病の仕組みの違いにより、感染型、毒素型に区別する。
①感染型：食品中で増殖した病原菌が食品といっしょに口から入り、腸内に定着して増殖し発病する食中毒。
サルモネラ属菌、腸炎ビブリオ、病原性大腸菌、腸管出血性大腸菌（O157）、カンピロバクター、ウエルシュ菌など。
＊感染型は、感染侵入型と感染毒素型（生体内で毒素を作る）に分けることもある。
＊食品を介して発生した３類感染症（赤痢、腸チフスなど）も食中毒として処理する。
＊３類感染症については　→P42「公衆衛生学－５　疾病の予防（感染症）」参照
②毒素型：食品中で増殖する際に毒素を作り、これが食品といっしょに口から入って発病する食中毒。
黄色ブドウ球菌（単にブドウ球菌ともいう）、ボツリヌス菌、セレウス菌などがある。

ウイルス性食中毒　ノロウイルス、その他のウイルス（A型肝炎ウイルスなど）に区別する。

自然毒食中毒　動物や植物に含まれている有害物質を誤って食べて発生する食中毒をいう。
自然毒食中毒は、動物性自然毒と植物性自然毒に区別する。
①動物性自然毒：フグ毒、魚毒、貝毒　など
②植物性自然毒：きのこ毒、有毒植物（山野草、観賞用栽培植物）など
③その他の自然毒：カビ毒

化学性食中毒　その病因物質には、ヒスタミン、ヒ素、鉛、カドミウム、有機（メチル）水銀、ホルマリンなどがある。
＊ヒスタミンによる食中毒を、アレルギー性食中毒（アレルギー様食中毒）という。

寄生虫食中毒　食品を介して寄生虫を摂取することで寄生虫症を発症する。

＊2013年に追加。増加している。　→P110「食品衛生学－8　寄生虫食中毒」参照

練習問題

＊解答は別冊P13

2-1　次の食中毒に関する組み合わせで誤りはどれか。

1　細菌 ―― サルモネラ属菌
2　ウイルス ―― テトロドトキシン
3　化学物質 ―― ヒスタミン
4　動物性自然毒 ―― シガテラ毒

2-2　次の記述の（　　）に入る語句はどれか。

「細菌性食中毒の発生は、気温の上昇とともに次第に多くなり、７月下旬から９月上旬にかけて急激に増え、10月以降になると減少する。このことから細菌の増殖に好条件である（　　）に多く発生しているといえる」

1　高温多湿な時期
2　西高東低の気圧配置
3　日照時間が短い時期
4　乾燥期

2-3　細菌性食中毒に関する記述で誤りはどれか。

1　食中毒は１年を通じて発生しているが、７月から９月にかけて特に多く発生している。
2　わが国では、植物性自然毒による食中毒は発生していない。
3　病因物質が判明したものでは、細菌による食中毒がもっとも多い。
4　原因施設は、飲食店、家庭、旅館などが多い。

2-4　次の記述で誤りはどれか。

1　弁当屋や給食施設には、検食の24時間保存が義務付けられている。
2　食中毒の原因食品と思われる食品や、患者のおう吐物および便は保存しておく。
3　保健所は食中毒の発生した原因を調査し、施設の不備を改善させる。
4　食中毒が発生した施設は、食品衛生監視員の調査に協力する。

2-5　次の記述の（　　）に入る語句はどれか。

「食中毒またはその疑いがある患者を診断した医師は、最寄りの（　　）に報告しなければならない」

1　保健所長
2　市町村長
3　都道府県知事
4　厚生労働大臣

2-6　次の細菌性食中毒の分類に関する組み合わせで誤りはどれか。

1　サルモネラ属菌 ―― 感染型食中毒
2　腸炎ビブリオ ―― 感染型食中毒
3　ボツリヌス菌 ―― 毒素型食中毒
4　カンピロバクター ―― 毒素型食中毒

3　細菌性食中毒（感染型）

サルモネラ属菌とその食中毒

①菌の種類　サルモネラ・エンテリティディス（ゲルトネル菌と呼ばれていた）、ネズミチフス菌などがある。
②所在　人も含む多くの動物の腸内にみられる。
③症状　潜伏期（食べてから発病するまでの期間）は一般に10～24時間で、48時間を超える場合もある。
主症状は腹痛、下痢、発熱で、特に高熱をともなうことが多い。
④原因食品　食肉類（鶏肉、豚肉、牛肉など）や卵およびその加工品が多い。
⑤予防法　食肉類に触れた手で他の食品や器具類を触らない。
調理時に食肉類は充分な加熱、鶏卵は中心温度70℃で１分間以上の加熱を行う。
媒介となるネズミやゴキブリの駆除とペットの扱いに注意する。

腸炎ビブリオとその食中毒

①所在　水温の高い夏季を中心に近海の海水や海底の泥の中にみられる。
②特性　塩分が３％前後のときによく増殖するので、病原性好塩菌とも呼ばれていた。
熱や酸に比較的弱い。
他の食中毒菌よりも分裂速度が速く、短時間で食中毒発生量にまで増殖する。
③症状　潜伏期は10～24時間で、腹痛（特に上腹部）に始まり、強い下痢、おう吐、発熱などが加わる。
④原因食品　近海産魚介類の生食（刺身、すし、たたきなど）に多い。
魚介類を調理したまな板、包丁、ふきん、手指からの２次汚染による発生も多い。
＊２次汚染とは、汚染された食品から器具などを介して別の食品に病原菌を付けてしまうこと。
⑤予防法　調理前の海産魚介類を真水（水道水など）で洗う。
鮮魚介類やその加工品は４℃以下の低温で保存する（10℃程度では増殖が可能）。
鮮魚介類を入れた容器や調理したまな板を、そのまま他の食品に使用しない。
手早く調理し、速やかに食べること。

病原性大腸菌（下痢原性大腸菌）

病原性大腸菌は次の５つのタイプに分けられる。
①腸管病原性大腸菌　：下痢、腹痛などの胃腸炎症状を主症状とし、潜伏期は２～６日。
②腸管侵入性大腸菌　：赤痢様の激しい下痢を主症状とし、潜伏期は２～３日。
③腸管毒素原性大腸菌　：腸管内で作る毒素による下痢を主症状とし、潜伏期は１～３日。
④腸管集合性大腸菌　：腹痛、水様性下痢が主症状。
⑤腸管出血性大腸菌（O157）：　→下記参照
＊大腸菌群と病原性大腸菌
大腸菌群は広く人畜の腸管内にみられ、土や汚水中にもみられる。
大腸菌群は動物の腸内に存在し、糞便による食品の細菌汚染度の指標となる。
大腸菌群の中に人に下痢を起こすものが見つかり、これを病原性大腸菌と呼ぶ。

腸管出血性大腸菌O157とその食中毒

①所在　牛と羊の一部に保菌が確認されており、その排泄物による水や土などの汚染がみられる。
②特性　感染力が強いので３類感染症に指定されている。
冷蔵庫中でも死滅しない。75℃で１分間の加熱で死滅する。
＊一般に食品１g中に食中毒菌が10万個以上で発病すると考えられているが、本菌は100個程度で発病する。
③症状　潜伏期は長く２～９日で、風邪のような症状で発病する。特に幼児や高齢者では出血性の下痢へと進行し、重症の場合は、ベロ毒素による溶血性尿毒症症候群を併発する場合がある。
④原因食品　汚染された飲料水による集団発生が多い。牛の肉や内臓肉の生食とその取り扱いに注意する。
汚染された水や土から野菜類への汚染があり、有機野菜類にも注意が必要である。

⑤予防法　肉の調理を他の食品の取り扱いと区別する。中心部分まで75℃で１分間以上加熱する。
生野菜は流水中で３回以上洗う。必要な場合は消毒剤を使用する。
人から人へと感染する場合があるので、手洗いを徹底する。

ウエルシュ菌とその食中毒

①所在　人や動物の腸管内に常在し、土や水などにもみられる。
②特性　酸素がない状態で増殖する嫌気性菌。芽胞は一般的に熱に強く、普通の調理では死滅しない。
③症状　潜伏期は６～20時間で、下痢、腹痛を主とし、おう吐や発熱はほとんどない。
④原因食品　大量に調理する集団給食施設において、一度加熱した食品が長時間放置される間に耐熱性の芽胞が発芽増殖し、食中毒が発生している。
⑤予防法　大量調理した食品はできる限り短時間に冷却し、低温で保管する。
食べる直前の再加熱により殺菌する。

カンピロバクターとその食中毒

①所在　動物の腸管内およびその排泄物で汚染された土や水にみられる。
特に鶏の保菌率が高い。
②特性　発生件数が多く、特に鶏肉に注意が必要である。
③症状　潜伏期は２日から１週間以上と比較的長い。下痢、腹痛、おう吐、発熱などがみられる。
④原因食品　生肉、特に鶏肉、生レバーによる発生が多い。水道水以外の水の飲用による発生もある。
⑤予防法　生肉と他の食品は区別して取り扱う。肉類は中心部まで充分に加熱する。
水道水以外の水の飲用は避ける。

練習問題

＊解答は別冊P14

3-1　腸炎ビブリオに関する記述で誤りはどれか。
1　腸炎ビブリオは毒素型食中毒に分類される。
2　好塩性で３％食塩水でよく発育する。
3　食中毒の原因となる食品は魚介類の生食が多い。
4　食中毒予防としては真水でよく洗うことである。

3-2　腸炎ビブリオに関する記述で正しいのはどれか。
1　主症状は強い下痢、腹痛である。
2　他の食中毒菌に比べ、分裂増殖が極端に遅い。
3　熱や酸に対し、非常に強い。
4　他の食中毒菌と異なり、２次汚染により食中毒を起こすことはない。

3-3　次の記述で誤りはどれか。
1　サルモネラ属菌は人の鼻腔内や特に化膿巣（かのうそう）には濃厚に存在している。
2　サルモネラ属菌が増殖している食品でも、味、色、香りにほとんど変化はない。
3　近年は鶏卵によるサルモネラ食中毒が全国的に多発している。
4　未殺菌液卵を使用する場合は、70℃で１分間以上加熱すること。

3-4　腸管出血性大腸菌O157に関する記述で誤りはどれか。

1　O157はベロ毒素を産生する。
2　100個以下の少ない菌量でも感染する。
3　乳幼児、小児、高齢者は発病率が高く、死亡率も高い。
4　本菌は耐熱性があり、75℃で10分間加熱しても死滅しない。

3-5　腸管出血性大腸菌O157に関する記述で誤りはどれか。

1　「感染症の予防および感染症の患者に対する医療に関する法律」において、３類感染症に分類される。
2　低温条件に弱く、家庭の冷凍庫でも死滅する。
3　潜伏期間は２～９日とされる。
4　この菌の毒素のため、腎炎や脳症を起こすことがある。

3-6　カンピロバクターによる食中毒に関する記述で誤りはどれか。

1　この菌は嫌気状態でのみ発育する。
2　この菌は家畜、ペットの腸管内に存在し、特に鶏の保菌率が高い。
3　この菌の潜伏期間は数日間のこともあり、菌量がわずかでも発症する。
4　この菌による食中毒は肉の生食や加熱不足で起こる他、サラダや生水もしばしば原因食品となる。

3-7　次のカンピロバクター食中毒に関する記述の（　　）に入る語句の組み合わせで正しいのはどれか。
「カンピロバクターは（　A　）食中毒であり、潜伏期間は（　B　）である」

	A		B
1	感染型	——	２～５時間
2	感染型	——	２～７日
3	毒素型	——	２～５時間
4	毒素型	——	２～７日

3-8　次のウエルシュ菌とその食中毒に関する記述で正しいのはどれか。

1　ウエルシュ菌は芽胞を持たない菌で、加熱により死滅する。
2　本菌による食中毒は、数十個から数百個の菌数で発症し、死に至ることが多い。
3　本菌は好塩性の菌で、至適温度では増殖が速い。
4　本菌による食中毒の原因食品は、カレーなど鍋料理を加熱調理したあとに嫌気性状態に放置されているものが多い。

3-9　細菌性食中毒に関する記述で誤りはどれか。

1　サルモネラ食中毒は、肉や卵を加熱不十分なまま摂取することによって起こることが多い。
2　腸炎ビブリオ食中毒は、毒素型食中毒の代表的なものであり、おう吐が主症状である。
3　カンピロバクター食中毒は、鶏肉などの生食や加熱不足によることが多く、生水などの汚染が原因となることもある。
4　腸管出血性大腸菌食中毒では、重い合併症（溶血性尿毒症症候群）を起こして死に至ることもある。

3-10　次の記述で誤りはどれか。

1　サルモネラ食中毒を予防するため、卵は、割卵後はできる限り速やかに加熱殺菌する。
2　腸炎ビブリオは他の食中毒菌に比べて分裂増殖が速いので、短時間で中毒量にまで増菌する。
3　腸管出血性大腸菌O157は菌数が100個くらいで感染し、保菌者の便を介して２次感染する。
4　カンピロバクターは動物の中では豚の保菌率がもっとも高く、生肉を取り扱ったあとは厳重な手洗いが必要である。

4　細菌性食中毒（毒素型）

黄色ブドウ球菌とその食中毒

①所在　あらゆる環境に存在し、特に人とのかかわりが深い病原菌である。
化膿（かのう）した傷に多くみられ、健康な人の鼻の中や頭髪などにもみられる。

②特性　食品中で増殖するときに毒素（エンテロトキシン）を作る。

＊エンテロトキシン（腸管毒）：耐熱性で、酸やアルカリでも分解されない。

≫エンテロトキシンは出題率が高い。

③症状　潜伏期は短く、30分～６時間、平均３時間程度である。
吐き気とおう吐が激しく、発熱はほとんどない。

≫サルモネラ食中毒は高熱が出ること、腸炎ビブリオ食中毒は下痢と腹痛が激しいのが特徴である。

④原因食品　食品のほとんどが原因食品となるが、にぎりめしや折詰弁当、卵焼きに特に注意が必要である。
シュークリームなどの菓子類での発生も多い。

⑤予防法　他の食中毒と異なり、食べる直前の加熱により殺菌しても食中毒の予防にならない。
10℃以下で保存する。
手や指に化膿巣（かのうそう）のある者は、食品を直接取り扱う仕事をしない。

ボツリヌス菌とその食中毒

①所在　土や水の中にみられる。

②特性　耐熱性の芽胞を作るので、一度加熱した食品でも食中毒の原因となる。
酸素がない状態でよく増殖する嫌気性菌なので、缶詰など空気のない環境の食品が原因となる。
食品中で増殖するときに毒素を作る。
毒素はＡ～Ｇ型の７種に分けられる。Ａ、Ｂ、Ｅ、Ｆ型での発生が多く、日本ではＥ型が多い。

＊この毒素は熱に弱く、80℃で30分間以上加熱すれば分解して無毒になる。

③症状　潜伏期は12～72時間くらいで、胃腸炎症状はほとんどなく、吐き気や目まいから始まる。
言語障害、視力障害などの神経症状が特徴である。
致命率（発病者の中で死ぬ率）は高い。

＊乳児ボツリヌス症　→P158「栄養－11　ライフステージの栄養」参照

④原因食品　ハム、ソーセージなどの食肉加工品、キャビアなどのびん詰や缶詰などの保存食品が多い。
日本では、北海道、東北地方でニシンなどの「いずし」（魚の保存食品）による発生が多い。
九州では、からしれんこんの真空包装品で発生している。

⑤予防法　特に自家製の保存食品を作るときに注意が必要である。
土や海水、川の水などの汚れをていねいに洗浄してとり除く。
真空包装品でも保存性の低い食品は必ず冷蔵する。
加熱処理しない生ハムなどは水分活性値（→P87「食品学－12　食品の変質と保存法、食品の動向」参照）を0.94以下にする。

セレウス菌とその食中毒

①所在　土や水などあらゆる環境に存在し、特に植物の表面に多くみられる。

②特性　芽胞を作る。食中毒は嘔吐型と下痢型の２つに大別される。嘔吐型食中毒は食品中で産生された耐熱性の毒素を食品と一緒に摂取することで発症する。日本では嘔吐型食中毒の発生が多い。
下痢型食中毒は、食品とともに摂取したセレウス菌が、小腸で増殖した際に産生された毒素によって発症する。

③症状　おう吐型：食後１～６時間の潜伏期で発病する。
下 痢 型：食後６～16時間の潜伏期で発病する。

④原因食品　調理後長時間室温に放置された焼き飯やスパゲティーなど、穀類調理品に注意する。

⑤予防法　加熱調理品を保存する場合は、短時間で冷却する。
食べる直前の再加熱により殺菌する。

細菌性食中毒予防の３原則

①食中毒菌を付けない（清潔）

施設、設備の衛生的な管理　　　：工場の清掃、排水の管理、ネズミやゴキブリの対策 など

食品や器具容器の衛生的な管理：仕上げ作業と仕込み作業の区別 など

個人の衛生的な管理　　　　　　：手洗い、作業衣の管理 など

②食中毒菌を増やさない（迅速または低温保存）

調理製造後の食品の時間管理　：細菌類が増殖する機会を少なくするため、速やかに喫食する など

＊室温に２時間以上放置することがないように注意する。

10℃以下または65℃以上で保管：冷蔵庫、温蔵庫の有効的な利用 など

③食中毒菌を殺してしまう（充分な加熱）

加熱による殺菌　　　　　　　　：食材の中心温度を75℃以上にして１分間以上加熱する など

≫書籍によっては ①清潔の原則　②温度の原則　③迅速の原則 を３原則とする場合がある。

練習問題

＊解答は別冊P14

4-1　黄色ブドウ球菌食中毒に関する記述で正しいのはどれか。

1　この菌は熱に強いエンテロトキシンを産生する。
2　潜伏期間は２日前後が多い。
3　血便、高熱が主症状である。
4　主な原因食品は刺身が多い。

4-2　黄色ブドウ球菌に関する記述で誤りはどれか。

1　一般に、化膿（かのう）した傷の中に認められる。
2　この菌が産生する毒素は、加熱により容易に分解される。
3　この菌による食中毒は、潜伏期間が他の細菌性食中毒に比べて短い。
4　この菌による主な食中毒症状は、おう吐、腹痛、下痢である。

4-3　ボツリヌス菌とその食中毒について正しいのはどれか。

1　芽胞を形成しない。
2　毒素は耐熱性である。
3　嫌気性菌である。
4　飲食してから６時間以内で発病する。

4-4　細菌性食中毒予防に関する食品取り扱いの３原則で誤りはどれか。

1　清潔に取り扱うこと。
2　迅速に取り扱うこと。
3　保存料などの食品添加物を使用すること。
4　温度管理（冷却または加熱）を充分に行うこと。

5　ウイルス性食中毒

ノロウイルスとその食中毒

①所在　感染経路に不明な点が多いが、人の小腸粘膜だけで増殖する。
②特性　冬期（11～３月）の発生が多い。人から人へと感染し、接触感染だけでなく、飛沫感染も発生している。ノロウイルスは少量でも発症する。
③症状　潜伏期は24～48時間で、腹痛、下痢、おう吐、発熱などで発病する。
④原因食品　二枚貝、特に牡蠣（かき）の生食。ウイルスに感染した食品取扱者を介して汚染された食品。
⑤予防法　二枚貝の生食を避ける。加熱調理（中心温度85～90℃、90秒間以上）する。
手洗いの徹底により感染を防ぐ。消毒は次亜塩素酸ナトリウムが効果的である。

練習問題

＊解答は別冊P14

5-1　ノロウイルスに関する記述で正しいのはどれか。
1　潜伏期間が７日以上と長いのが特徴である。
2　耐熱性毒素を産出するため、加熱しても食中毒を防ぐことができない。
3　ノロウイルスが付着した人の手指から食品が汚染されて感染することがある。
4　原因食品であるサザエ等の巻貝の仲間は、ノロウイルスを体内で濃縮蓄積しやすい。

5-2　ノロウイルスに関する記述で正しいのはどれか。
1　夏季に多く発生する。
2　原因食品は生牡蠣が多い。
3　主症状は高熱、神経症状、血便である。
4　人から人に感染することはない。

5-3　ノロウイルスに関する記述で正しいのはどれか。
1　充分な加熱でも活性を失わない。
2　人に胃腸炎症状を起こす病原性があるといわれている。
3　アルコール消毒が有効である。
4　対策は細菌性の食中毒予防と同様でよい。

6　自然毒食中毒

フグ毒（テトロドトキシン）

フグの種類や季節などにより毒性が異なる。特に卵巣や肝臓に多い。
テトロドトキシンは水に溶けず、通常の加熱調理では無毒化しない。
潜伏期は短く、30分～4時間。悪心（吐き気、むかつき）、おう吐とともにしびれなどの神経症状があらわれる。
素人料理をしない。都道府県単位でフグのとり扱いに関する条例を制定している。

魚毒

①ビタミンA過剰症：イシナギ（ビタミンAを多く含む肝臓を食べて発病）→ 皮膚のはく離
②ワックス中毒　　：バラムツ、アブラソコムツ（筋肉に多く含む）→ 下痢、腹痛 など
③シガテラ毒（シガトキシンなど）：毒カマス、バラフエダイ（有毒プランクトンにより毒化）→ ドライアイスセンセーション（冷たいものに触れると痛みを感じる知覚異常）
＊シガテラは、熱帯、亜熱帯地域の主にさんご礁の周辺に生息する魚によって起こる食中毒の総称である。

貝毒

①麻痺（まひ）性貝毒（サキシトキシンなど）
ムラサキイガイ、ホタテガイ、ハマグリ、アサリ、牡蠣（かき）などの二枚貝で発病。
食後30分くらいで口唇周辺のしびれから始まり、四肢に広がる。重症になると言語障害、呼吸麻痺が起きる。
②下痢性貝毒（オカダ酸など）
ムラサキイガイ、ホタテガイ、ハマグリ、アサリ、牡蠣などの二枚貝で発病。
食後30分から4時間以内に下痢を主症状とする消化器系の異常が起きる。
＊麻痺性貝毒、下痢性貝毒の毒素は加熱しても分解されない。
予防策として、毒化二枚貝が流通しないように生産地で定期的に毒性を測定し、監視している。
③テトラミン
ツブガイ（エゾボラ、ヒメエゾボラなど）で発病。
＊テトラミンは唾液腺（だえきせん）に含まれている有毒成分なので、その部分を除去すると予防できる。
④その他：バイガイ（スルガトキシン）、アサリ、ハマグリ、牡蠣（以上はベネルピン）
＊貝毒を内因性貝毒と外因性貝毒に分類する方法もある。
内因性貝毒：特定の貝がもっている有毒物質によるもの。ツブガイのテトラミンがそれにあたる。
外因性貝毒：貝が生活環境（特に有毒プランクトン）により毒化し、中腸腺（ちゅうちょうせん）（肝臓にあたる部分）に蓄積する有毒物質によるもの。麻痺性貝毒、下痢性貝毒などがそれにあたる。

きのこ毒

①ムスカリン群　　　：アセタケ、カヤタケなど
②アマニタトキシン群：ドクツルタケ、シロタマゴテングタケ、コレラタケなど
③胃腸毒素群　　　　：ツキヨタケ、イッポンシメジなど多種のきのこ

有毒植物

①じゃがいもの毒　　：ソラニン　→発芽した芽の部分や緑色の部分はとり除く。
②青酸含有雑豆（サルタニ豆、サルタピア豆、バター豆、ホワイト豆、ライマ豆）
：リナマリン　→製餡材料の輸入豆類。
③青梅　　　　　　　：アミグダリン　→青梅が成熟するに従ってアミグダリンは減少。
④スイセン　　　　　：リコリンなどのアルカロイド、シュウ酸カルシウム　→ニラと間違い誤食しやすい。
⑤イヌサフラン　　　：コルヒチンなどのアルカロイド　→ギョウジャニンニクなどと間違い誤食しやすい。

カビ毒（マイコトキシン）

カビが産生する毒素を総称してマイコトキシンと呼ぶ。
①アフラトキシン：こうじカビの一種により、ピーナッツや穀類が毒化したもの。
＊アフラトキシンは肝臓がんを発生させる強力な発がん物質である。
②エルゴトキシン：麦角（ばっかく）菌により、ライ麦などが毒化したもの。

練習問題

＊解答は別冊P14

6-1　次の自然毒に関する記述で誤りはどれか。

1　フグ毒は、熱に対して比較的強く、煮沸してもフグ中毒防止効果は期待できない。
2　アブラソコムツは、筋肉中に多量のワックスを含んでおり、多食すると下痢を起こすため、販売が禁止されている。
3　二枚貝（イガイ類、ホタテガイなど）の麻痺（まひ）性貝毒や下痢性貝毒による毒化は、有毒プランクトンの捕食によって起こる。
4　未熟な青梅やぎんなんには、ソラニンという毒成分が含まれているが、青梅などが成熟するに従って減少する。

6-2　次の組み合わせで正しいのはどれか。

1　ホタテガイ ―― テトラミン
2　カビ毒 ―― マイコトキシン
3　イシナギ ―― ソラニン
4　エゾボラ、ヒメエゾボラ ―― テトロドトキシン

6-3　次の記述で誤りはどれか。

1　一般に南方海域に生息している有毒魚を食べて起こる食中毒をシガテラと呼んでいる。
2　バラムツやアブラソコムツはワックスを多量に含み、多食すると下痢を起こす。
3　ホタテガイの麻痺性貝毒は、その中腸腺（ちゅうちょうせん）に含まれているが、加熱すると無毒となる。
4　食品にカビが付着して産生する毒を、マイコトキシンと呼ぶ。

6-4　次の組み合わせで誤りはどれか。

1　テトラミン ―― エゾボラ（通称ツブガイと呼ばれる貝）
2　テトロドトキシン ―― フグ
3　エンテロトキシン ―― きのこ
4　ソラニン ―― じゃがいもの芽

6-5　次の自然毒食中毒の組み合わせで正しいのはどれか。

1　青梅 ―― アミグダリン
2　毒きのこ ―― ベロ毒素
3　ドクゼリ ―― アフラトキシン
4　フグ ―― マイコトキシン

6-6　次の組み合わせで、毒きのこ食中毒の原因物質だけの組み合わせはどれか。

Ａ：サキシトキシン　Ｂ：ムスカリン　Ｃ：アマニタトキシン　Ｄ：マイコトキシン

1　ＡとＢ　　2　ＢとＣ　　3　ＣとＤ　　4　ＡとＤ

6-7　次の食品と毒素の組み合わせで正しいのはどれか。

	食品		毒素
1	テングダケ	――	シガトキシン
2	じゃがいも	――	ムスカリン
3	フグ	――	テトロドトキシン
4	オニカマス	――	ソラニン

(食品衛生学)　7　化学性食中毒

7　化学性食中毒

アレルギー性食中毒（アレルギー様食中毒、ヒスタミン中毒）

ヒスタミンが生成されやすい、背が青く血合い肉の多い赤身魚（サバ、イワシ、サンマなど）が主な原因食品。ヒスタミンは熱に強い性質のため、加熱調理では分解されない。生成されないよう原因食品を冷蔵・冷凍保存する必要がある。
食後30分〜１時間で頭痛やじんましんのような症状があらわれる。ヒスタミンによる食中毒の治療には抗ヒスタミン剤が使用される。

有害金属

①銅（緑青（ろくしょう））
　＊銅製、銅の合金製の器具類（銅鍋など）の管理に注意する。
②鉛
　＊陶器の顔料（絵具）や釉（ゆう）薬に鉛を含むものは、食器には使用できない。

食品公害

①ヒ素　—— ヒ素ミルク（乳児用調整粉乳）事件
②カドミウム　—— イタイイタイ病
③メチル水銀　—— 水俣病
　≫有機水銀または単に水銀の表現で出題される場合があるが、同一物質と解釈する。
④ＰＣＢ（→下記参照）—— 米ぬか油（ライスオイル）中毒事件

環境汚染物質

重金属、農薬、ＰＣＢ、ダイオキシンなどは食品の残量基準が規定されている。
①残留農薬（ＤＤＴやＢＨＣなどの有機塩素系農薬）：製造および使用禁止。
②ダイオキシン：残留性が高い発がん性物質。ごみ焼却施設より多く発生し、土壌汚染により食品汚染へとつながる。
　＊ダイオキシンとは、ポリ塩化ジベンゾパラジオキシン（ＰＣＤＤ）とポリ塩化ジベンゾフラン（ＰＣＤＦ）の総称。厚生労働省が定める１日の摂取許容量は、体重１kgあたり４ピコグラム（pg：１兆分の１g）である。
　＊ダイオキシンは内分泌撹乱（かくらん）物質、いわゆる環境ホルモンの１つである。
　≫ダイオキシンは出題率が高い。
③放射性物質（ストロンチウム－90、セシウム－134および137）：香辛料、ナッツ類などが汚染されていることがある。
　＊日本ではじゃがいもの発芽防止のみに、コバルト60のガンマ線照射が認められている。
④ＰＣＢ：残留性が高い発がん性物質。製造および使用禁止。
　＊ＰＣＢとは、ポリ塩化ビフェニル類の略称。無色透明で化学的に安定。耐熱性、絶縁性や非水溶性などすぐれた性質をもっていたため、変圧器やコンデンサ、安定器などの電気機器用絶縁油や感圧紙、塗料、印刷インキの溶剤などに幅広く利用されていた。厚生労働省は暫定的規制値を食品別に設定している。
　ＰＣＢがもれて混入した油を食べて発生したのが、米ぬか油中毒事件である。

＊環境汚染物質と生物濃縮
生物が外界からとり込んだ物質を体内に高濃度で蓄積する現象を生物濃縮という。
たとえば、海水中に含まれるＤＤＴ、ＢＨＣ、有機水銀、ＰＣＢなどの生体内で分解しにくい化学物質や放射性物質は、魚の体内に蓄積され、その魚を人間が食べて人間の体内にそれらの物質が蓄積され、自然状態の数千倍から数万倍にまで濃縮されて生体に悪影響を与え、公害病（水俣病など）の原因となることがある。

＊食品中に残存する農薬等の規則
食品に残留する農薬、動物用医薬品および飼料添加物（以下「農薬等」）については、原則すべての農薬等の残留は禁止し「一定量以下の残量を認めるもの」のみ一覧表に示す方式、ポジティブリスト制度に移行された。なお基準が設定されていない「農薬等」については暫定的な「一律基準（0.01ppm）」が設定されている。

練習問題

＊解答は別冊P15

7-1　次の記述で誤りはどれか。

1　水俣病の原因は放射能で汚染された魚介類を食べたことによる。
2　カドミウムに汚染された米を食べることにより、イタイイタイ病が起こった。
3　ライスオイル中毒事件の原因はＰＣＢである。
4　有機塩素系農薬は急性毒性が比較的少ないが、残留性が強い。

7-2　次の記述で誤りはどれか。

1　過去、国内で発生した重金属による重大な健康被害であるイタイイタイ病の原因物質は、カドミウムである。
2　ＰＣＢの人体へのとりこみの90%以上は、畜肉からである。
3　環境に排出されたダイオキシン類は、大気、土壌などを汚染し、生物濃縮され、大部分は食品を摂取することで人体にとりこまれる。
4　有機塩素系農薬として使用されていたＤＤＴ、ＢＨＣは、食品汚染の問題があり、現在、製造と使用が禁止されている。

7-3　ＰＣＢ汚染経路と関係がないのはどれか。

1　食品添加物
2　プランクトン
3　海藻類
4　紙類

7-4　ダイオキシンに関する記述で誤りはどれか。

1　ダイオキシン類は体内に残留しやすい毒物であり、強い発がん性や肝臓障害、免疫機能の低下などを引き起こすといわれている。
2　ダイオキシン類とは、ポリ塩化ジベンゾパラジオキシン（ＰＣＤＤ）とポリ塩化ジベンゾフラン（ＰＣＤＦ）の総称である。
3　ダイオキシンの摂取許容量（ＴＤＩ：耐容１日摂取量）は、体重１kgあたり４ピコグラム（pg：１兆分の１g）である。
4　ダイオキシン類が体内に入っても、その大部分はすぐに体外に排出される。

7-5　次の環境汚染と食品に関する記述で誤りはどれか。

1　生物が自分の住んでいる環境中のある物質を、その濃度より高い濃度で体内に蓄積することを生物濃縮という。
2　環境汚染物質には、カドミウム、水銀、残留農薬などがある。
3　環境汚染物質による食品の汚染防止のため、漁獲および生産段階における公害防止対策が重要である。
4　厚生労働省は食品中に残留するＰＣＢや魚介類中の水銀などは規制していない。

7-6　ポジティブリスト制度に関する記述のうち誤りはどれか。

1　ポジティブリスト制度とは、一定量以上の農薬などが残留する食品の販売などを禁止する制度である。
2　対象となる食品は生鮮品に限られ、菓子等の加工食品には適用されない。
3　残留基準などがない場合、0.01ppmの一律基準が適用される。
4　家庭用殺虫剤など農薬の目的で使用されない場合でも適用される。

（食品衛生学）

8　寄生虫食中毒

日本は、国際的にみて寄生虫対策が成功した国といえる。しかし、食材を生で食べる機会が多い国民性と、グルメし好や輸入食品の増加により感染する機会が増えており、注意が必要である。

食品由来の寄生虫の種類

①生野菜：回虫、鉤虫（こうちゅう）（十二指腸虫とも呼ぶ）、ぎょう虫

②食肉類：（動物名は中間宿主）

無鉤条虫（むこう） —— 牛
有鉤条虫（ゆうこう） —— 熊、豚
旋毛虫（せんもう） —— 豚、熊
トキソプラズマ —— 豚
サルコシスティス・フェアリー —— 馬

③魚介類：（同上）

アニサキス —— アジ、イカ、サバ、ニシン、タラなどの海水魚
広節裂頭条虫 —— サケ、マス
肺吸虫 —— モクズガニ、サワガニ
肝吸虫 —— フナ、コイ、モロコなどの淡水魚
有棘顎口虫（ゆうきょくがくこうちゅう） —— ドジョウ、ライギョなど
横川吸虫 —— アユ、シラウオなどの淡水魚
クドア —— ヒラメ

※アニサキスとその中間宿主である魚の組み合わせ問題の出題率が高い。

寄生虫の感染予防のポイント

①加熱処理：中心温度75℃、１分間以上で死滅する（アニサキスや旋毛虫は55℃で死滅する）。

②凍結処理：－20℃以下、24時間以内で死滅する（旋毛虫には有効ではない）。

③洗浄処理：生食材を扱った手、器具類はすぐに洗う。

練習問題

＊解答は別冊P15

8-1　次の記述で誤りはどれか。

1　横川吸虫はアユの生食により感染する。
2　無鉤条虫は豚肉の生食により感染する。
3　旋毛虫は熊肉の生食により感染する。
4　サルコシスティス・フェアリーは馬肉の生食で感染する。

8-2　次の食品とその寄生虫の組み合わせで誤りはどれか。

1　豚肉 ―― 有鉤条虫
2　イカ ―― アニサキス
3　牛肉 ―― 無鉤条虫
4　サケ ―― トキソプラズマ

8-3　魚介類から感染する寄生虫に関する次の記述で誤りはどれか。

1　予防には加熱調理が望ましい。
2　刺身、あらい、酢の物などの生食により感染する。
3　魚介類から人に感染する寄生虫には病原性はない。
4　淡水魚は寄生虫の宿主になっている可能性が高い。

8-4　次の寄生虫で、通常、海産魚介類を介して人体に感染するのはどれか。

1　クリプトスポリジウム
2　アニサキス
3　トキソプラズマ
4　サイクロスポーラ

8-5　次の寄生虫で淡水魚から感染するのはどれか。

1　回虫
2　クドア
3　アニサキス
4　横川吸虫

8-6　次の寄生虫で野菜類から感染するのはどれか。

1　肝吸虫
2　回虫
3　アニサキス
4　無鉤条虫

8-7　次の食品と寄生虫の組み合わせで誤りはどれか。

1　豚肉 ―― 有鉤条虫
2　イカ ―― アニサキス
3　サワガニ ―― 回虫
4　ライギョ ―― 有棘顎口虫

（食品衛生学）　9　食品添加物

添加物の定義（食品衛生法第４条の２）

添加物とは、食品の製造の過程において、または食品の加工もしくは保存の目的で、食品に添加、混和、浸潤その他の方法によって使用するものをいう。

食品添加物の指定

天然あるいは化学的合成品にかかわらず、厚生労働大臣が指定したもの以外は製造、使用等が禁止されている。

＊食品添加物には、化学的に合成されたものと天然のものがある。

食品添加物の安全性

食品添加物の１日摂取許容量（ＡＤＩ）とは、一生涯毎日摂取しても影響を受けない量をいう。

１日摂取許容量　＝　最大無作用量の100分の１

食品添加物の規格、基準

①成分規格：食品添加物の純度や不純物の限度などに関する規格をいう。

②使用基準：使用できる食品とできない食品を明確にし、使用量、使用目的などを制限する基準をいう。

③表示基準：食品添加物には必ず「食品添加物」と表記し、製造者やその所在地を明記するなどの基準をいう。

＊タール色素だけは厚生労働大臣の登録を受けた機関が行う検査に合格し、「製品検査合格証」を貼らなければならない。

食品添加物の表示

添加物を使用した食品を販売するときは、消費者がわかるように、容器、包装などに表示する義務がある。

食品添加物表示のポイント

①使用した添加物の物質名または一般名を表示することを基本とする。

＊例：アスコルビン酸ナトリウムは物質名、ビタミンＣは一般名。

②長い名称のものは簡略名を認める。

＊例：ビタミンＣはＶ.Ｃ

③甘味料、着色料、保存料、糊料、酸化防止剤、発色剤、漂白剤、防カビ剤（→下記と右頁参照）の８種は、物質名と用途名を表示する。

＊例：着色料（食用赤色102号）　＊糊料には増粘剤、安定剤、ゲル化剤を含む。

④香料、酸味料、調味料などは個々の物質名を表示せず、一括名でよい。

＊例：グルタミン酸ナトリウムと表示せず、単に調味料でよい。

⑤加工助剤（加工時に使用しても製品に残らないもの）、キャリーオーバー（原料由来のもの）、栄養強化の目的で使用するものは表示義務がない。

主な食品添加物の種類

①着色料：アナトー色素（カロテノイド色素などが含まれる）、ウコン色素（クルクミン、ターメリック色素などともいわれる）、カラメル色素など。

＊これらの天然着色料であってもこんぶ類、食肉類、鮮魚介類、茶、のり類、豆類、野菜、わかめ類には使用できない。

タール色素（上記に加えてカステラ、きな粉、スポンジケーキ、マーマレードなどにも使用できない）。

銅クロロフィリンナトリウム（こんぶ類・野菜類・果実類の貯蔵品、チューインガム、魚肉ねり製品、生菓子、チョコレートおよびみつ豆缶詰中の寒天に使用できる）。

②保存料：安息香酸ナトリウム（キャビア、清涼飲料水、菓子の製造に用いる果実ペーストおよび果汁・濃縮果汁、シロップ、醤油、マーガリンのみ）。デヒドロ酢酸ナトリウム（チーズ、バター、マーガリンのみ）。ソルビン酸（マーガリン、フラワーペースト、餡（あん）類、ジャムなど）。プロピオン酸（チーズ、パン、洋菓子のみ）。

③甘味料：サッカリン（チューインガムのみ）、サッカリンナトリウム（アイスクリーム類、もち類など）、アスパルテーム（使用基準はない）、スクラロース（砂糖代替食品、清涼飲料水など）、グリチルリチン酸二ナトリウム（味噌および醤油以外の食品に使用してはならない）。
④糊料　：アルギン酸ナトリウム、メチルセルロースなど。
⑤酸化防止剤：エリソルビン酸、ＢＨＡ、ＢＨＴなど。
⑥発色剤：亜硝酸ナトリウム、硝酸カリウム、硝酸ナトリウムなど。
＊発色剤は食品中の残存量の限度が定められている。
⑦漂白剤：亜塩素酸ナトリウム、亜硫酸ナトリウム（ごま、豆類、野菜は不可）、過酸化水素、二酸化硫黄など。
⑧防カビ剤：ジフェニル、オルトフェニルフェノール（ＯＰＰ）、チアベンダゾール（ＴＢＺ）、イマザリル。
＊防カビ剤とはかんきつ類（オレンジ、レモン、グレープフルーツなど）のカビを防止する添加物をいう。
⑨酸味料：クエン酸、酢酸、乳酸など。使用基準はない。
⑩調味料：グルタミン酸ナトリウム、イノシン酸ナトリウム、コハク酸ナトリウムなど。
⑪殺菌料：高度さらし粉（使用基準はない）、次亜塩素酸ナトリウム（ごまは不可）など。
⑫香料　：エステル類、バニリン、酢酸エチルなど。着香以外の目的での使用は不可。
⑬品質保持剤：プロピレングリコール（生めん、イカの燻製（くんせい）、ギョウザ・春巻・シュウマイ・ワンタンの皮など）。

＊膨張剤、乳化剤は　→P191、192「製菓理論－５　原材料（凝固剤、酒類、食品添加物）」参照

練習問題

＊解答は別冊P15

9-1　次の食品添加物に関する記述で誤りはどれか。
1　食品添加物には化学的に合成されたものと天然のものがある。
2　厚生労働大臣が食品添加物として指定したもの以外は一切使用できない。
3　食品添加物の使用基準は、使用量については定められているが、使用対象食品は定められていない。
4　食品添加物には食品の栄養価を高めるものがある。

9-2　次の食品添加物の安全性に関する記述の（　　）に入る語句の組み合わせで、正しいのはどれか。
「食品添加物の１日摂取許容量（ＡＤＩ）は、人が（　Ａ　）毎日摂取しても安全な量のことであり、動物実験で得られた最大無作用量に人と動物の違いと人の個体差を考慮して、通常（　Ｂ　）の安全率を掛けて定められている」

	A	B
1	成人期に	100分の１
2	生涯	10分の１
3	成人期に	10分の１
4	生涯	100分の１

9-3　次の組み合わせで正しいのはどれか。
1　膨張剤 ―― 食品を膨らませるもの ―― 流動パラフィン
2　保存料 ―― 食品の保存性を高める ―― プロピオン酸
3　漂白剤 ―― 食品を白くするもの ―― オルトフェニルフェノール
4　防カビ剤 ―― カビを防止するもの ―― 塩化アンモニウム

9-4　次の食品で食用タール色素が使用できるのはどれか。

1　鮮魚介類（鯨肉含む）
2　カステラ
3　清涼飲料水
4　食肉

9-5　次の記述で誤りはどれか。

1　天然添加物を使用した食品は、使用した旨の表示の義務はない。
2　天然、合成にかかわらず、着色料は食肉、鮮魚介類、生野菜に使用できない。
3　化学的に合成された食品添加物は、食品衛生法で指定されたものしか使用できない。
4　オルトフェニルフェノール（ＯＰＰ）は、かんきつ類の防カビ剤として使用が認められている。

9-6　次の食品添加物の使用法に関する組み合わせで、正しいのはどれか。

1　ソルビン酸 —— 酸味料
2　グルタミン酸ナトリウム —— 酸化防止剤
3　オルトフェニルフェノール —— 膨張剤
4　亜硝酸ナトリウム —— 発色剤

9-7　食品の保存性を高める目的で「ソルビン酸」を添加した場合の当該食品における使用添加物の表示として、正しいのはどれか。

1　ソルビン酸
2　保存料（ソルビン酸）
3　保存料
4　添加物（ソルビン酸）

9-8　着色料に関する記述で正しいのはどれか。

1　着色料は食品添加物として指定されていない。
2　食用タール色素は12～18%の溶液として使用する。
3　食用タール色素に使用基準はない。
4　食用タール色素は、検査合格証紙で容器包装を封かんしたものを購入する。

（食品衛生学）

10　異物、食品の鑑別法

≪食品の異物≫

食品衛生法では、異物の混入した食品または添加物は、人の健康をそこなうおそれがあるものとして、販売等を禁止している。→P16「衛生法規－３食品衛生法、食品表示法、食品安全基本法」参照

①分類：動物性異物、植物性異物、鉱物性異物の３つに分類される。

・動物性異物：昆虫、寄生虫、毛、貯蔵食品害虫、動物の死骸、卵の殻、魚の骨など
・植物性異物：植物種子、植物の殻、わら、カビ、たばこ、紙片、木片など
・鉱物性異物：土、砂、ビニール片、プラスチック片、ガラス片、陶磁器片、金属片など

②予防法：

・目視確認の徹底。
・作業中の帽子着用や粘着ローラーの使用で、毛や着衣の繊維の混入を防ぐ。
・定期的に掃除や害虫駆除を行う。
・異物混入のおそれがある材料は、ふるい分け、ろ過、水洗いなどを行う。
・卵は試し割りを実施。

≪食品の鑑別≫

食品の良否を見分けることは、鮮度がよい食材を選んで製品の品質を保つとともに、食中毒などの予防のためにも大切である。

食品鑑別の主なポイント

①魚介類　：新鮮な魚はうろこに光沢があり、目が透明、えらの内部は鮮やかな紅色で、肉は固くて弾力がある。
②魚肉製品：古いかまぼこは表面に「ねと（粘り）」があらわれる。
イワシなど不飽和脂肪酸が多い魚の干物は、古くなると「油焼け」が発生する。
③卵　　　：殻がザラザラして光沢がなく、光に透かすと明るく見えるものが新しい。
卵黄の盛り上がりが高いもの、濃厚卵白がしっかりしているものほど新鮮である。
④牛乳　　：酸味があるもの、加熱すると凝固物が生じるものは古い。
⑤乳製品　：チーズ臭があるものはたんぱく質が分解しており、脂肪が分解するとランシッド臭（酪酸臭）が生じる。
⑥缶詰　　：缶が膨らんでいるものは腐敗している。

練習問題

＊解答は別冊P15

10-1　食品中の異物に関する記述について、誤っているものを一つ選べ。

1　不潔、異物の混入等により人の健康をそこなうおそれがある食品の販売等は、食品衛生法で禁止されている。
2　食品中の異物は、一般に動物性異物と植物性異物の二種類に分類される。
3　異物混入のおそれがある材料は、ふるい分け、ろ過、水洗いなどを行う。
4　異物は、食品の種類、生産や加工の過程により異なるので、混入の発見とその原因究明に努める必要がある。

（食品衛生学）

11　食品衛生対策 I

アレルギー物質を含む食品の表示

特定原材料（８品目）は表示が義務付けられている

えび、かに、くるみ、小麦、そば、卵、乳、落花生（ピーナッツ）

特定原材料に準ずるもの（20品目）は表示が推奨されている

アーモンド、あわび、いか、いくら、オレンジ、カシューナッツ、キウイフルーツ、牛肉、ごま、さけ、さば、大豆、鶏肉、バナナ、豚肉、まつたけ、もも、やまいも、りんご、ゼラチン

＊加工助剤（加工時に使用しても製品に残らないもの）およびキャリーオーバー（原材料由来のもの）など、添加物の表示が免除されているものであっても、特定原材料については、表示する必要がある。特定原材料に準ずるものについても、可能な限り表示に努めること。

ＨＡＣＣＰ（ハサップ）

①ＨＡＣＣＰとは、Hazard Analysis and Critical Control Pointの略で、危害分析（HA）重要管理点（CCP）と訳される。1960年代に米国の宇宙開発計画（アポロ計画）の中で、100％の安全性を保証する完璧な宇宙食を製造するために考え出された食品衛生管理システム。

②従来の衛生管理とＨＡＣＣＰの比較

従来の衛生管理：完成した最終製品について細菌検査、理化学検査などを行い、結果に問題がなければ出荷されるファイナルチェック方式がとられていた。この方式では、製品すべての安全性の保証が難しく、万が一問題が発生した際の原因究明も困難である。

ＨＡＣＣＰ方式：「原材料の受入れ」から製造工程を経て「最終製品の提供」に至るまでに起こりうる危害を、あらかじめ分析（危害分析）してリスト化し、特に重点的に管理すべき工程（重要管理点）を監視し、その結果を記録として残すことで、事故を未然に防ごうとする考え方である。「いつ、どこで、誰が、何の目的で、どのような基準で（どの基準に従って）、どのような作業を行ったか」を記録し、証拠書類として残すプロセスチェック方式で実施する。

③ＨＡＣＣＰに沿った衛生管理の制度化

「食品衛生法等の一部を改正する法律」（平成30年6月13日公布、令和2年6月1日施行）により「原則としてすべての食品等事業者に、一般衛生管理に加え、ＨＡＣＣＰに沿った衛生管理」の実施が求められるようになった。これまでＨＡＣＣＰは、主に食品製造業の自主的な衛生管理として整備が進められてきたが、1年間の猶予期間を終え、令和3年6月1日より、完全義務化された。ＨＡＣＣＰの7原則12手順をそのまま実践することが困難な小規模事業所（従業員が概ね50人以下の施設）については、各種業界団体が作成した手引書を参考にしつつ、「ＨＡＣＣＰの考え方を取り入れた衛生管理」（ＨＡＣＣＰの手順・原則の運用を弾力化した適用）を導入することとしている。

※ＨＡＣＣＰに沿った衛生管理の制度化

すべての食品等事業者（食品の製造・加工、調理、販売等）が衛生管理計画を作成	
ＨＡＣＣＰに基づく衛生管理 コーデックスの7原則に基づき、食品等事業者自らが、使用する原材料や製造方法等に応じ、計画を作成し、管理を行う。 【対象事業者】 ・大規模事業者等	ＨＡＣＣＰの考え方を取り入れた衛生管理 各業界団体が作成する手引書を参考に、簡略化されたアプローチによる衛生管理を行う。 【対象事業者】 ・小規模な営業者等

＊コーデックスＣＯＤＥＸ：食品の国際規格

④ＨＡＣＣＰの考え方を取り入れた衛生管理

飲食店や販売店など小規模な営業者等もＨＡＣＣＰの考え方を導入することによって、衛生管理が「見える化」され、より効果的な衛生管理を行うことができると考えられる。衛生管理の「見える化」とは、これまでの手洗い、清掃、従業員の健康管理など一般衛生管理に関するとり組みと、提供するメニューや販売する製品に応じた管理方法を定めた衛生管理計画を作成し、実行、記録・確認することである。

※コーデックスCODEX（国際食品規格）の７原則12手順

手順１	手順２	手順３	手順４	手順５	手順６【原則1】	手順７【原則2】	手順８【原則3】	手順９【原則4】	手順10【原則5】	手順11【原則6】	手順12【原則7】
ＨＡＣＣＰチーム編成	製品説明書作成	用途・対象確認	製造工程一覧図作成	製造工程一覧現場確認	危険要因分析実施	重要管理点決定	管理基準設定	モニタリング方法設定	改善措置設定	検証方法設定	記録・保存方法設定

大量調理施設衛生管理マニュアル

①同じメニューを１回300食以上、または１日750食以上を提供する調理施設に適用する衛生管理規定である。

②このマニュアルは、ＨＡＣＣＰの考え方に基づき作成されている。

③主な内容：定期的な微生物検査および理化学検査を実施する（検査結果は１年間保管）。
生鮮食品は１回で使いきる量を当日に仕入れる。
生食用の野菜などは流水で充分洗浄し、必要に応じて次亜塩素酸ナトリウムなどで消毒する。
加熱調理食品は、その中心温度を75℃にして１分間以上加熱し、温度と時間を記録する。
＊ノロウイルス汚染のおそれがある場合は、85～90℃、90秒間以上。
器具類は、使用後の洗浄と80℃で５分間以上の殺菌、乾燥を行い、保管する。
調理した食品を長時間保管する場合は、10℃以下または65℃以上で管理する。
加熱調理した食品を冷却する場合は、中心温度を30分以内に20℃付近、または60分以内に10℃付近にする。
調理した食品は２時間以内に喫食することが望ましい。
検食は、50ｇ程度ずつ－20℃以下で２週間以上保存する。

施設、設備ならびに器具類の衛生管理のポイント

ＨＡＣＣＰを実施するためには、前提条件となる一般的衛生管理プログラムが整備され実行されていることが必要である。食品衛生責任者（→P17「衛生法規─3　食品衛生法、食品表示法、食品安全基本法」参照）は、施設や設備に不備が生じたときは営業者に改善を提案する。

①施設設備の衛生管理：店舗のごみやほこり、汚れは異物混入や細菌汚染・増殖の原因になる。施設設備の衛生管理を徹底する。

・食品倉庫は、直射日光があたらない湿気の少ない場所に設置する。
・そ族・衛生害虫の侵入防止のために網戸を設置し、排水溝には鉄格子や金網を付けるとともに、専門業者による定期的な駆除作業を行う。
・室内は窓の有無に関係なく換気ができるようにし、空気の清浄化と温度、湿度を一定に制御できるようにする。
・作業所の入り口付近に手洗い設備を設置する。
・使用水は水道水を使用し、遊離残留塩素濃度が0.1㎎/L以上であることを確認する。
・貯水槽を使用する場合は、専門の業者に委託して年1回以上の清掃を行い、その結果を１年間保管する。
・井戸水を使用する場合は、公的検査機関等に依頼して定期的に水質検査を行い、その結果を１年間保管する。

②機械器具の衛生管理：器具類の洗浄をおろそかにすると、汚れが残っていて他の食品に汚れが付着したり、有害な微生物の汚染が広がったりする可能性があるため、機械器具の衛生管理も重要になる。

・仕込み用の器具類と調理済みの食品（仕上げ）用の器具類は区別する。
・木製や竹製の器具類は乾燥しにくく、洗浄、消毒が困難なので、合成樹脂製または金属製のものにする（特にまな板など）。
・使用した器具類は分解掃除を行い、殺菌し、乾燥する。

③作業場の区域区分：使用する器具や機材は、使用に便利な位置に設置することが大切であるが、相互汚染や二次汚染防止の観点から汚染区域、準清潔区域、清潔区域に分けた構造配置が望まれる。

・汚染区域：原材料、資材由来の危害が存在する場所で、外部との接触がある区域のため、交差汚染が考えられる。

・準清潔区域：汚染物質が拡散されないよう処置したり、加熱したりするなど危害を取り除くための場所。

・清潔区域：危害を除去した後に、盛り付けなどを行う場所。二次汚染を防ぐため、衛生管理には細心の注意が必要。

④施設の床：製造する製品に合わせた構造を選択するとよいが、衛生面からは「ドライ使用」が推奨されている。

・ウエットシステム：床面が濡れているため、細菌が増殖しやすい環境ではあるが、掃除が行いやすいというメリットもある。排水をよくするために勾配を付ける。ウエットシステムであっても、ドライ使用することにより、細菌の増殖を抑制することができる。

・ドライシステム：床面が常に乾いている状態で作業を行う。湿度が低くなり、細菌の増殖を抑えるとともに、水の飛沫による二次汚染を防ぐことができる。

食品の取り扱いのポイント

①原材料は仕入れ時に期限表示を確認して、常に新しいものを購入する。

②仕入れた材料は「先入れ先出し」を励行する。

③食品衛生法により保存基準が決まっている食品は、温度管理を確実に行う。

＊10℃以下に規定する食品　：ハム、ソーセージ、牛乳、食肉、生食用の牡蠣(かき)など

＊－15℃以下に規定する食品：冷凍食品

④弁当を詰め合わせるとき、冷たいそうざい類と温かいご飯をいっしょにしない。

⑤卵のサルモネラ対策：卵は冷蔵庫で保管する。
生卵を扱ったあとは必ず手を洗ってから他の食材を扱う。
卵を割るときは、状態を確認しながら小さな容器に１個ずつ割る。
割った卵を長時間室温に放置しない。
加熱は、中心温度を70℃にして１分間以上とする。

個人（食品製造に従事する者）衛生のポイント

①食品を介して感染症を広げてはならないので、年１回以上の健康診断を行う。

②病原菌の健康保菌者でないことを確認するために、定期的に検便を行う。

③手に傷のある者は直接食品を取り扱う仕事に就かない。

④作業前に爪を短く切り、ブラシを使用して手洗いを行う。手を拭くにはペーパータオルがよい。

⑤衣類や履き物は調理、製造場専用のものを用意する。調理、製造場用の作業衣や履き物で外出しない。

⑥調理、製造場に私物をもち込まない。

食中毒予防対策比較

＊問題の主旨により温度が異なるので注意

サルモネラ対策	中心温度70℃、１分間以上加熱	殻つき卵と未殺菌液卵を使用の場合
O157対策	中心温度75℃、１分間以上加熱	大量調理施設衛生管理マニュアルより
ノロウイルス対策	中心温度85～90℃、90秒間以上加熱	ノロウイルスに関するQ＆Aより

練習問題

*解答は別冊P15

11-1　次のうち食品衛生法でアレルギー表示が義務化されていないものはどれか。

1　卵
2　ピーナッツ
3　米
4　牛乳

11-2　ＨＡＣＣＰに関する記述で誤りはどれか。

1　ＨＡＣＣＰはＨＡ（危害分析）とＣＣＰ（重要管理点）の２つの部分からなり、食品の安全性と品質を確保するため対象食品にかかわる危害因子を確認し、これを制御するための管理手法である。
2　ＨＡＣＣＰは製造業に適用されるシステムであり、飲食店は対象外である。
3　保健所ではＨＡＣＣＰに関する知識の普及に努め、指導を行っている。
4　ＨＡＣＣＰは食品の安全性に関する営業者主体の自主管理方法である。

11-3　次の国が示している「大量調理施設衛生管理マニュアル」の内容で、適当でないものはどれか。

1　加熱調理食品は中心温度計を用いるなどにより、中心部が75℃で10秒間以上、またはこれと同等以上まで加熱されていることを確認する。
2　調理後直ちに提供される食品以外の食品は、病原菌の増殖を抑制するために10℃以下または65℃以上で管理する。
3　検食は原材料および調理済み食品を食品ごとに50ｇ程度ずつ清潔な容器に入れ、密封して、－20℃以下で２週間以上保存する。
4　調理後の食品は調理終了後から２時間以内に喫食することが望ましい。

11-4　食品などの取り扱いの衛生管理に関する記述で正しいのはどれか。

1　原材料の運搬は温度管理にまったく注意する必要がない。
2　調理済みの食品を盛り付けるときは、手指の洗浄、消毒を行えば、汚染作業区域内で行ってよい。
3　消費期限を過ぎた食品は使用しない。
4　下処理に使用する器具も加熱調理済み食品を扱う器具も区分する必要はない。

11-5　次の記述で誤りはどれか。

1　仕込み用と調理済みの食品を取り扱う器具類は区別する。
2　調理従事者は定期的に健康診断や検便を受けて健康を確認する必要がある。
3　消化器系の伝染病は発病していなくても健康保菌者である場合がある。
4　くしゃみや鼻水、皮膚の表面の傷口やにきびなどにはサルモネラ属菌が存在する。

11-6　卵の取り扱いに関する記述で誤りはどれか。

1　生卵は卵内および卵殻表面がサルモネラ属菌に汚染されているものがあるので、生卵を触ったあとは、他の食品に触れる前に必ず手指を洗浄、消毒する。
2　仕入れた卵はひび割れや破卵以外の正常卵であれば、常温放置してもかまわない。
3　卵を割るときは小さい容器に１個ずつ割り入れて、鮮度と殻の混入のないことを確認してから使用する。
4　あらかじめ卵を溶いておく場合は必要最小限にし、常温放置を避けて当日に使いきる。

11-7　調理従事者の清潔保持に関する記述で誤りはどれか。

1　手に傷がある場合は手洗いをすれば手袋の着用をする必要はない。
2　材料の下処理をしたあとに加熱調理食品を取り扱う場合は、手洗いを行う。
3　調理中は手を顔や髪には触れないようにする。
4　調理前に指輪や腕時計などをはずす。

11-8　食品取り扱い者の衛生管理に関する記述で誤りはどれか。

1　食品取り扱い者の健康管理は重要である。１年１回以上の健康診断を受け、健康を確認する必要がある。
2　作業前には必ず手を洗い、消毒をする。
3　作業場内で使用しなければ私物のもち込みは可能である。
4　作業場では専用の衣類や履き物を使用し、作業衣での外出はしない。

12　食品衛生対策 Ⅱ

洗浄のポイント

①食品製造では主に中性洗浄剤を使用する。
②食品や食器の洗浄には中性洗浄剤の中でも食品用の洗浄剤を使用する。衣料用洗浄剤は使用しない。
③食品用の洗浄剤には成分規格と使用基準の規定がある。

＊成分規格：有害なヒ素、重金属の含有限度を定め、酵素や漂白剤の使用を禁止している。
着色料や香料は食品添加物を使用する。

＊使用基準：使用濃度を規定している（脂肪酸系で0.5％以下、非脂肪酸系で0.1％以下）。
野菜や果実の浸け洗いは５分間以内、すすぎは流水で30秒間以上などの使用方法を規定している。

消毒とは、人の病原微生物を死滅させて、食中毒などの疾病に感染しないようにすることをいう。

＊滅菌とは、すべての微生物を死滅させることをいう。
＊殺菌とは、目的とする微生物を死滅させることをいう（病原微生物だけでなく、腐敗菌なども死滅させることを含む）。
≫消毒、滅菌、殺菌の言葉の定義は出題率が高い。

消毒法は、物理的方法（加熱消毒、紫外線消毒など）と化学的方法（薬品消毒など）に区別する。

物理的消毒法のポイント

①焼却消毒：再使用しない器具類などには確実な方法である。
②煮沸消毒：沸騰した湯の中で５～30分間加熱する方法で、布や食器、器具類の消毒に適している。
③蒸気消毒：消毒釜を用いた流通蒸気による方法と、高圧滅菌器を用いた高圧蒸気による方法とがある。食器具、容器類、ふきん、タオルなどの消毒に適する。
流通蒸気（100℃）であっても、１日１回30～60分の加熱を３日くり返す方法（間欠滅菌法）によって、芽胞まで滅菌できる。

＊芽胞を作る芽胞菌（有芽胞菌）は通常、耐熱性のため120℃20分間以上の高圧蒸気滅菌法による加熱処理が必要。→P96「食品衛生学ー１　食品衛生と微生物」参照

＊牛乳の加熱殺菌法

低温殺菌法（ＬＴＬＴ法）　：62～65℃、30分間以上の加熱殺菌をする（パスツリゼーションと呼ぶ）。
高温短時間殺菌法（ＨＴＳＴ法）：75℃以上、15秒間の加熱殺菌をする。
超高温瞬間殺菌法（ＵＨＴ法）：120～135℃、２～３秒間の加熱殺菌をする。
ロングライフミルク法（ＬＬ法）：140～150℃、３～４秒間の加熱殺菌をする。

④乾熱消毒：高熱の乾燥した空気で消毒する方法で、ガラスや陶磁器の消毒に適している。
⑤紫外線消毒：紫外線を発生する殺菌灯のもとで器具類などを処理する方法をいう。
消毒力は強いが、表面の光のあたる部分のみ効果が得られ、内部までは効果がない。
紫外線は目や皮膚に害を与えるので、その取り扱いに注意する。

＊太陽光線（日光）も紫外線を含むが、天候により消毒効果は不安定である。

化学的消毒法のポイント

消毒剤の中でも石炭酸、クレゾール石鹸（せっけん）、昇汞（しょうこう）、ホルマリンは有害性が強く、食品には使用しない。

①塩素ガス　：水道水の消毒に使用する。水道水の遊離残留塩素量は、給水栓（蛇口）で0.1 ppm以上と規定している。
②次亜塩素酸ナトリウム：食品添加物に指定され、飲料水、野菜、果実、器具類の消毒に適している。

＊塩素剤（次亜塩素酸ナトリウムやさらし粉など）は、野菜に付着した寄生虫卵には効果がない。
＊塩素剤の溶液は時間の経過とともに有効塩素量が低下するので、原液は冷暗所に保管し、希釈（きしゃく）液は長時間使用しない。

③消毒用アルコール　：エチルアルコール（エタノール）を70～80％程度に調整して使用する。
有害なメチルアルコールは使用できない。

＊約100％のエチルアルコールよりも効果が高いとされている。
＊濃度が50％以下になると消毒効果はほとんどない。

④逆性石鹸（塩化ベンザルコニウム）：陽性石鹸とも呼ぶ。洗浄力はほとんどないが、殺菌力は強い。

＊味やにおいがほとんどなく、刺激性や毒性も小さいので、手指の消毒に適している。

＊たんぱく質や油汚れなどの有機物が付着していると、殺菌力が低下する。

＊普通の石鹸と混ざると効果が低下するので、手洗いのあと、石鹸を洗い流してから使用する。

⑤両性界面活性剤：逆性石鹸よりも殺菌力は低いが洗浄力は強く、普通の石鹸と混ぜても効果は変わらない。

⑥過酸化水素（オキシドール）：食品添加物の殺菌料。用途と最終製品に残存しないことに注意が必要である。

練習問題

＊解答は別冊P16

12 - 1　次の食品用洗浄剤に関する記述で誤りはどれか。

1　酵素および漂白剤の使用が認められている。
2　使用濃度および使用方法が定められている。
3　洗浄後の野菜、果物は流水で30秒間以上すすぐこと。
4　野菜、果物を洗浄する際の浸漬時間は、５分以内であること。

12 - 2　次の洗浄、消毒に関する記述で誤りはどれか。

1　中性洗剤は洗浄力が強く、汚れや細菌を完全に除去できるので、消毒は必要ない。
2　洗浄が不十分だと、次に行う消毒の効果が充分に期待できない。
3　消毒とは、病原微生物を死滅させて感染症や食中毒の危険をなくすことである。
4　衣料品の洗浄剤には、アルカリ剤や蛍光染料、酵素などが配合されているので、食品や食器の洗浄には不適当である。

12 - 3　次の記述で誤りはどれか。

1　殺菌とはすべての微生物を死滅させること。
2　間欠滅菌法は芽胞を完全に死滅させる方法である。
3　消毒とは病原微生物を死滅させること。
4　消毒法には物理的方法と化学的方法がある。

12 - 4　次の消毒法に関する記述で誤りはどれか。

1　乾熱消毒は高熱の乾燥した空気による消毒で、ガラスや陶磁器などの消毒に適している。
2　煮沸消毒は消毒するものを充分な水量で煮る方法で、ふきんや調理器具類の消毒に適している。
3　紫外線消毒は殺菌灯により紫外線を照射する方法であるが、透過力が強く、照射したまな板などの陰の部分や内部にも消毒効果を発揮する。
4　逆性石鹸は殺菌力が非常に強く、刺激臭やにおいがないなどの特性もあって、手指の消毒薬として使用されている。

12 - 5　次の牛乳の殺菌方法で誤りはどれか。

1　低温殺菌とは62～65℃で30分間以上加熱する方法である。
2　高温短時間殺菌法とは75℃以上15秒間加熱する方法である。
3　超高温瞬間殺菌法とは120～135℃で２～３秒間加熱する方法である。
4　ロングライフミルク（ＬＬ牛乳）とは50℃で10分間加熱殺菌した製品である。

12 - 6　次の記述で正しいのはどれか。

1　逆性石鹸は殺菌力はほとんどないが、洗浄力は非常に強い。
2　普通の石鹸液と逆性石鹸を混合して、同時に使用すると効果は倍増する。
3　塩素剤は日光によって有効塩素量が増加する。
4　アルコール消毒力は純アルコールよりも70～80%アルコールのほうが強い。

12 - 7　次の殺菌料で食品衛生法において食器や器具類への使用を指定されていないのはどれか。

1　次亜塩素酸ナトリウム
2　さらし粉
3　過酸化水素
4　メチルアルコール

（食品衛生学）

13　演習問題

＊解答は別冊P16

1　次の細菌性食中毒の中でもっとも致死率の高いのはどれか。

1　黄色ブドウ球菌食中毒
2　ウエルシュ菌食中毒
3　ボツリヌス菌食中毒
4　セレウス菌食中毒

2　次の組み合わせで正しいのはどれか。

1　ウエルシュ菌　――　感染型　――　３％前後の塩分を好む
2　カンピロバクター　――　感染型　――　潜伏期間は２～５日間以上
3　セレウス菌　――　毒素型　――　テトロドトキシン
4　黄色ブドウ球菌　――　毒素型　――　高熱

3　次の組み合わせで正しいのはどれか。

1　ボツリヌス菌　――　毒素型　――　芽胞を作る嫌気性菌
2　サルモネラ属菌　――　感染型　――　３％前後の塩分を好む
3　腸炎ビブリオ　――　毒素型　――　増殖速度が速い
4　腸管出血性大腸菌O157　――　感染型　――　エンテロトキシン

4　次の細菌性食中毒に関する記述で誤りはどれか。

1　ボツリヌス食中毒は、神経麻痺を起こし、言語障害を起こすことがある。
2　ウエルシュ菌による食中毒は加熱調理後に放置されたカレーやシチューが原因食品となりやすい。
3　腸炎ビブリオは、刺身など魚介類の生食によるものが多い。
4　サルモネラ属菌が増殖した食品は、味、香りなどが変わるので食べた時点でわかる。

5　次の食中毒菌とその食中毒の主な症状の組み合わせで正しいのはどれか。

1　ボツリヌス菌　――　腹痛、下痢
2　腸管出血性大腸菌O157　――　発疹、じんましん
3　セレウス菌　――　眼瞼下垂、手足のしびれ
4　黄色ブドウ球菌　――　吐き気、おう吐

6　次の記述で誤りはどれか。

1　黄色ブドウ球菌が増殖するときに産生する毒素をマイコトキシンといい、これが食中毒の原因となる。
2　ボツリヌス菌は、芽胞を作る嫌気性菌で、土壌、水中などに広く分布しており、比較的酸素の少ない環境の食品で増殖する。
3　ウエルシュ菌は芽胞を作る嫌気性菌で、人や動物の腸管内、土壌、水中などに広く分布している。
4　ノロウイルスは、急性胃腸炎の原因となるウイルスで、人への感染は主に冬季に集中して発生している。

7　次の細菌性食中毒の主な原因食品に関する記述で誤りはどれか。

1　サルモネラ属菌による食中毒の原因食品は、肉や卵およびその加工品などが多い。
2　腸炎ビブリオによる食中毒の原因食品は、生食する魚介類およびその加工品などが多い。
3　ウエルシュ菌による食中毒の原因食品は、北海道、東北地方の「いずし」などである。
4　黄色ブドウ球菌による食中毒の原因食品は、おにぎり、串だんごなどである。

8　次の黄色ブドウ球菌食中毒に関する記述で誤りはどれか。

1　菌が増殖するとき産生されたエンテロトキシンという毒素が、食中毒の原因である。
2　この食中毒の主症状は、激しい高熱である。
3　この食中毒の潜伏期間は食後30分から5時間以内であり、極めて短時間で発症する。
4　この菌は広く自然界に分布しており、一般的には化膿した傷の中に多くいる。

9　次の組み合わせで誤りはどれか。

1　遺伝子組み換え食品　――　安全性審査
2　アレルギー表示　――　特定原材料
3　ポジティブリスト制度　――　一律基準1ppm
4　環境汚染物質　――　メチル水銀

10　次の（　　）にあてはまる語句はどれか。

「細菌性食中毒予防の3原則とは次の通りである」
・細菌を付けない＜清潔＞
・細菌を（　　）＜迅速または低温保存＞
・細菌を殺してしまう＜殺菌＞

1　増やさない
2　見つける
3　弱くする
4　ふきとる

11　次の自然毒に関する記述で正しいのはどれか。

1　ベネルピンは食中毒を起こす毒きのこの有毒成分である。
2　外因性貝毒には下痢性貝毒と麻痺（まひ）性貝毒がある。
3　バラムツは筋肉中に多量のビタミンAを含んでおり、多量に食べると中毒症状があらわれる。
4　イシナギは肝臓に多量のワックスを含んでおり、多量に食べると中毒症状があらわれる。

12　次の組み合わせで正しいのはどれか。

1　テトロドトキシン　――　毒きのこ
2　テトラミン　――　アブラソコムツ
3　ヒスタミン　――　フグ
4　ソラニン　――　じゃがいも

13　次の自然毒食中毒の組み合わせで誤りはどれか。

1　フグ　――　アフラトキシン
2　じゃがいもの芽　――　ソラニン
3　毒きのこ　――　ムスカリン
4　ドクゼリ　――　チクトキシン

14　次の過去に発生した食中毒事件とその原因物質に関する組み合わせで正しいのはどれか。

1　乳児用調整粉乳事件　――　鉛
2　水俣病事件　――　ヒ素
3　イタイイタイ病　――　カドミウム
4　米ぬか油症事件　――　ＤＤＴ

15　ダイオキシン類に関する記述で誤りはどれか。

1　ダイオキシン類は、ごみ焼却、製鋼用電気炉などから発生することが多い。
2　ダイオキシン類が体内に入っても、すぐに体外へ排泄される。
3　許容１日摂取量は、４pg（ピコグラム）／kg／日である。
4　脂肪組織に溶けやすく残留しやすい。

16　次の記述で正しいのはどれか。

1　新鮮な魚は身が容易に曲がる。
2　新鮮な卵は割ったとき卵黄がやわらかく平らになっている。
3　乳や乳製品は乳等省令により成分規格が規定されている。
4　蓋の膨らんだ缶詰は内容物が発酵しガスが発生しておいしくなっている。

17　食品衛生法に基づくアレルギー物質を含む食品の表示で、表示を義務化されている特定原材料７品目はどれか。

1　そば、卵、ピーナッツ、ごま、大麦、あわび、クルミ
2　小麦、そば、卵、乳および乳製品、ピーナッツ、えび、かに
3　あわ、卵、米、大麦、乳および乳製品、バナナ、りんご
4　あわ、ごま、米、小麦、そば、牛肉、さば

18　次の食品添加物とその用途の組み合わせで誤りはどれか。

1　サッカリンナトリウム　――　甘味料
2　安息香酸　――　保存料
3　オルトフェニルフェノール　――　着色料
4　二酸化硫黄　――　漂白剤

19　次の食品添加物の使用目的に関する記述で正しいのはどれか。

1　食品添加物の指定は食品衛生法に基づき厚生労働大臣が行うことになっている。
2　食品添加物の指定は都道府県知事が行うことになっている。
3　食品添加物の定義や範囲については世界共通である。
4　食品添加物には使用基準がない。

20　次の食品添加物に関する記述で正しいのはどれか。

1　食肉、刺身、野菜などには着色料を使用することができる。
2　甘味料のサッカリンは現在使用されていない。
3　プロピレングリコールは品質保持剤として生めん、ギョウザの皮などに使用されている。
4　キシリトールは豆腐用凝固剤に用いられている。

21　次の食品の製造に使用する添加物の表示に関する記述で正しいのはどれか。

1　コチニールなどの動物性着色料を使用した場合は、その物質名だけを表示すればよい。
2　酸味料としてクエン酸を使用した場合は、その物質名と用途名の表示が必要である。
3　栄養強化の目的でビタミンＣを使用した場合は、その物質名と用途名の表示を省略することができる。
4　酸化防止剤としてエリソルビン酸を使用した場合は、その物質名だけを表示すればよい。

22　次の食品添加物に関する組み合わせで誤りはどれか。

	用途		物質名		食品
1	保存料	——	ソルビン酸	——	ジャム
2	防カビ剤	——	ジフェニル	——	レモン
3	殺菌料	——	亜塩素酸ナトリウム	——	ごま
4	発色剤	——	亜硝酸ナトリウム	——	食肉製品

23　食品添加物に関する記述で誤りはどれか。

1　食品添加物には使用できない食品についての規定がある。
2　食品添加物はそれ自体食品ではないが、食品の製造、加工、調理などの際にいろいろな目的で加えるものである。
3　食品添加物それ自体に規格や基準は定められていない。
4　食品添加物として厚生労働大臣が指定したもの以外は、一切使用禁止である。

24　次の記述で誤りはどれか。

1　温かいご飯と冷たいそうざいをいっしょに詰め合わせないこと。
2　缶詰を開缶してから保管する場合は他の容器に移し替えること。
3　冷凍食品は－１℃以下の温度で保存すること。
4　食中毒菌が増殖しても味、香り、色に変化はない。

25　次の記述で正しいのはどれか。

1　ＨＡＣＣＰ（危害分析重要管理点方式）は、客観的に製造工程を管理することで安全性を確保する衛生管理の方法である。
2　食品を保管する際には「先入れ後出し」を励行すること。
3　水道水以外の水を使用する施設では、３年に１回水質検査を実施し「飲用適」を確認すること。
4　細菌性食中毒予防の３原則とは「栄養」「水分」「温度」である。

26　次の記述で誤りはどれか。

1　食品を取り扱う者は年１回以上の健康診断を受けて健康を確かめなければならない。
2　清潔な菓子製造場で、清潔な服装をした従業員が衛生的に仕事をしていれば、菓子製造関係者以外の者が自由に菓子製造場に出入りしてもかまわない。
3　水道水以外の水を菓子製造に使用する場合、１年に１回以上の水質検査を受けなければならない。
4　菓子製造場では衣服や履き物は専用のものを使用し、作業着での外出は避けなければならない。

27　次の記述で誤りはどれか。

1　食品が汚染される原因は、不潔な手指や器具、容器によることが多い。
2　合成樹脂製のまな板や調理器具は消毒、洗浄がしにくいので、木製のものが望ましい。
3　原材料は先入れ先出しを励行し、使用するときには必ず期限表示を確認する。
4　魚介類のように食品の原料自体が腸炎ビブリオなどの汚染源となる場合がある。

28　次の食品で食品衛生法により10℃以下の保存基準が定められているのはどれか。

1　食肉
2　即席めん類
3　生タラコ
4　生餡（あん）

29　次の菓子製造施設の施設構造に関する記述で正しいのはどれか。

Ａ：床や側壁などの材料は、木などの水の吸水性が高い浸透性の材質がよい。
Ｂ：室内に窓があれば、換気装置を設ける必要はない。
Ｃ：菓子製造場の出入口は、ハエなどが入らないように網戸や扉を設置する。
Ｄ：流し台などの排水口は、排水が飛散しない構造とする。

1　ＡとＢ
2　ＡとＣ
3　ＢとＣ
4　ＣとＤ

30　次の食品の衛生管理手法であるＨＡＣＣＰ（ハサップ）システムに関する記述の（　　）に入る語句の組み合わせで、正しいのはどれか。

「ＨＡＣＣＰ（ハサップ）は、ＨＡ（危害分析）とＣＣＰ（　Ａ　）の２つの部分からできていて、食品の安全性や品質を確保するために、（　Ｂ　）実施する衛生管理手法として評価されている」

	A		B
1	重要管理点	——	日常
2	最終製品検査	——	年に１度
3	重要管理点	——	年に１度
4	最終製品検査	——	日常

31　危害分析重要管理点を表わす用語はどれか。

1　ＳＳＯＰ
2　ＨＡＣＣＰ
3　ＨＣＥＣ
4　ＨＥＰＡ

32　次の食材の衛生的取り扱いに関する記述で誤りはどれか。

1　ひび割れた鶏卵は生食せず、加熱調理に利用する。
2　鶏卵は表面がザラザラし、振ってみて音がするものが新鮮である。
3　海産魚介類は必ず真水で洗浄する。
4　冷凍品の解凍は冷蔵庫の中で行う。

33　次の記述で誤りはどれか。

1　殺菌とは、目的とする微生物を死滅させることである。
2　芽胞を死滅させるには、間欠（かんけつ）滅菌が有効である。
3　消毒とは、病原体だけでなく、すべての微生物を殺し、完全に無菌状態にすることである。
4　消毒法には、物理的方法と化学的方法の２つがある。

34　ロングライフミルクの殺菌方法はどれか。

1　120℃の温度で20分間の加熱殺菌。
2　62～65℃の温度で30分間の加熱殺菌。
3　75℃以上の温度で15秒間の加熱殺菌。
4　140～150℃の温度で３～４秒間の加熱殺菌。

35　次の化学的消毒法に関する記述で正しいのはどれか。

1　純アルコールはたんぱく質を溶解させるため、75～80%のアルコール水溶液より消毒力は強い。

2　逆性石鹸（せっけん）は強い洗浄力をもっている。

3　塩素剤は野菜に付着している寄生虫の卵を死滅させることはできない。

4　次亜塩素酸ナトリウムは野菜の消毒に用いることはできない。

36　次の消毒方法に関する記述で正しいのはどれか。

1　クレゾール石鹸液は食品の殺菌、消毒に適している。

2　逆性石鹸と普通石鹸を同時に使うと殺菌効果が増す。

3　紫外線殺菌は包丁やまな板の消毒に使われる。

4　両性界面活性剤は、逆性石鹸よりも殺菌力、洗浄力ともに強いが、石鹸との併用はできない。

37　次の消毒に関する記述で誤りはどれか。

1　逆性石鹸は普通の石鹸と同時に使用すると消毒殺菌効果がさらに高まる。

2　紫外線の照射による殺菌は照射面だけに効果がある。

3　消毒用アルコールはエタノール含有量が50%以下ではほとんど殺菌力がない。

4　次亜塩素酸ナトリウムは飲料水や生野菜の消毒殺菌に使用される。

38　次の記述で誤りはどれか。

1　食品や食器の洗浄に使用する洗浄剤は、食品衛生法で成分規格と使用基準が定められている。

2　滅菌とは、すべての微生物（芽胞を含めて）を死滅させることである。

3　野菜の消毒に次亜塩素酸ナトリウム（有効塩素量50～100ppm）を使用すれば、野菜に付着している寄生虫卵も死滅させることができる。

4　逆性石鹸はほとんど無味、無臭で、毒性、刺激性がなく、殺菌力が強い。

39　次の記述で誤りはどれか。

1　あらかじめ汚れを除去しておかないと消毒の効果は減少する。

2　次亜塩素酸ナトリウムは時間の経過により効力が強くなる。

3　逆性石鹸には洗浄力はほとんどないが殺菌力は非常に強い。

4　煮沸消毒は、沸騰した充分な量の湯の中で５～30分間加熱する方法である。

栄養学

（栄養学）

1　栄養学の概要

栄養とは、食物を中心に営まれている体の働きで、体を作り、活動を行い、健康を維持していく作用のことである。

栄養のために必要な物質を栄養素と呼ぶ。

摂取した栄養素を体を構成する成分に変えることを同化、体を構成する成分を分解することを異化という。
同化と異化の２つの働きを合わせて新陳代謝（古い物質が新しい物質と入れ替わること）という。

人体は、さまざまな無機や有機の化合物からなり立っており、これを構成する元素は約20種である。
＊約30種とする説もある。

人体を構成する元素のうち、酸素（65%）、炭素（18%）、水素（10%）の３元素がそのほとんどを占めている。
＊他に、窒素、カルシウム、リン、カリウム、硫黄、ナトリウム、塩素、マグネシウムおよび微量元素がある。
＊微量元素には、鉄、マンガン、銅、クロム、モリブデン、亜鉛、セレン、ヨウ素がある。

人体は、水分50～65%、たんぱく質15～18%、脂質16%以上、炭水化物１%以下、無機質（ミネラル）２～５%と微量のビタミンで構成されている。

５大栄養素とは、たんぱく質、脂質、炭水化物、無機質（ミネラル）、ビタミンをいう。

３大栄養素とは、たんぱく質、脂質、炭水化物をいう。

栄養素の主な機能
熱量源としてエネルギーを供給する栄養素 ―― 熱量素 ―― 脂質、炭水化物、たんぱく質
筋肉、血液、体、皮膚などを作る成分となる栄養素 ―― 構成素 ―― たんぱく質、無機質、（脂質）
体の働きを調整する栄養素 ―― 調整素 ―― ビタミン、無機質、（たんぱく質）、（脂質）
＊構成素としての脂質は、リン脂質などの複合脂質として内臓などの成分になる。
＊調整素としてのたんぱく質は、ホルモンの成分になる。
＊調整素を調節素と呼ぶこともある。

練習問題

＊解答は別冊P18

1-1　次の記述で誤りはどれか。

1　人体を構成する成分でもっとも多いのはたんぱく質である。
2　たんぱく質、脂質、炭水化物、ビタミン、無機質の５種を５大栄養素という。
3　炭水化物は１g で４kcal のエネルギーを出し、熱や力のもとになる。
4　人体には、銅、亜鉛、マンガンなどの元素が微量であるが存在する。

1-2　人体を構成する成分でもっとも大きな割合を占めるものはどれか。

1　炭水化物
2　脂質
3　たんぱく質
4　水分

1-3　３大栄養素の組み合わせとして正しいのはどれか。

1　炭水化物、脂質、水分
2　炭水化物、脂質、無機質
3　炭水化物、脂質、ビタミン
4　炭水化物、脂質、たんぱく質

1-4　次のうちエネルギーを供給する栄養素でないものはどれか。

1　炭水化物
2　脂質
3　無機質
4　たんぱく質

1-5　次のうち５大栄養素でないものはどれか。

1　脂質
2　たんぱく質
3　ビタミン
4　水

1-6　人体を構成する元素でもっとも大きな割合を占めるものはどれか。

1　酸素
2　炭素
3　水素
4　カルシウム

1-7　次の組み合わせで誤りはどれか。

1　炭水化物 ―― 構成素　　2　たんぱく質 ―― 構成素
3　無機質 ―― 調整素　　4　ビタミン ―― 調整素

1-8　次の記述の（　　）に入る語句の組み合わせで正しいのはどれか。

「摂取した栄養素を体の構成成分に変えることを（ ア ）、体の構成成分を分解することを（ イ ）といい、この二つの働きを（ ウ ）という」

	ア	イ	ウ
1	同化 ――	異化 ――	免疫反応
2	同化 ――	異化 ――	新陳代謝
3	異化 ――	同化 ――	免疫反応
4	異化 ――	同化 ――	新陳代謝

（栄養学）　2　たんぱく質

食品中の栄養成分の分類において、たんぱく質は５大栄養素の１つであり、さらに３大栄養素の１つでもある。

たんぱく質は炭水化物、脂質と異なり、「窒素」を約16％含んでいる。
＊窒素は元素記号Ｎで表わされ、人体を構成する元素の約３％を占めている。

たんぱく質はエネルギー源であるとともに、筋肉、内臓、脳、皮膚、爪、毛など体の組織を作り、血液やホルモンを作る重要な成分である。
＊ホルモンについては　→P148「栄養学－７　水分、ホルモン」参照

たんぱく質は、アミノ酸のみで構成される単純たんぱく質と、単純たんぱく質に他の成分が結合した複合たんぱく質、物理的・化学的に処理して得られる誘導たんぱく質に分けられる。
＊アミノ酸とは、たんぱく質を組み立てる単位になる物質で、その種類の違いや結合順序の違いにより、性質の異なるたんぱく質ができる。たんぱく質を構成するアミノ酸の種類や順序は、遺伝子（DNA）の情報によって決まる。
＊食物からとり入れたたんぱく質をアミノ酸に分解して吸収し、それを体内で組み合わせて新しいたんぱく質を作り、体の組織や生理作用を維持している。
＊遺伝子に関係する複合たんぱく質として、リボ核酸（RNA）やデオキシリボ核酸（DNA）などがある。

アミノ酸のうち、体内で必要な量を合成することができないアミノ酸を「必須アミノ酸」といい、９種類ある。
＊リシン（リジン）、ロイシン、イソロイシン、バリン、トレオニン（スレオニン）、フェニルアラニン、トリプトファン、メチオニン、ヒスチジンの９種である。

良質なたんぱく質とは、９種の必須アミノ酸をすべて含み、その組み合わせがよく、量的にも多いものをいう。

たんぱく質は、体内でアミノ酸にまで分解されて小腸より吸収される。

一般に動物性たんぱく質のほうが植物性と比べて栄養価が高い（動物性食品は良質なたんぱく質を多く含む）。

たんぱく質の栄養価の評価法の１つにアミノ酸スコア（アミノ酸価）がある。
＊アミノ酸スコアとは、各食品の必須アミノ酸含有量を必須アミノ酸評点パターンの基準値に対する割合で示したもの。その最低値は「第１制限アミノ酸」の存在割合を示している。
（必須アミノ酸９種のうち、１つでも基準より少ないものがあれば、他がいかに多くても価値が低くなる。
基準値よりも少ないアミノ酸を制限アミノ酸という）

第１制限アミノ酸とは、その食品中にもっとも不足する必須アミノ酸をいう。
＊穀類（米、小麦）の第１制限アミノ酸はリシン（リジン）である。
＊ほとんどの豆類は含硫アミノ酸（メチオニンなど）が不足している。
＊魚類、卵、乳、肉類などの動物性食品はバランスがよく、穀類や豆類（大豆を除く）に不足するアミノ酸を多く含んでいる。そのため、動物性食品（動物性たんぱく質）が不足しないように摂取するとよい。総たんぱく質中の動物性たんぱく質が40％以下の場合を動物性たんぱく質の不足という。
＊食品ごとにアミノ酸組成が違うので、動物性食品や大豆と植物性食品を組み合わせて食べると効率が高まる。

たんぱく質のエネルギー量は、動物性、植物性ともに１gあたり約４キロカロリー（kcal）である。
＊動物性たんぱく質のほうが良質であるが、エネルギー量で見ると同じである。

練習問題

＊解答は別冊P18

2-1　次の記述で誤りはどれか。

1　アミノ酸には体の中で合成されるものと合成されないものがある。
2　必須アミノ酸は食物からとらなければならない。
3　一般に動物性たんぱく質よりも植物性たんぱく質に必須アミノ酸が多い。
4　アミノ酸の質と量によって、たんぱく質の栄養価が異なる。

2-2　次の記述で正しいのはどれか。

1　たんぱく質の1日の摂取量のうち、動物性たんぱく質は少ないほどよい。
2　皮膚や筋肉や血液は、たんぱく質を中心として形作られている。
3　人にとって欠かすことのできないアミノ酸は3種類である。
4　たんぱく質は最終的に胃から吸収される。

2-3　次の記述で正しいのはどれか。

1　食品のたんぱく質は、分解すると必ず8種類のアミノ酸になる。
2　たんぱく質は、炭素、水素、酸素で構成される。
3　たんぱく質の栄養価は、その中に含まれるアミノ酸の種類と量で決まる。
4　たんぱく質はエネルギー源にはならない。

2-4　次の記述の（ア）（イ）に入る語句の組み合わせで正しいのはどれか。

「たんぱく質は炭水化物、脂質と違い、その分子の中に（ア）を含んでおり、その割合は約（イ）%である」

	ア		イ
1	塩素	――	8
2	塩素	――	16
3	窒素	――	8
4	窒素	――	16

2-5　必須アミノ酸に関する記述で誤りはどれか。

1　人の体では充分な量が合成できない。
2　全部で15種類ある。
3　フェニルアラニンやバリンなどがあげられる。
4　肉類などの動物性食品に多い。

2-6　たんぱく質に関する記述で誤りはどれか。

1　筋肉、血液、内臓、脳、皮膚などの主成分である。
2　たんぱく質1gで4kcalのエネルギーを出す。
3　不足すると発育不良、疾病に対する抵抗力の低下を起こす。
4　たんぱく質は1日20gとるとよい。

2-7　必須アミノ酸は次のうちどれか。

1　チロシン　　2　リシン（リジン）　　3　ペクチン　　4　タンニン

2-8　次の記述で正しいのはどれか。

1　アミノ酸スコアとは各食品中の非必須アミノ酸の含有量を調べる栄養価の評価法である。
2　1つでも評点パターンに満たないアミノ酸があれば、他が多くてもたんぱく質の栄養価は低くなる。
3　動物性食品と植物性食品を組み合わせると、アミノ酸スコアが下がる。
4　植物性食品はアミノ酸スコアの高い食品が多い。

（栄養学）　## 3　脂質

常温で液体のものを「油」、固体のものを「脂」と呼び、区別している。

＊植物油、魚油は常温で液体で、牛脂（ヘッド）、豚脂（ラード）は常温で固体である。

脂質は以下のように分類される。

種類	構　造	主なもの	特　徴
単純脂質	脂肪酸とアルコールが結合したもの	中性脂肪	食品中の脂質の主成分
複合脂質	単純脂質にリン酸や糖などが結合したもの	リン脂質、糖脂質	生体膜の構成成分
誘導脂質	単純脂質や複合脂質が加水分解したもの	コレステロール	ホルモンや胆汁酸の成分

＊食品中の脂質はほとんどが中性脂肪（一般に脂肪という）である。

＊リン脂質の一種であるレシチンは卵黄に含まれる。

＊コレステロールは卵黄やバターに、エルゴステロールはしいたけや酵母に多く含まれる。

＊複合脂質や誘導脂質は脳や神経、内臓の重要な成分となる。

動物性、植物性ともに脂質１gで約９キロカロリー（kcal）のエネルギーを供給する。

≫１gあたりのエネルギー量は炭水化物とたんぱく質の２倍以上で、エネルギーの摂取効率が高い。

脂質は、脂溶性ビタミン（A、D、E、K）の吸収にも役立つ。

脂質の摂取量が多すぎると肥満につながる。総エネルギー量の20～30%（食事摂取基準2020年版；１歳以上）が摂取量の目安。

中性脂肪は体内で脂肪酸とグリセリン（グリセロールとも呼ぶ）に分解され、吸収される。

脂質の栄養価は脂肪酸の種類によって異なる。
脂肪酸は以下のように分類される。

種　類	不飽和（二重）結合	主　な　も　の
飽和脂肪酸（S）	なし	ステアリン酸、パルミチン酸
一価不飽和脂肪酸（M）	１ヵ所	オレイン酸
多価不飽和脂肪酸（P）	２ヵ所以上	n-6系：リノール酸、アラキドン酸 n-3系：（α-）リノレン酸、DHA、IPA（EPA）

＊飽和脂肪酸は動物性脂肪に多く含まれており、過剰摂取は動脈硬化の原因になる場合がある。

＊不飽和脂肪酸は植物油や魚油に多く含まれており、血中コレステロールを低下させ、動脈硬化を予防する働きがある。

＊多価不飽和脂肪酸のうち、体内で合成できないものを必須脂肪酸といい、リノール酸、リノレン酸、アラキドン酸がある。

≫DHA（ドコサヘキサエン酸）やIPA（イコサペンタエン酸、またはEPA［エイコサペンタエン酸］）を必須脂肪酸とする場合もある。

練習問題　＊解答は別冊P18

3-1　次の記述で正しいのはどれか。
　1　脂質1gで約4キロカロリー（kcal）のエネルギーを出す。
　2　脂質は水溶性ビタミンの吸収に役立つ。
　3　中性脂肪は貯蔵脂肪として皮下組織や腹腔内にたくわえられて、体温の放熱を防ぐ。
　4　食品中の脂肪は、大部分が複合脂質である。

3-2　次の記述で正しいのはどれか。
　1　脂肪は胃内の停滞時間が短く、腹もちが悪いため、過食につながりやすい。
　2　一般に、常温で液体のものを「脂」、固体のものを「油」とよぶ。
　3　18～29歳の場合、総エネルギーの30～35%を脂質でとるのが適当とされている。
　4　バター、牛脂などの動物性脂肪に多い飽和脂肪酸は血中コレステロールの上昇作用がある。

3-3　次の脂質に関する記述で誤りはどれか。
　1　脂質の代謝には、ビタミンB_1が必要である。
　2　中性脂肪は、体内で脂肪酸とグリセロールに分解される。
　3　胆汁酸はコレステロールより合成される。
　4　脂質は、脂溶性ビタミンのA、D、E、Kの吸収に関与している。

3-4　次の記述で誤りはどれか。
　1　植物油は不飽和脂肪酸の供給源である。
　2　動物性脂肪には一般に飽和脂肪酸が多い。
　3　魚油には一般に多価不飽和脂肪酸が多く含まれ、動脈硬化を抑制する。
　4　体内で合成できない脂肪酸は、肉類に多く含まれる。

3-5　次のうち必須脂肪酸でないものはどれか。
　1　リノール酸
　2　パントテン酸
　3　リノレン酸
　4　アラキドン酸

3-6　次の脂質に関する記述で正しいのはどれか。
　1　エネルギー源としてすぐれており、1gで5kcalを出す。
　2　牛脂、豚脂には、リノレン酸など不飽和脂肪酸が多く含まれる。
　3　魚油に多い、イコサペンタエン酸は血中コレステロールを低下させる働きがある。
　4　必須脂肪酸は、リノール酸、リノレン酸、バリンである。

3-7　次の記述で正しいのはどれか。
　1　脂質は窒素を含むことが特徴である。
　2　脂質は毛髪や爪などの構成素として重要である。
　3　脂質は炭水化物やたんぱく質よりもエネルギー源としてすぐれている。
　4　脂質はビタミンCの吸収を高める。

3-8　次の記述で正しいのはどれか。
　1　卵黄に含まれるレシチンは、誘導脂質に分類される。
　2　複合脂質とは、糖にリン酸が結合したものである。
　3　エルゴステロールは卵黄やバターに多く含まれる。
　4　コレステロールは細胞膜やホルモンの成分となる。

（栄養学）　4　炭水化物

炭水化物は炭素、酸素、水素で構成される有機化合物で、エネルギー源として重要な栄養素である。

炭水化物の摂取量は総エネルギー量の50〜65%が望ましいとされる。

炭水化物は穀物などの植物食品に多く含まれる。
＊例外として、牛乳中の乳糖、肝臓などに含まれているグリコーゲンがある。

炭水化物の分類

分　類		主　な　種　類	特　徴
単糖類		ブドウ糖（グルコース）	血糖として、エネルギーを運搬
		果糖（フルクトース）	果実に含まれる
		ガラクトース	母乳に含まれる
少糖類	二糖類	ショ糖（スクロース）：ブドウ糖＋果糖	一般に砂糖といわれる
		麦芽糖（マルトース）：ブドウ糖＋ブドウ糖	水飴の主成分
		乳糖（ラクトース）：ブドウ糖＋ガラクトース	牛乳に含まれる
	その他の少糖類	ラフィノース、ガラクトオリゴ糖	腸内細菌を増やす
多糖類		でん粉	エネルギー源
		グリコーゲン	動物のエネルギー貯蔵形態
		セルロース、ペクチン	難消化性多糖類（食物繊維）

炭水化物は体内で単糖類にまで分解されて、小腸より吸収される。　→P150「栄養学－8　消化と吸収」参照

体内ではブドウ糖が血糖として各組織に運ばれ、エネルギー源として利用される。
ブドウ糖の一部はグリコーゲンとして肝臓や筋肉に貯蔵される。

炭水化物の代謝にはビタミンB_1が必要である。

炭水化物は1gあたり約4キロカロリー（kcal）のエネルギーを供給する。
＊甘味の強さはエネルギー量には関係がない。
甘味の強いショ糖も甘味がほとんどないでん粉も、エネルギー量は同じ4kcal／gである。

難消化性多糖類は便秘の予防だけでなく、大腸がんの予防、血中コレステロールの低下、糖尿病の予防効果が期待される。
＊ペクチン、グルコマンナン、セルロースなどの難消化性多糖類（食物繊維）はほとんど消化されない。
＊食物繊維の過剰摂取は無機質などの吸収を妨げる。

練習問題

＊解答は別冊P19

4-1　次の記述で誤りはどれか。
1　日本人のエネルギー源としてもっとも大きい割合を占めているのは炭水化物である。
2　炭水化物はブドウ糖などの単糖類に分解され、吸収される。
3　炭水化物は甘さが増すほどエネルギー量が大きくなる。
4　ペクチンやグルコマンナンは難消化性多糖類の一種である。

4-2　次の記述で誤りはどれか。
1　炭水化物は1gで9kcalのエネルギーを出し、熱や力のもとになる。
2　炭水化物は体内で代謝されるときビタミンB_1を必要とする。
3　炭水化物は一般に植物性食品に多く含まれる。
4　炭水化物は炭素、酸素、水素で構成される。

4-3　次の記述で正しいのはどれか。
1　炭水化物は最終的には単糖類に分解されて胃で吸収される。
2　炭水化物の摂取量が増えると、ビタミンB_1の必要量も増える。
3　炭水化物は胃内の停滞時間が長く、腹もちのよい栄養素である。
4　炭水化物の摂取量は成人で総エネルギーの20～25%が適当である。

4-4　次の炭水化物の分類について正しい組み合わせはどれか。
1　ブドウ糖　――　二糖類
2　でん粉　――　単糖類
3　グリコーゲン　――　単糖類
4　麦芽糖　――　二糖類

4-5　次の記述で正しいのはどれか。
1　ショ糖はブドウ糖2分子で構成される。
2　人はブドウ糖をグリコーゲンとして体内に貯蔵する。
3　果糖は血糖として体内に存在する。
4　麦芽糖は脳の唯一のエネルギー源である。

4-6　食物繊維に関する記述で正しいのはどれか。
1　人の体内で消化され、1gにつき4kcalのエネルギーを供給する。
2　過剰摂取は無機質の排泄を促進する。
3　単糖類に分類される。
4　血糖値の上昇作用がある。

4-7　次のうち食物繊維の役割として誤っているのはどれか。
1　便秘予防　　2　大腸がん予防
3　骨粗(こつそ)しょう症予防　　4　糖尿病予防

4-8　次の（ア）（イ）に入る語句の組み合わせで正しいのはどれか。
「動物は炭水化物を（ア）として、（イ）や筋肉に貯蔵する」

	ア		イ
1	グリコーゲン	――	肝臓
2	グリコーゲン	――	心臓
3	でん粉	――	肝臓
4	でん粉	――	心臓

（栄養学）

5　無機質（ミネラル）

無機質（ミネラル）は、おおむね食品を焼いたあとに残る部分のことである。
　＊食品学では「灰分」に相当する。

無機質はエネルギー源にはならない。

無機質のカルシウムやマグネシウムは骨や歯の成分となる。

無機質はたんぱく質などと結合して筋肉、皮膚、臓器、血液など体の組織を作る。

無機質は体液の酸、アルカリ反応や浸透圧の調節など、生理機能を調整する。

無機質は体内で合成されず、食物より摂取しなければならない。

カルシウム（Ca）

日本人に不足しがちな栄養素である。
　＊欠乏症として骨粗しょう症があげられる。
体内ではその大部分（99%）が骨や歯に存在している。
神経の興奮を抑える働きや、筋肉の収縮、血液の凝固作用にも関係する。
ビタミンＤや乳糖、たんぱく質によって、吸収率が高くなる。
リンとの摂取比率は１：１～２が好ましい。
乳・乳製品に含まれるカルシウムは吸収されやすく、効率のよい補給源である。

リン（P）

加工食品などを多く利用する日本人には、摂取量は過剰傾向にある。
カルシウムと結合し、リン酸カルシウムとなって骨や歯を作る働きがある。

鉄（Fe）

体内ではその大部分（約70%）がたんぱく質と結合して、血液中のヘモグロビンに含まれる。
　＊ヘモグロビンは体内で酸素を運搬する役割をもつ。
レバーや赤身の肉、ほうれん草などに多い。
ヘム鉄（動物性食品由来の鉄）のほうが非ヘム鉄（植物性食品由来の鉄）より吸収がよい。
たんぱく質やビタミンＣと合わせてとると、吸収率が高まる。
　＊茶類に含まれるタンニンやほうれん草に含まれるフィチン酸は、鉄の吸収を妨げる。
欠乏すると貧血を起こす。鉄欠乏性貧血は女性に多い。

ナトリウム（Na）

体液中（細胞外液）に存在し、浸透圧を調節する働きがある。
食品では、食塩として存在するものがほとんどである。
食塩の過剰摂取は、高血圧、脳卒中などの生活習慣病を誘発する要因となる。
食塩として１日あたり男性7.5ｇ未満、女性6.5ｇ未満の摂取が望ましい（食事摂取基準2020年版；15歳以上）。

カリウム（K）

体液中（細胞内液）に存在し、浸透圧を調節する働きがある。
心臓の機能や筋肉の機能を調節する。
血圧の上昇を抑える作用がある。
野菜や果物に多く含まれる。

ヨウ素（I）

ヨードとも呼び、海藻類に多く含まれる。
甲状腺ホルモン（チロキシンまたはサイロキシン）の成分である。
欠乏すると甲状腺機能低下症や甲状腺肥大が起こるが、海藻類を食べる習慣のある日本人は、一般に不足することは少ない。

亜鉛（Zn）

魚介類に多く含まれる。
不足すると味覚障害を起こす。

マグネシウム（Mg）

カルシウムとともに骨に多く存在する。
カルシウムと拮抗（バランスをとり合う）して神経と筋肉の働きを調節する。
穀類の胚芽や種皮、種実類に多く含まれる。

練習問題

＊解答は別冊P19

5-1　無機質の働きに関する記述で誤りはどれか。
1　エネルギー源となる。
2　骨や歯の成分となる。
3　たんぱく質などと結合して筋肉や血液などの構成成分となる。
4　体液の酸、アルカリ反応や浸透圧の維持など、生理機能を調整する。

5-2　次の記述で誤りはどれか。
1　カルシウムには血液凝固作用や神経の興奮を抑える働きがある。
2　カルシウムの吸収率は乳糖、たんぱく質、ビタミンDなどによって高まる。
3　カルシウムとリンの摂取比率は１：３～４が理想である。
4　リンは加工食品中に多く含まれ、過剰摂取に注意が必要である。

5-3　鉄に関する記述で正しいのはどれか。
1　鉄欠乏性の貧血は男性に多い。
2　たんぱく質と結合して血液中のヘモグロビンの構成成分となる。
3　ヘム鉄よりも非ヘム鉄のほうが吸収率がよい。
4　ビタミンDにより吸収が促進される。

5-4　次の記述で正しいのはどれか。
1　体内のナトリウムは骨に多く存在し、浸透圧を調節する。
2　ナトリウムは食塩として１日あたり10ｇ以上摂取する必要がある。
3　カリウムは血圧の上昇を抑える。
4　カリウムは植物性食品よりも動物性食品に多く含まれる。

5-5　次の記述で誤りはどれか。

1　亜鉛の欠乏症として味覚障害があげられる。
2　体内のマグネシウムはほとんどが血液中に存在する。
3　マグネシウムはカルシウムと拮抗して神経と筋肉の働きを調整する。
4　一般に、日本人はヨウ素が不足することは少ない。

5-6　無機質とそれを多く含む食品の組み合わせで正しいのはどれか。

1　亜鉛　　　　——　野菜・果物
2　ヨウ素　　　——　海藻
3　鉄　　　　　——　いも類
4　カルシウム　——　レバー、赤身の肉

5-7　次の記述で誤りはどれか。

1　リンはカルシウムとともに骨や歯を作る。
2　鉄はビタミンCと合わせてとることで、吸収率が高まる。
3　ナトリウムの過剰摂取は高血圧の原因となる。
4　亜鉛は食物繊維と合わせてとることで、吸収率が高まる。

5-8　次の記述で誤りはどれか。

1　ヨウ素は甲状腺ホルモンの構成成分となる。
2　カリウムは細胞内液に存在し、浸透圧を調節する。
3　カルシウムは体内にもっとも多く存在する無機質である。
4　マグネシウムは血液中の酸素を運搬するのに役立つ。

（栄養学）　6　ビタミン

ビタミンの必要量は微量であるが、体の働きを調節する栄養素として重要なものである。
ビタミンは体の組織を作ったり、エネルギー源となったりする栄養素ではない。

ビタミンは大きく、油に溶けるもの（脂溶性）と水に溶けるもの（水溶性）とに分類される。
水溶性ビタミンは過剰に摂取しても排泄されるが、脂溶性ビタミンは蓄積されるので過剰摂取に注意する。

脂溶性ビタミン

ビタミンA
働き　　　　：皮膚や粘膜を健康に保つ。視覚機能を保持する。
欠乏症　　　：夜盲症、目の障害、発育障害など
多く含む食品：肝臓（レバー）、バター、うなぎ、卵黄などの動物性食品
*緑黄色野菜に多く含まれるカロテンは、体内でビタミンAに変換される。

ビタミンD
働き　　　　：カルシウム吸収を促進する。
欠乏症　　　：くる病（子ども）、骨軟化症（成人）、骨粗（こつそ）しょう症
多く含む食品：魚介類、きのこ類
*紫外線により、体内のビタミンDは活性化される。

ビタミンE
働き　　　　：抗酸化作用。
多く含む食品：油脂類、種実類

ビタミンK
働き　　　　：血液凝固作用。
欠乏症　　　：新生児の頭蓋内出血
多く含む食品：納豆、チーズ、緑色の野菜
*体内でも腸内細菌により合成される。

水溶性ビタミン

ビタミンB_1
働き　　　　：炭水化物の代謝に関与する。
欠乏症　　　：脚気
多く含む食品：豚肉、玄米、うなぎ

ビタミンB_2
働き　　　　：脂質の代謝に関与する。
欠乏症　　　：口内炎、口角炎、発育不良
多く含む食品：卵黄、青魚、レバー、うなぎ

ビタミンB_{12}
働き　　　　：造血作用。
欠乏症　　　：悪性貧血
多く含む食品：動物性食品

ナイアシン
働き　　　　：酸化還元酵素の補酵素。
欠乏症　　　：ペラグラ
多く含む食品：魚介類

葉酸
　働き　　　　：造血作用。
　欠乏症　　　：巨赤芽球性貧血
　多く含む食品：緑色の野菜
　　＊胎児の健全な発育に関与するため、妊娠期には必要量が増える。
ビタミンC
　働き　　　　：コラーゲンの合成に関与、抗酸化作用。
　欠乏症　　　：壊血病
　多く含む食品：野菜類、果実類
　　＊喫煙や過大なストレス環境下では、必要量が増える。

各ビタミンの特性のまとめ
　加熱に弱いもの　　　　：C
　アルカリに不安定なもの：B_1　B_2　B_{12}　C　K
　酸化されやすいもの　　：A　C
　光に弱いもの　　　　　：B_2　B_6　B_{12}　E　K

練習問題

＊解答は別冊P19

6-1　ビタミンに関する記述で誤りはどれか。
1　微量で体の働きを調節する。
2　エネルギー源にはならない。
3　ビタミンは水溶性と脂溶性に分類される。
4　水溶性ビタミンは体内に蓄積されやすいため、過剰摂取に注意する。

6-2　次のビタミンとそれを多く含む食品の組み合わせで正しいのはどれか。
1　ビタミンA ―― 穀類
2　ビタミンD ―― 緑黄色野菜
3　ビタミンE ―― 油脂類、種実類
4　ビタミンK ―― 魚介類、きのこ類

6-3　次のビタミンとそれを多く含む食品の組み合わせで正しいのはどれか。
1　ビタミンB_1 ―― 豚肉、うなぎ、玄米
2　ビタミンB_2 ―― いちご、レモン
3　ビタミンC ―― 納豆、チーズ
4　葉酸 ―― 牛乳、ヨーグルト

6-4　次の記述で正しいのはどれか。
1　ビタミンAは体内でカロテンに変換される。
2　紫外線の照射により、体内のビタミンDは減少する。
3　ビタミンEは抗酸化作用をもつ。
4　ビタミンKは皮膚や粘膜の保護作用をもつ。

6-5　次の記述で誤りはどれか。

1　糖質の代謝にはビタミンB_1が必要となる。
2　葉酸は胎児の発育に関与する。
3　ビタミンCはコラーゲンの合成に関与する。
4　ビタミンB_2は血液凝固作用をもつ。

6-6　次のビタミンとその欠乏症の組み合わせで正しいのはどれか。

1　ビタミンA ―― 夜盲症
2　ビタミンD ―― 皮膚炎
3　ビタミンE ―― 悪性貧血
4　ビタミンK ―― くる病

6-7　次のビタミンとその欠乏症の組み合わせで誤りはどれか。

1　ビタミンB_1 ―― 脚気
2　ナイアシン ―― 骨軟化症
3　ビタミンC ―― 壊血病
4　ビタミンB_2 ―― 口角炎

6-8　水溶性ビタミンの組み合わせは次のうちどれか。

1　ビタミンA と ビタミンE
2　ビタミンB_1 と ビタミンD
3　ビタミンB_2 と ビタミンC
4　ビタミンC と ビタミンK

（栄養学）　　# 7　水分、ホルモン

≪水分≫

水は成人体重の50～65％を占めており、その10％を失うと健康が保てず、20％を失うと死に至る。

＊体内での水分のバランスは、のどの渇きによる水分の摂取と、腎臓の調節作用により保たれている。

水の役割

①摂取した栄養素を運び、老廃物を排泄する。

②体内での化学反応の基盤となる。

＊食物の消化吸収、体を構成する成分（たんぱく質など）の分解と合成などは水を介して行われる。

③発汗作用により体温の調節を行う。

＊汗（皮膚）や呼吸（肺）などにより体温を調節する。

1日に必要とされる水分量は、成人で2～3Lくらいである。

＊水分量とは、飲料水（800～1,300mL）、食物中の水（1,000mL）と代謝水（200mL）の合計をいう。

＊代謝水とは、体内で栄養素が燃焼（酸化分解）するときにできる水をいう。

1日に排泄される水は、尿1,000～1,500mL、不感蒸泄（ふかんじょうせつ）900mL、屎（し）100mL程度である。

＊不感蒸泄とは、皮膚（汗）と肺（呼吸）より排泄されることをいう。屎とは大便のこと。

≪ホルモン≫

ホルモンは体内の内分泌腺で作られて血液中に分泌され、特定の器官や組織に運ばれて特有の働きをする。

ホルモンはごくわずかの量で体の働きを調節する。

ビタミンと異なりホルモンはすべて体内で合成される。

＊たんぱく質や脂質などから合成される。

主なホルモンの種類と役割

分泌器官		主な種類	主な役割
脳下垂体		成長ホルモン	成長の促進
甲状腺		サイロキシン	基礎代謝を高める 分泌過剰はバセドウ病となる
副甲状腺		パラトルモン	カルシウムとリンの調節
膵臓（すい）（ランゲルハンス島）	β細胞	インスリン	血糖値を下げる
	α細胞	グルカゴン	血糖値を上げる
副腎髄質		アドレナリン	血圧・血糖値を上げる
		ノルアドレナリン	血圧を上げる
卵巣		エストロゲン	女性ホルモンで主に二次性徴にかかわる

練習問題　＊解答は別冊P20

7-1　次の記述で誤りはどれか。
1　体の中の水分は代謝水と呼ばれている。
2　体の中の水分は体温を調節するのに役立っている。
3　体の中の水分は浸透圧を維持するのに役立っている。
4　体の中の水分は成人の体重の50～65%を占めている。

7-2　次の記述で正しいのはどれか。
1　通常、成人が１日に必要とする水分量は、５～6Lである。
2　体内の水分が20%以上失われると死に至る。
3　栄養素が体内で酸化されるとき、成人で１日約100 mLの水が生成される。
4　通常、成人の１日の尿量は約800mLである。

7-3　次の組み合わせで正しいのはどれか。
1　サイロキシン —— 甲状腺
2　インスリン —— 副腎皮質
3　アドレナリン —— 腎臓
4　グルカゴン —— 十二指腸

7-4　次の記述で誤りはどれか。
1　甲状腺ホルモンは基礎代謝を高める作用がある。
2　インスリンは血糖値を上げる働きがある。
3　アドレナリンは血管を収縮させて血圧を上げる作用がある。
4　副甲状腺ホルモンはカルシウムとリンの代謝に関係がある。

7-5　次の記述の（　）に入る組み合わせで正しいのはどれか。
「糖尿病は、（ A ）のランゲルハンス島から分泌される（ B ）というホルモンが不足したり、そのホルモンの働きが悪くなって起こる疾病である」

A　B
1　膵臓(すい) —— アドレナリン
2　膵臓 —— インスリン
3　肝臓 —— アドレナリン
4　肝臓 —— インスリン

7-6　ホルモンに関する記述で正しいのはどれか。
1　微量では体の働きを調節することができない。
2　エネルギー源となる。
3　すべて体内で合成される。
4　炭水化物から作られる。

（栄養学）　8　消化と吸収

≪消化≫

消化とは、食物が消化器官内で体に吸収されやすい形になることをいう。

＊物理的消化とは、口でかみ砕くことや胃や腸のぜん動運動など、機械的運動で細かく砕くこと。

＊化学的消化とは、口の中、胃、膵臓（すい）、腸より分泌される消化液中の酵素によって、栄養素を分解すること。

＊生物学的消化とは、腸内にある細菌の酵素によって、未消化物、未吸収成分を分解すること。

胆汁（たんじゅう）は消化酵素を含まないが、脂質の消化を助ける働きをもつ。

＊胆汁は肝臓で作られ、胆のうで濃縮され、十二指腸に分泌される。

＊脂質は胆汁によって乳化され、消化酵素の作用を受けやすくなる。

消化時間は炭水化物が短く、たんぱく質、脂肪の順に長くなる（腹もちがよくなる）。

≪吸収≫

吸収とは、消化された物質を主に小腸壁からとり込むことをいう。

ビタミンは水や脂肪に溶けて吸収される。

水や無機質（ミネラル）は小腸や大腸で吸収される。

アルコールは胃や小腸で吸収される。

消化吸収率は、体内にとり入れられた食物がどのくらい消化吸収されたかを表わす。

消化吸収率がもっとも低い栄養素は鉄（約10％）である。

＊炭水化物（約99％）　ビタミンA（約90％）　たんぱく質（80～90％）
　脂質（75～85％）　カルシウム（20～40％）　カロテン（約30％）

消化酵素とその働き

	消化液	酵素名	分解する物質とその分解生成物
炭水化物分解酵素	唾液	唾液アミラーゼ	でん粉 → 麦芽糖
	膵液	膵アミラーゼ	でん粉 → 麦芽糖
	膵液(腸液)	マルターゼ	麦芽糖 → ブドウ糖
	腸液	スクラーゼ	ショ糖 → ブドウ糖 ＋ 果糖
	腸液	ラクターゼ	乳糖 → ブドウ糖 ＋ ガラクトース
たんぱく質分解酵素	胃液	ペプシン	たんぱく質 → ペプトン
	胃液	レンニン(乳児)	カゼイン → パラカゼイン
	膵液	トリプシン	たんぱく質・ペプトン → アミノ酸
	腸液	アミノペプチダーゼ	たんぱく質・ペプトン → アミノ酸
脂肪分解酵素	膵液	リパーゼ(ステアプシン)	脂肪 → 脂肪酸 ＋ グリセリン

練習問題

＊解答は別冊P20

8-1　次の栄養素と消化吸収率（%）の組み合わせのうち誤りはどれか。

1　炭水化物 ―― 50～60%
2　たんぱく質 ―― 80～90%
3　脂質 ―― 75～85%
4　カルシウム ―― 20～40%

8-2　次の（　）に入る語句の組み合わせで正しいのはどれか。
「咀しゃくや胃のぜん動運動による（ A ）的消化、唾液・胃液・膵液・腸液中の消化酵素による（ B ）的消化、大腸の腸内細菌による（ C ）的消化によって食物は消化される」

	A	B	C
1	生物	物理	化学
2	物理	化学	生物
3	化学	物理	生物
4	生物	化学	物理

8-3　次の記述で正しいのはどれか。

1　吸収とは、消化された物質を大腸壁からとり込むことである。
2　胆汁は消化酵素の一種である。
3　消化時間は炭水化物のほうが脂質より長い。
4　アルコールは胃でも吸収される。

8-4　次の消化液と消化酵素の組み合わせで誤りはどれか。

1　唾液 ―― アミラーゼ
2　胃液 ―― ペプシン、レンニン
3　膵液 ―― トリプシン、ラクターゼ、マルターゼ
4　腸液 ―― ペプチターゼ、スクラーゼ

8-5　次の記述で誤りはどれか。

1　マルターゼは麦芽糖をブドウ糖2分子に分解する。
2　スクラーゼはショ糖を果糖2分子に分解する。
3　ペプトンはたんぱく質の分解途中で生産される。
4　レンニンはカゼインを分解する。

8-6　次の文中の（　）に入るもので正しいのはどれか。
「食物中の脂肪は、十二指腸で胆汁酸により乳化され、（　）によって脂肪酸とグリセロールに分解されて、小腸壁から吸収される」

1　膵液リパーゼ
2　唾液アミラーゼ
3　胃液ペプシン
4　腸液ラクターゼ

8-7　次の組み合わせで誤りはどれか。

1　アミラーゼ ―― でん粉を麦芽糖に分解する。
2　ペプシン ―― たんぱく質をペプトンに分解する。
3　リパーゼ ―― 乳糖をブドウ糖に分解する。
4　マルターゼ ―― 麦芽糖をブドウ糖に分解する。

（栄養学）　9　エネルギー代謝

9　エネルギー代謝

食品中のたんぱく質、脂質、炭水化物は体内で酸素によって燃焼（酸化分解）し、エネルギー源となる。
この過程をエネルギー代謝という。

人間に必要なエネルギー量は、１日に必要な基礎代謝量に身体活動レベル指数を掛けて求める。

基礎代謝　身体的にも精神的にも安静な状態で代謝される最小のエネルギー代謝量のこと。
生きていくために必要な最小のエネルギー代謝量と定義される。

基礎代謝に影響する因子

因子	概　要	例
体表面積	体表面積に比例する	170cm、50kg　＞　150cm、50kg
体組成	筋肉量に比例する	筋肉質　＞　肥満体質
性別	同じ体重であれば、女性は男性より10%低い	男性　＞　女性
年齢	体重あたりの基礎代謝では２歳が最高。以降、加齢とともに低下する	20歳　＞　60歳
環境温度・季節	外気温が10℃高くなると２%低下する	冬　＞　夏

身体活動レベル　１日の身体活動に必要な代謝量が、基礎代謝量の何倍にあたるかを表わしたものである。

食事誘発性体熱産生（DIT）
食べた物の消化吸収のために発生するエネルギー。
日本人の食生活では基礎代謝量の10%ほど高まる、とされていた。
≫以前は特異動的作用といわれていた。

推定エネルギー必要量の算出

推定エネルギー必要量（kcal／日）＝ 基礎代謝量（kcal／日）× 身体活動レベル指数

＊算出方法
18歳の女性で、身長158cm、体重48kg、身体活動レベルⅡの場合
＜体重＞標準体重（身長（m）^{2}×22）を用いるので、身長158cmの標準体重は1.58×1.58×22≒54.9kg
＜基礎代謝量＞表－１より18～29歳女性の基礎代謝基準値22.1×標準体重54.9kg≒1213（kcal／日）
＜活動指数＞表－２より身体活動レベルⅡは1.75
＜１日の推定エネルギー必要量＞基礎代謝量1213（kcal／日）×活動指数1.75≒2123（kcal／日）

表-1　参照体重における基礎代謝量　（日本人の食事摂取基準［2020年版］より）

年齢（歳）	男性			女性		
	基礎代謝基準値（kcal／kg体重／日）	参照体重（kg）	基礎代謝量（kcal／日）	基礎代謝基準値（kcal／kg体重／日）	参照体重（kg）	基礎代謝量（kcal／日）
1～2	61.0	11.5	700	59.7	11.0	660
3～5	54.8	16.5	900	52.2	16.1	840
6～7	44.3	22.2	980	41.9	21.9	920
8～9	40.8	28.0	1,140	38.3	27.4	1,050
10～11	37.4	35.6	1,330	34.8	36.3	1,260
12～14	31.0	49.0	1,520	29.6	47.5	1,410
15～17	27.0	59.7	1,610	25.3	51.9	1,310
18～29	23.7	64.5	1,530	22.1	50.3	1,110
30～49	22.5	68.1	1,530	21.9	53.0	1,160
50～64	21.8	68.0	1,480	20.7	53.8	1,110
65～74	21.6	65.0	1,400	20.7	52.1	1,080
75以上	21.5	59.6	1,280	20.7	48.8	1,010

表-2　身体活動レベルの分類　（日本人の食事摂取基準［2020年版］より）

レベル	活　動　内　容	指数
Ⅰ（低い）	読書、食事、身支度、洗面など	1.50
Ⅱ（ふつう）	通勤、事務、家事、買物、散歩、軽いスポーツなど	1.75
Ⅲ（高い）	サイクリング、ハイキング、立位での作業、体操など	2.00

練習問題

＊解答は別冊P20

9-1　基礎代謝について正しいのはどれか。

1　身長が高い人ほど大きい。
2　年齢が高いほど大きい。
3　夏よりも冬のほうが小さい。
4　女性は男性よりも大きい。

9-2　次のうち推定エネルギー必要量がもっとも小さいのはどれか。

1　身体活動レベルⅠの女性（35歳）
2　身体活動レベルⅡの女性（35歳）
3　身体活動レベルⅠの女性（20歳）
4　身体活動レベルⅠの男性（35歳）

（栄養学）　## 10　栄養の摂取

食事摂取基準　健康な個人または集団を対象とし、国民の健康の維持・増進、エネルギー・栄養素欠乏症の予防、生活習慣病の予防、過剰摂取による健康障害の予防を目的として、エネルギーと各栄養素の摂取量の基準を示したものである。

＊厚生労働省が2005（平成17）年に日本人の食事摂取基準を発表した。
＊日本人の食事摂取基準はほぼ5年ごとに改定されている。

食事摂取基準では、エネルギーについては1種類、栄養素については5種類の指標を設定し、摂取量の基準を示している。

＊栄養素は、たんぱく質、脂質、炭水化物（食物繊維を含む）、ビタミン、無機質（ミネラル）について策定されている。
＊脂質は脂質（脂肪エネルギー比率で表示）、飽和脂肪酸、n-6系脂肪酸、n-3系脂肪酸、コレステロールの5項目について策定されている。
＊数値を個人に活用するときは、個人の健康・栄養状態、生活状況などに充分に注意を払う必要がある。

食事摂取基準は年齢、性別、身体活動レベルなどによって異なる。

＊摂取量の基準は1日あたりの数値で示している。
＊身体活動レベルについては →P153「栄養学ー9 エネルギー代謝」参照
＊妊婦、授乳婦は栄養素全般に付加量（同年齢の通常の女性よりもどのくらい多くとればよいかの目安）が設定されている。
≫ビタミンK、カルシウム、マンガン、リンには付加量はない。

栄養素の指標　健康障害予防と生活習慣病の一次予防の目的のため、以下の5つの指標が設けられている。

推定平均必要量：ある性・年齢階級に属する人の50%が必要量を満たすと推定される1日の摂取量。
推奨量　　　　：ある性・年齢階級に属する人の97～98%が必要量を満たすと推定される1日の摂取量。
　＊上記2つは、健康の維持・増進と欠乏症予防のために設定。
目安量　　　　：推定平均必要量と推奨量の指標を設定できない栄養素について、ある一定の栄養状態を維持するのに充分な摂取量。
目標量　　　　：生活習慣病の一次予防のために、目標とすべき摂取量またはその範囲。
耐容上限量　　：ある性・年齢階級に属するほとんどすべての人が、過剰摂取による健康障害を起こすことのない最大限の量。

国民健康・栄養調査　国民の身体状況や栄養摂取量と生活習慣状況などを明らかにし、健康増進や栄養改善の施策の資料とすることを目的とする。

→P21「衛生法規－4　その他の衛生法規」参照

国民健康・栄養調査は、健康増進法の規定により厚生労働省が毎年実施している。

＊栄養摂取状況、身体状況、食生活状況について毎年実施している。

≪参考資料≫

● 食事バランスガイド

2005（平成17）年に厚生労働省と農林水産省が策定（2010年に一部変更）。

健康づくり、生活習慣病予防、食料自給率向上を目的としている。

食生活指針（下記参照）をより具体化するために、食事の望ましい組み合わせや、おおよその量をコマのイラストでわかりやすく示したものである。

毎日の食事を主食、副菜、主菜、牛乳・乳製品、果物の５つに区分し、「つ」または「SV（サービングサイズ）」という単位を用いて、１日にそれぞれ何をどれだけ食べればよいかが示されている。

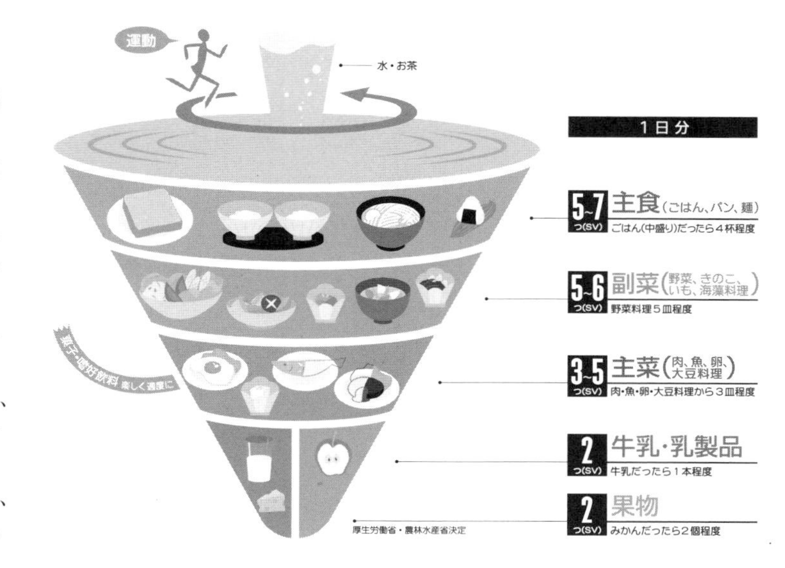

● 食生活指針（文部科学省、厚生労働省、農林水産省が共同策定。2000年３月制定、2016年６月一部改定）

1　食事を楽しみましょう。
2　１日の食事のリズムから、健やかな生活リズムを。
3　適度な運動とバランスのよい食事で、適正体重の維持を。
4　主食、主菜、副菜を基本に、食事のバランスを。
5　ご飯などの穀類をしっかりと。
6　野菜、果物、牛乳・乳製品、豆類、魚なども組み合わせて。
7　食塩は控えめに、脂肪は質と量を考えて。
8　日本の文化や地域の産物を活かし、郷土の味の継承を。
9　食糧資源を大切に、無駄や廃棄の少ない食生活を。
10　「食」に関する理解を深め、食生活を見直してみましょう。

練習問題

＊解答は別冊P20

10 - 1　次の食事摂取基準に関する記述で誤りはどれか。

1　基礎代謝量とは、生きていく上で最小のエネルギー代謝量である。

2　日本人の食事摂取基準の身体活動レベルは、Ⅰ（低い）　Ⅱ（やや低い）　Ⅲ（適度）Ⅳ（やや高い）Ⅴ（高い）の5区分としている。

3　日本人の食事摂取基準は、年齢別、性別の体位基準値をもとに作成される。

4　日本人の食事摂取基準の数値を個々人に活用する場合には、個人の健康・栄養状態・生活状況などを充分に考慮することが適当である。

10 - 2　次のうち食事摂取基準の目的として誤りはどれか。

1　国民の健康の維持・増進。

2　過剰摂取による健康障害の予防。

3　エネルギー・栄養素欠乏症の予防。

4　疾病の治療。

10 - 3　次の記述の（　　）に入る語句の組み合わせで正しいのはどれか。

「食事摂取基準において、栄養素の設定指標は（　ア　）種類ある。そのうち（　イ　）とは、ある性・年齢階級に属する人々のほとんど（97～98%）が1日の必要量を満たすと推定される1日の摂取量である。目標量とは（　ウ　）の一次予防のために現在の日本人が当面の目標とすべき摂取量、またはその範囲である」

	ア		イ		ウ
1	5	――	目安量	――	栄養欠乏症
2	3	――	目安量	――	生活習慣病
3	3	――	推奨量	――	栄養欠乏症
4	5	――	推奨量	――	生活習慣病

10 - 4　国民健康・栄養調査に関する記述で誤りはどれか。

1　健康増進法の規定により、5年に1度実施される。

2　厚生労働省が実施している。

3　国民の身体状況や生活習慣状況などを明らかにする。

4　健康増進や栄養改善の施策の資料となる。

10 - 5　食事バランスガイドに関する記述で誤りはどれか。

1　厚生労働省および農林水産省より発表された。

2　「つ」または「SV（サービングサイズ）」という単位を用いて、1日にどれだけ食べればよいかが示される。

3　健康日本21をより具体的な行動に結び付けるものとして、「何を」「どれだけ」食べればよいか、という食事の基本を身に付けるためのものである。

4　健康づくり、生活習慣病予防、食料自給率向上をねらいとして作成された。

10 - 6　食事バランスガイドの5つの区分として正しい組み合わせはどれか。

1	炭水化物	――	脂質	――	たんぱく質	――	ビタミン	――	無機質
2	主食	――	副菜	――	主菜	――	牛乳・乳製品	――	果物
3	穀類	――	肉・魚介類	――	油脂類	――	野菜類	――	果実類
4	朝食	――	昼食	――	間食	――	夕食	――	夜食

（栄養学）　　**11　ライフステージの栄養**

妊産婦　特に良質のたんぱく質、鉄、ビタミンを充分に摂取することが大切である。
＊葉酸は胎児の神経管閉鎖障害を、鉄は鉄欠乏性貧血を予防する。

妊婦、授乳婦の食事摂取基準は、一般女性の必要量に妊娠、授乳にともなって増加する量を付加量として示している。

妊娠期には妊娠高血圧症候群、肥満、糖尿病になりやすいので、エネルギーや糖分、塩分の過剰摂取を避ける。
＊「むくみ」が生じたときは水分の摂取を控える。
＊「つわり」は妊娠初期に起こる症状で、この期間は食べたいものを食べたいときに食べ、無理をして食べる必要はない。

乳児期　一生の中でもっとも成長スピードの速い時期で、母乳栄養、人工栄養、混合栄養のいずれかを与える。
＊母乳は栄養成分が理想的で、免疫（めんえき）物質も含まれており、母乳栄養がよい。

離乳食は生後５～６ヵ月頃からどろどろ状のものを与えはじめ、徐々にかたくして12～18ヵ月で完了させる。
＊ハチミツは乳児ボツリヌス症予防のため、１歳までは与えないようにする。

幼児期　１歳～小学校入学までで、食習慣が形成される大切な時期である。

食事摂取基準では、幼児は大人に比べて体重あたりの各栄養素の必要量が多い。そのため、間食は食事の一部と考えることが望ましい。

学童期　小学校全時期を指し、この時期には、偏食・肥満などになりやすい。
規則的にバランスのとれた食事をとり、外で体を動かす習慣を付ける。

成人期　20歳代から50歳代までで、基本的には薄味でバランスのとれた食事にする。
＊動物性食品の過度の摂取を避け、運動によって標準体重を維持することを心がける。

高齢期（老年期）　基礎代謝の低下による肥満や、歯の欠損や消化能力の低下による低栄養など、さまざまな問題が生じる。
＊味覚機能の低下により濃い味つけを好む傾向があるため、高血圧予防などの観点から、薄味を心がける。
＊個人差に配慮し、食事の内容や形状、かたさなどを考える必要がある。

練習問題　＊解答は別冊P21

11-1　次のうち妊娠中に多く摂取するべき栄養素でないものはどれか。

1　たんぱく質
2　ナトリウム
3　鉄
4　葉酸

11-2　次の記述で誤りはどれか。

1　妊産婦の食事は、正常な妊娠、分娩、産褥経過を維持するとともに、母体の健康と乳児の成長発育のためにも極めて重要である。
2　つわりの期間は胎児の発達に重要な時期であるため、毎食欠かさずとるようにしなければならない。
3　妊産婦は非妊産婦に比べ、高血圧や糖尿病を起こしやすい。
4　妊娠中は特に貧血になりやすいため、食事全体のバランスに気を付けるとともに、良質のたんぱく質、鉄、ビタミンを充分に摂取する。

11-3　次の記述で正しいのはどれか。

1　乳児期は、思春期と比べて、体重あたりの推定エネルギー必要量が高い。
2　育児用乳製品（調製粉乳）には免疫グロブリンが含まれている。
3　人乳と牛乳の成分を比べると、たんぱく質とカルシウムの量はほぼ同じである。
4　乳児期は乳児ボツリヌス症予防のためハチミツをとるようにする。

11-4　次の記述の（　　）に入る語句の組み合わせで正しいのはどれか。

「離乳食は、生後（　ア　）ヵ月頃からどろどろ状のものを与えはじめ、徐々にかたくして生後（　イ　）ヵ月で完了させる」

	ア		イ
1	3～4	――	9～12
2	3～4	――	12～18
3	5～6	――	9～12
4	5～6	――	12～18

11-5　次の記述で誤りはどれか。

1　幼児期の間食は食事の一部と考える。
2　幼児期は成人期に比べ、体重あたりに必要とするエネルギーは大きい。
3　学童期には、偏食になりやすい。
4　学童期には、運動をする機会が多いため食事量を気にかける必要はない。

11-6　次のうち高齢期の食事のポイントとして誤りはどれか。

1　食事の内容や形状、やわらかさなどを考慮する。
2　さまざまな種類の食品を少量ずつとる。
3　１日１食で必要なエネルギーをまかなう。
4　薄味を心がける。

11-7　高齢期に関する記述で正しいのはどれか。

1　基礎代謝が低下する。
2　味覚が鋭くなる。
3　身体機能の個人差は見られない。
4　胃液の分泌が増加する。

（栄養学）　**12　食生活と疾病**

生活習慣や食習慣の改善により望ましい食生活を維持し、生活習慣病を予防することが大切である。
＊生活習慣病とは、糖尿病、肥満症、循環器病、がん、高血圧症などをいう。

高血圧症の食事のポイント

①食塩のとりすぎが原因の１つなので、減塩が必要。目標量は、男性7.5ｇ未満、女性6.5ｇ未満（食事摂取基準2020年版）である。なお、高血圧症の治療が必要な場合は6.0ｇ未満に減塩する。
②エネルギー過剰による肥満から心臓への負担が大きくなることが原因なので、エネルギー量の適正摂取が必要。特に動物性脂肪や菓子・ジュース類など間食のとりすぎに注意する。
③食物繊維をとって便通をよくし、バランスのとれた食事を心がける。また、酒はほどほどにする。

脂質異常症の食事のポイント

①コレステロールも中性脂肪も基本的には食物から人体が合成するので、すべてにおいて食べすぎないこと。
②飽和脂肪酸を多く含む動物性脂肪よりも、不飽和脂肪酸を多く含む植物性脂肪や魚油を多くとること。
＊脂肪酸については　→P136「栄養学－３　脂質」参照
③繊維質は胆汁（たんじゅう）酸とともにコレステロールを排泄するので、繊維質を多く含む食物を多くとる。
④β-カロテンやビタミンＥを多く含む緑黄色野菜を多く食べる。
＊β-カロテンには、酸化ＬＤＬコレステロールの生成を防ぐ働きがある。

糖尿病の食事のポイント

①インスリンを節約するため、１日の必要エネルギー量を決め、その範囲中で栄養のバランスをとる。
②１単位80kcalで表わされた食品交換表（日本糖尿病学会作成）を活用する。
③１日３回規則正しく、毎食ほぼ同じ量を食べ、標準体重を維持する。
④アルコールは原則として禁止する。

骨粗（こつそ）しょう症予防の食事や生活上のポイント

①カルシウムの多い食品をとり入れた栄養バランスのよい食事をする。
②運動によりカルシウムが骨に沈着しやすくなるので、適度な運動を行う。
③カルシウムの吸収を促進するビタミンＤは、紫外線により活性化されるので、適度の日光浴が必要である。
④男性よりも女性（高齢者）のほうが発症しやすいので注意する。

その他の疾病（しっぺい）予防の食事のポイント

①肥満症：糖尿病とほぼ同じでよい。
＊肥満とは体重が重いだけではなく、脂肪組織に中性脂肪が過剰に蓄積する状態である。
＊肥満度の判定に用いられる体格指数はBMIで、体重（kg）÷ 身長（m）^{2}で求められる。
BMI25以上で肥満と判定される。
②肝疾患：良質のたんぱく質を増やす。アルコールの多飲は肝疾患の原因になりやすい。
③貧血：良質のたんぱく質と合わせて、鉄などの無機質やビタミンＣなどのビタミン類を多くとるようにする。
＊貧血の中でもっとも多いのは鉄欠乏性貧血である。これは鉄、たんぱく質、エネルギーの不足などが原因である。
＊ビタミンＣは鉄の吸収を高め、茶類に含まれるタンニンは吸収を阻害する。
＊動物性食品に含まれる鉄は吸収がよい。
④痛風：プリン体を多く含む内臓や獣鳥肉類を避け、アルコールの摂取を控えめにする。
＊痛風はプリン体代謝の異常により血中の尿酸値が異常に高くなり、関節に沈着して関節発作が起こる。
⑤腎臓病：食塩を制限し、特に高血圧や浮腫が強いほど厳しく制限する。一般に低たんぱく食とする。
＊腎臓の役割は尿の生成および排泄である。

練習問題

＊解答は別冊P21

12 - 1　高血圧症に関する記述で誤りはどれか。

1　血圧の上昇は、血管の収縮により起こる。
2　食事療法の基本は減塩である。
3　過度のアルコール摂取は控える。
4　植物性油脂を積極的にとり、魚油は控える。

12 - 2　脂質異常症の予防・改善において積極的にとる必要のないものはどれか。

1　コレステロール
2　ビタミンE
3　食物繊維
4　不飽和脂肪酸

12 - 3　糖尿病に関する記述で誤りはどれか。

1　食品交換表では1単位を100kcalとする。
2　放置すると血管の病変が起こりやすく、さまざまな合併症が起こる。
3　炭水化物の供給源としては、砂糖よりもでん粉を主体とするほうがよい。
4　膵臓から分泌されるインスリンの作用不足によって起こる。

12 - 4　骨粗（こつそ）しょう症に関する記述で正しいのはどれか。

1　カルシウムの過剰摂取により発症する。
2　女性よりも男性のほうが発症しやすい。
3　予防にはビタミンDの摂取が望ましい。
4　紫外線は骨粗しょう症にとって有害であるため、日光浴は避ける。

12 - 5　肥満に関する記述で正しいのはどれか。

1　糖尿病、動脈硬化症、心筋梗塞などの疾病になりやすくなる。
2　多量のたんぱく質が体内に蓄積している状態をいう。
3　食事で改善するためには、ご飯を食べず、野菜のみ食べることが大切である。
4　食事回数は1日3食より2食にするほうがよい。

12 - 6　次の疾病と関連する無機質の組み合わせで正しいのはどれか。

1　高血圧症 ―― 亜鉛
2　糖尿病 ―― 鉄
3　骨粗しょう症 ―― カルシウム
4　脂質異常症 ―― ナトリウム

12 - 7　次の（　）に入る語句の組み合わせで正しいのはどれか。

「現在の日本人の栄養状態は平均でみれば良好な状態といえる。しかし、個別に見ると、エネルギーや（　ア　）などの過剰摂取が原因となり、（　イ　）が多発し、一方でエネルギー、たんぱく質、無機質、ビタミンなどの摂取不足から貧血や体力低下が目立つなど、個人差が顕著である。また、肥満に関する知識不足で、特に（　ウ　）が肥満でないのに肥満と思い込み、誤った減食を行うなども問題となっている」

	ア		イ		ウ
1	動物性脂肪	――	骨粗しょう症	――	若い女性
2	乳・乳製品	――	生活習慣病	――	高齢者
3	緑黄色野菜	――	骨粗しょう症	――	高齢者
4	動物性脂肪	――	生活習慣病	――	若い女性

（栄養学）　13　栄養成分表示、基礎食品

≪栄養成分表示≫

食品の役割　１次機能：生命維持に欠くことのできない栄養素を供給する役割
２次機能：食品の成分や組織が味覚として訴える（おいしさを与える）役割
３次機能：体調を整え、疾病の予防や回復にかかわる役割

３次機能を強調する食品
①特別用途食品（→下記参照）
②保健機能食品：「特定保健用食品」、「機能性表示食品」、「栄養機能食品」がある。
＊保健機能食品制度とは、「いわゆる健康食品」のうち一定の条件を満たした食品を、「保健機能食品」と称することを認める制度。国への許可等の必要性や食品の目的、機能などの違いによって、「特定保健用食品」、「機能性表示食品」、「栄養機能食品」の３つに分類される。
＊保健機能食品には、バランスのとれた食生活を普及啓発するため、「食生活は、主食、主菜、副菜を基本に、食事のバランスを」の表示が義務付けられている。

＊「特別用途食品」と「特定保健用食品」として販売する場合は、消費者庁の許可が必要である。

特別用途食品　健康増進法の規定に基づき病者用、妊産婦・授乳婦用、乳児用、高齢者用など、特別の用途に適する旨を表示した食品で、消費者庁の許可が必要。

特定保健用食品　身体の生理学的機能や生物学的活動に影響を与える保健機能成分を含み、食生活において特定の保健の目的が期待できる旨を表示できる食品をいう。

特定保健用食品の分類
①特定保健用食品
食生活において特定の保健の目的で摂取をする者に対し、摂取によりその保健の目的が期待できる旨の表示をする食品。
②特定保健用食品（疾病リスク低減表示）
関与している成分が疾病リスクの低減に効果のあることが医学的・栄養学的に広く確立されている場合に限り、その旨を表示できる。
③特定保健用食品（規格基準型）
許可実績が充分で科学的根拠が蓄積した食品のうち、個別審査を行わなくても許可できるものについては、新たに規格基準を作成し、これに適合すれば許可される。
④特定保健用食品（再許可等）
既に許可を受けている食品について、商品名や風味などの軽微な変更をしたもの。
⑤条件付き特定保健用食品
現行制度の審査で要求される科学的根拠のレベルに届かないものの、一定の有効性が確認される食品について、条件付きで許可対象とする。

機能性表示食品　事業者の責任において、科学的根拠に基づいた機能性を表示した食品。特定保健用食品とは異なり、消費者庁長官の個別の許可を受けたものではない。

栄養機能食品　身体の健全な成長、発達、健康の維持に必要な栄養成分（ミネラル、ビタミンなど）の補給および補完を目的とした食品をいう。

栄養機能食品と称して販売するには、国が定めた規格基準に適合すれば許可申請や届出の必要はなく、製造および販売することができる。

販売する食品に栄養成分または熱量を表示する場合、栄養表示法に定める栄養表示基準に従わなければならない。

＊栄養表示基準

①特定の栄養成分を表示する場合は、その含有量を表示しなければならない。

②その成分の含有量だけでなく、熱量（kcal）とたんぱく質、脂質、炭水化物、食塩相当量の量も表示が必要となる。

③「多い」「低い」などの強調表示をする場合は、内閣府が定める基準を満たしていなければならない。

≪基礎食品≫

６つの基礎食品

厚生労働省が栄養教育、栄養指導に利用する目的で含有栄養素の種類によって食品を分類したものである。

分類	食品群	摂取できる主な栄養素
第１群	魚、肉、卵、大豆	たんぱく質
第２群	牛乳、乳製品、骨ごと食べる小魚	カルシウム
第３群	緑黄色野菜	カロテン
第４群	その他の野菜、果実	ビタミンC
第５群	米、パン、めん、いも	炭水化物
第６群	食用油、バター、マーガリン	脂質

練習問題

＊解答は別冊P21

13-1　栄養成分表示において必ず表示しなければならない項目の組み合わせで、正しいのはどれか。

1　熱量 —— たんぱく質 —— 炭水化物 —— 脂質 —— 食塩相当量
2　炭水化物 —— たんぱく質 —— 脂質 —— 無機質 —— ビタミン
3　熱量 —— 炭水化物 —— 食物繊維 —— ナトリウム —— カルシウム
4　カルシウム —— ナトリウム —— カリウム —— マグネシウム —— 亜鉛

13-2　次の記述で誤りはどれか。

1　栄養表示基準は、栄養士法に基づくものである。
2　特別用途食品は、消費者庁の許可が必要である。
3　食生活において特定の保健の目的が期待できることを表示できる食品を、特定保健用食品という。
4　栄養成分を表示しようとする場合は、その含有量を表示しなければならない。

13-3　次の６つの基礎食品に関する組み合わせで誤りはどれか。

1　第１群 —— 魚、肉、卵、大豆 —— たんぱく質
2　第２群 —— 乳製品、骨ごと食べる小魚 —— カルシウム
3　第３群 —— 緑黄色野菜 —— カロテン
4　第４群 —— その他の野菜、果実 —— ビタミンE

(栄養学)

14 演習問題

＊解答は別冊P21

1 次の記述で誤りはどれか。

1 ５大栄養素とは、たんぱく質、脂質、ビタミン、無機質、水の５種類をいう。

2 コレステロールは細胞膜やステロイドホルモン、胆汁(たんじゅう)酸などの材料として大切な成分で、体内では主として肝臓で合成される。

3 日本人の食事摂取基準は、栄養素欠乏症の予防や健康の維持・増進などを目的として策定された。

4 厚生労働省が示している６つの基礎食品において、第３群には緑黄色野菜が分類され、主にカロテンが摂取できる。

2 次の栄養素の主な作用に関する記述で誤りはどれか。

1 脂質、たんぱく質は熱量素（働く力のもと）であり、構成素（体の組織を作る）でもある。

2 炭水化物は構成素（体の組織を作る）である。

3 無機質（ミネラル）は構成素（体の組織を作る）であり、調整素（体の働きを調整する）でもある。

4 ビタミンは調整素（体の働きを調整する）である。

3 次の記述の（　　）に入る語句で正しいのはどれか。

「人体の構成元素としてもっとも多いのは酸素（O）で、次に多いのは（　　　　）、続いて水素（H）、窒素（N）、カルシウム（Ca）、リン（P）の順となっている」

1 ナトリウム（Na）

2 カリウム（K）

3 塩素（Cl）

4 炭素（C）

4 人体を構成する化合物で含有率のもっとも高いものは次のうちどれか。

1 たんぱく質

2 脂質

3 無機質

4 水分

5 食事バランスガイドに関する記述で誤りはどれか。

1 厚生労働省と農林水産省より発表された。

2 「何を」、「どれだけ」食べたらよいかという食事の基本を身に付けるためのものである。

3 毎日の食事を、主食、副菜、主菜、牛乳・乳製品、果物の５つに区分する。

4 菓子やし好飲料については考慮されていない。

6 次の記述で正しいのはどれか。

1 必須アミノ酸は、現在７種類である。

2 たんぱく質の栄養価は、その中に含まれるアミノ酸の種類と量によって決まる。

3 たんぱく質は約10種類のアミノ酸で構成されている。

4 成人が１日に摂取するたんぱく質中の動物性たんぱく質は、60％以上が適正である。

7 次のアミノ酸に関する記述で正しいのはどれか。

1 メチオニンは硫黄を含む必須アミノ酸として重要である。

2 必須アミノ酸は植物性食品の穀類や野菜類のたんぱく質に多く含まれている。

3 必須アミノ酸は人の体内で合成されるので、食物からとらなくてもよいアミノ酸である。

4 リノール酸、リノレン酸、アラキドン酸の３種は、代表的な必須アミノ酸として知られている。

8　次のたんぱく質に関する記述で誤りはどれか。

1　必須アミノ酸は、アルブミン、グロブリン、プロラミン、アルブミノイド、ヒストン、プロタミンなどである。
2　たんぱく質は、肉類や魚介類、卵、大豆などに多く含まれる。。
3　色素たんぱく質は、血液のヘモグロビン、タコやイカの青い血に含まれるヘモシアニン、牛肉の赤身のミオグロビンなどである。
4　変性とは、たんぱく質が熱、酸、アルカリ、紫外線などにより固まったり、沈殿することである。

9　次のうちたんぱく質のみに含まれる元素はどれか。

1　炭素
2　水素
3　酸素
4　窒素

10　次の記述で誤りはどれか。

1　たんぱく質は、筋肉や血液などの主要な成分である。
2　たんぱく質は、食物繊維としても重要である。
3　たんぱく質は、体内で消化されるとアミノ酸になる。
4　たんぱく質の摂取量は、18～64歳で男性65ｇ、女性50ｇが推奨される。

11　次の記述の（　　）に入る語句で正しいのはどれか。

「アミノ酸スコアの低い食品に、アミノ酸スコアの高い食品を組み合わせることで、たんぱく質の栄養価が高まる。これをアミノ酸の（　　　　　）という」

1　補足効果
2　代謝異常
3　免疫反応
4　新陳代謝

12　次の記述で誤りはどれか。

1　脂質は炭水化物やたんぱく質の約２倍のエネルギーを出す。
2　必須脂肪酸は体内で合成されないので食物から摂取しなければならない。
3　飽和脂肪酸は融点が高いため室温で液体である。
4　脂肪酸には飽和脂肪酸と不飽和脂肪酸がある。

13　次の記述で誤りはどれか。

1　脂質は動物性油脂や植物性油脂の主成分である。
2　脂質の主な働きは力や熱になることである。
3　脂質は体内で脂肪酸とグリセリンに分解されて利用される。
4　食品中の脂質の大部分を占める中性脂肪は、複合脂質に分類される。

14　次の記述で正しいのはどれか。

1　脂肪から摂取するエネルギー量は、総摂取エネルギーの40～50％が適当である。
2　植物油より動物性脂肪のほうが高エネルギーである。
3　魚油に多く含まれるDHAやIPA（EPA）は、動脈硬化を予防する働きがある。
4　リノール酸は一価不飽和脂肪酸に分類される。

15　次の記述で正しいのはどれか。

1　脂質1gで約4kcalのエネルギーを出す。
2　脂質は水溶性ビタミンの吸収に役立つ。
3　脂質は貯蔵脂肪として皮下組織や腹腔内にたくわえられて、体温の放熱を防ぐ。
4　コレステロールは体内で合成できないため、食品から摂取する必要がある。

16　次のうち骨や歯などの硬組織を構成する成分でないものはどれか。

1　カルシウム
2　リン
3　マグネシウム
4　ナトリウム

17　次の無機質に関する欠乏症、多く含む食品の組み合わせで誤りはどれか。

1　鉄　―― 貧血　―― 肝臓（レバー）、煮干し、牡蠣
2　カルシウム ―― 骨、歯がもろくなる ―― 牛乳、チーズ、小魚
3　ナトリウム ―― 甲状腺腫 ―― 肉類、穀類、海藻
4　カリウム ―― 筋無力症 ―― いも類、野菜類、果物

18　次の記述で正しいのはどれか。

1　ヨウ素の欠乏は味覚障害を引き起こす。
2　鉄は赤血球のヘモグロビンの構成成分となる。
3　亜鉛は甲状腺ホルモンに含まれる。
4　カリウムの過剰摂取は高血圧を引き起こす。

19　ビタミンに関する記述で誤りはどれか。

1　体内で合成できない。
2　微量で体内の調節を行う。
3　体の構成成分となる。
4　水溶性と脂溶性に分類される。

20　次のビタミンとその働きについての組み合わせで誤りはどれか。

1　ビタミンA ―― 成長促進、皮膚、粘膜の保護、視力を正常に保つ。
2　ビタミンC ―― 脂質の代謝に必要である。
3　ビタミンD ―― 小腸内のカルシウムとリンの吸収を促進する。
4　ビタミンE ―― 油脂の酸化防止作用がある。

21　次のビタミンとその欠乏症の組み合わせで誤りはどれか。

1　ビタミンA ―― 夜盲症
2　ビタミンB_1 ―― 口角炎
3　ビタミンC ―― 壊血病
4　ビタミンD ―― くる病

22　次の説明にあてはまるビタミンはどれか。
「穀類や豚肉に多く含まれ、炭水化物の代謝に関与する。欠乏症としては脚気があげられる」
1　ビタミンB_1
2　ビタミンB_2
3　ビタミンB_6
4　ビタミンB_{12}

23　次の記述で誤りはどれか。
1　脂溶性ビタミンは、ビタミンA、D、E、Kである。
2　ビタミンAは、連続して多量にとると過剰症を起こすことがある。
3　ナイアシンは神経管閉鎖障害を予防する。
4　ビタミンKは血液凝固に関係し、不足すると出血しやすくなる。

24　次の記述で誤りはどれか。
1　ホルモンの主な構成成分としては、たんぱく質やコレステロールがあげられる。
2　ホルモンは微量で作用する。
3　ホルモンは体内では合成できない。
4　ホルモンは内分泌腺から血液中に分泌される。

25　次の組み合わせで誤りはどれか。
1　乳糖　―― ラクターゼ
2　脂肪　―― リパーゼ
3　たんぱく質 ―― ペプシン
4　麦芽糖　―― インスリン

26　次の記述で誤りはどれか。
1　食物が胃にとどまる時間は栄養素によって異なり、炭水化物がもっとも長い。
2　胃液に含まれる塩酸には、殺菌作用がある。
3　消化作用には、物理的消化、化学的消化、生物的消化がある。
4　吸収とは、消化されたものが小腸壁からとり込まれることをいう。

27　次の記述で正しいのはどれか。
1　でん粉は唾液アミラーゼによって麦芽糖に分解される。
2　たんぱく質はリパーゼによってブドウ糖に分解される。
3　脂肪はラクターゼによってアミノ酸に分解される。
4　麦芽糖はマルターゼによってペプトンに分解される。

28　日本人の食事摂取基準についての記述のうち、誤っているものはどれか。
1　日本人の食事摂取基準は、毎年改定されている。
2　エネルギーについては1種類、栄養素については5種類の指標が設定されている。
3　健康な個人または集団を対象にとし、国民の健康の維持・増進などを目的とし、エネルギーと各栄養素の摂取量の基準を示したものである。
4　目標量とは、生活習慣病の一次予防のために、目標とすべき摂取量またはその範囲を示した指標である。

29 次の記述で誤りはどれか。

1 母乳中には乳児の生育に必要な栄養素や免疫体が含まれている。
2 母親が薬剤を服用している場合でも、乳児は母乳栄養で成育するのが望ましい。
3 乳幼児における間食は毎日の食事の一部として考える。
4 胎児の発育や母体保護のため、妊娠中は正常時よりも多くの栄養を必要とする。

30 次の記述で誤りはどれか。

1 基礎代謝とは身体的、精神的に安静な状態で代謝されるエネルギーをいう。
2 基礎代謝は、生きていくために必要な最小のエネルギーである。
3 女性に比べて男性のほうが体重あたりの基礎代謝は高い。
4 冬に比べて夏のほうが基礎代謝は高い。

31 次の妊産婦の栄養に関する記述で誤りはどれか。

1 妊娠中は、鉄を多めにとることが望ましい。
2 妊娠中は、ナトリウムの摂取量を増やすのが望ましい。
3 妊娠中は、糖分をとりすぎないようにするのが望ましい。
4 妊娠中は、脂肪エネルギー比率は20〜30%が望ましい。

32 次の記述で誤りはどれか。

1 乳児期は、人の一生を通して成長スピードがもっとも速い時期である。
2 幼児期は、１歳から５歳までで、この時期に食習慣が形成される。
3 妊産婦は、良質のたんぱく質、鉄、ビタミン類を充分にとることが必要である。
4 老年期に入ると基礎代謝が上昇する。

33 高齢期に関する記述では誤りはどれか。

1 味覚の低下により、濃い味つけを好むようになる。
2 消化機能が低下するため、なるべく一度にまとめて食べるようにする。
3 脱水症状を起こしやすいため、水分の摂取はこまめに行う。
4 骨密度が低下したり、歯の欠損などが起こりやすくなる。

34 病態栄養に関する次の記述で正しいのはどれか。

1 心臓病の人は鉄の制限が必要である。
2 肝臓病の人は食塩の制限が必要である。
3 糖尿病の人はビタミンの制限が必要である。
4 腎臓病の人はたんぱく質の制限が必要である。

35 糖尿病の食事療法に関する次の記述で正しいのはどれか。

1 砂糖は原則として使用を禁止する。
2 野菜や果物は、無制限に食べてもよい。
3 肉は魚に比べエネルギー量が高いので、食べてはいけない。
4 医師から示された１日のエネルギー量を守る。

36 病態栄養に関する次の記述で正しいのはどれか。

1 貧血症の人は、鉄の摂取を制限する必要がある。
2 高血圧症の人は、食塩の摂取量を制限する必要がある。
3 骨粗しょう症の人は、カルシウムの摂取を制限する必要がある。
4 動脈硬化症の人は、植物油の摂取を制限する必要がある。

製菓理論

1　原材料（甘味料）

砂糖

化学的には、単糖類のブドウ糖と果糖が結合した二糖類のショ糖（蔗糖）が成分である。
原料は、さとうきび（甘蔗（かんしょ））と、さとう大根（甜菜（てんさい））の2種類がある。製品の成分に差はない。
　＊さとうきびからできたものを甘蔗糖、さとう大根からできたものを甜菜糖（ビート糖）と呼ぶ。
原料よりしぼりとった糖液（糖汁）を、糖蜜を含む状態で濃縮、結晶化したものを含蜜糖という。
　＊さとうきびの栽培地で糖液の不純物をある程度とり除き、濃縮、結晶化した含蜜糖を、白下糖、粗糖、原料糖などともいう。

含蜜糖（原料糖）を溶かし、ろ過や精製をくり返し、さらにショ糖の結晶だけをとり出して作る砂糖を分蜜糖（精製糖）という。白双糖（しろざらとう）、グラニュー糖、上白糖などがある。
糖液は、何度か濃縮をくり返してショ糖の結晶をとることができるが、回を重ねると製造工程の加熱により茶色く色づき、カラメルの風味のある砂糖になる。中双糖（ちゅうざらとう）、三温糖などである。最後に残る黒褐色の糖蜜をモラセス（廃糖蜜、焦げ蜜）という。
　＊三温糖、中双糖は、上白糖や白双糖に比べるとわずかに純度が下がる。あとからカラメルやモラセスをかけて色を調整する場合もある。
　＊純度（ショ糖の含有量）が高い砂糖ほど、くせのない淡白な甘さになる。

含蜜糖

　黒糖（黒砂糖）：さとうきびのしぼり汁をそのまま濃縮、結晶化した含蜜糖。鉄やカルシウムなどの灰分（ミネラル）を含む。大島糖とも呼ぶ。
　加工黒砂糖　　：黒糖、原料糖、糖蜜などを混ぜて作る黒砂糖。

分蜜糖

　グラニュー糖
　白双糖、中双糖　：純度が高く、還元糖や灰分をほとんど含まない。さらさらした結晶。キャンディーや和洋菓子に多く使用している。中双糖は黄褐色で独特の風味がある。
　粉糖（粉砂糖）：グラニュー糖をごく細かく粉砕したもの。荷重がかかると固まりやすいので、コーンスターチを加えているものが多い。
　上白糖　　　　：ショ糖の細かい結晶にビスコ（液状の転化糖）をふりかけて保水性を高めたしっとりした砂糖。日本ではもっとも多く生産されている。固まりやすい。アミノカルボニル反応が起きやすい。
　三温糖　　　　：黄褐色で結晶は細かく、ビスコがまぶされてしっとりしている。風味にコクがある。
　＊上白糖や三温糖などビスコをまぶした細かい砂糖は車糖に分類される。

砂糖の特性

　①転化　　　：砂糖を酸や酵素（インベルターゼ。シュークラーゼともいう）で加水分解すると、ブドウ糖と果糖に分解される現象をいう。
　②結晶性　　：砂糖は他の糖よりも結晶化しやすい。この性質を利用してフォンダンやすり蜜を作る。
　③溶解性　　：砂糖は溶解度が大きい（水によく溶ける）。20℃の水に対してその約2倍量溶ける。他の糖と比較して、砂糖は温度による溶解度の差が小さい。
　④防腐性と酸化防止：高濃度の糖液は微生物の増殖と酸化酵素の働きを抑える。
　　＊果実などの砂糖漬けやジャムに応用し、保存性を高めている。

転化糖

転化糖は砂糖を酸や酵素で加水分解したもので、等量のブドウ糖と果糖ができる。
転化糖は砂糖と比べて吸湿性が高く、結晶化しにくい。
転化糖は、たんぱく質とともに加熱するとアミノカルボニル反応により、砂糖よりも色づきやすい。
　＊アミノカルボニル反応：メイラード反応（褐変現象）ともいう。ブドウ糖などの単糖類とアミノ酸が加熱により反応して褐色化する現象をいう。製品の焼き色に影響する。

でん粉糖

でん粉を酸や酵素で加水分解するとデキストリン、麦芽糖、ブドウ糖になる。これをでん粉の糖化という。

ＤＥ：でん粉の糖化度を示す指標で、 水飴中のブドウ糖の量 ÷ 水飴中の全固形分 × 100 で計算する。

①水飴　　　：デキストリン、麦芽糖、ブドウ糖の混合物で、粘りがあり、甘味は砂糖の半分以下である。
酸による加水分解で作る酸糖化水飴の成分は、デキストリンとブドウ糖で、粘性が強く、色づきやすい。
酵素（アミラーゼ）で作る酵素糖化水飴の主成分は麦芽糖で、酸糖化水飴よりも色づきにくい。
麦芽で糖化したものを麦芽水飴という（糯(もち)米を原料とした麦芽水飴を米飴(こめあめ)、餅(もち)［糯］飴(あめ)とも呼ぶ)。
水飴は糖化度（ＤＥ）の低いもの（ブドウ糖に分解されている比率が少ない）ほど粘度が高い。
水飴は糖化度（ＤＥ）の高いものほど甘味が強く、アミノカルボニル反応による焼き色がつきやすい。

＊デキストリン：ブドウ糖が数十～数百個結合したもので、甘味はない。
粘稠(ちゅう)性（粘り）、保水性、ショ糖の再結晶化（シャリ）防止などの特性がある。

＊麦芽：発芽させた大麦。アミラーゼ活性が高い。

②ブドウ糖　：単糖類であり、還元糖である。アミノカルボニル（メイラード）反応を起こしやすいので焼き色がつきやすい。
甘味は砂糖の約75%。低温では砂糖よりも溶けにくい。
化学的にはα型とβ型があり、α型のほうが甘味が強い。
水に溶かすとβ型になり、甘味が低下する。

③異性化糖液　：とうもろこしなどのでん粉を原料にした液糖。でん粉をブドウ糖に分解し、ブドウ糖に酵素イソメラーゼを作用させて、その一部を果糖にした糖液をいう。
清涼飲料水のほか、菓子類にも用いられている。

④還元水飴　：水飴に水素を化学的に結合させたもので、糖アルコールともいう。
焼き色がつきにくく、保湿性が高い。甘味は砂糖の40～75%である。
糖アルコールは生体で分解されにくい。その作用を利用したものに、虫歯予防食品としてキシリトール、低カロリー食品としてマルチトールなどがある。
ブドウ糖に水素分子を結合させたものがソルビトールである。

⑤非還元性糖質：トレハロース。でん粉を酵素で糖化したもの。甘味は砂糖の約45%で、低甘味料として用いられる。

＊還元糖とは、還元基（酸化されやすい部分、アルデヒド基）をもち、他の物質から酸素を奪って還元する性質をもつ糖。たんぱく質やアミノ酸といっしょに加熱するとアミノカルボニル反応を起こす。ブドウ糖、果糖は「還元性」をもち、ショ糖は「還元性」をもたない。

果糖

果糖は単糖類に分類され、自然界では果実などに含まれている。
果糖の甘味は砂糖よりも強く、特に低温で強く感じるので冷菓などに使用する。

和三盆糖

和三盆糖は古くから四国地方（徳島、香川）で作られている日本独自の砂糖で、粒子が細かく、口溶けがよい。
高級和菓子に使用する。薄茶色で特有の風味があるが、糖蜜を分離して作るので純度は高い。

＊伝統的には「研ぎ」と呼ばれる手で揉む手法で糖蜜を分離する。

ハチミツ

ハチミツは花によって色、味、香りが異なる。主成分はブドウ糖と果糖である。

メープルシュガー（楓糖）

砂糖楓(かえで)の樹液を煮詰めたもので、特有の風味をもつ。主成分はショ糖である。

甘草（リコリス）

甘草は糖質ではない天然甘味料。
甘味成分はグリチルリチンで、ショ糖の約50倍の甘味がある。

ステビア、ソーマチン

どちらも糖質ではない天然甘味料。ステビアはショ糖の約300倍、ソーマチンは2000〜3000倍の甘味がある。

＊ステビアは同名のキク科の多年草の葉から抽出される。ソーマチンはソウマトコッカス・ダニエリ（クズウコン科の植物）の種子から発見された。

アスパルテーム、サッカリン、サッカリンナトリウム

いずれも糖質ではない人工甘味料。化学的に合成された化合物で自然界には存在しない。アスパルテームはショ糖の100〜200倍、サッカリン、サッカリンナトリウムは200〜700倍の甘味がある。

＊甘味料を「糖質甘味料」と「非糖質甘味料」に分け、甘草、ステビア、ソーマチン、アスパルテーム、サッカリンを後者に分類する方法もある。

練習問題　＊解答は別冊P23

1-1　砂糖に関する記述で正しいのはどれか。

1　水に溶けにくい。
2　他の糖類と比べると結晶化しにくい。
3　砂糖の濃度が高いものほど防腐性が高く、酸化防止作用もある。
4　砂糖の語源は「ツルカラ」である。

1-2　次の砂糖のうち純度（ショ糖の含有量）のもっとも高いのはどれか。

1　上白糖
2　白双糖
3　三温糖
4　黒砂糖

1-3　上白糖に関する記述で誤りはどれか。

1　アミノ酸やたんぱく質とのメイラード反応により、着色が起こる。
2　日本での精製糖では一番生産量が多い。
3　粒子が細かく、「ビスコ（転化糖の一種）」をかけている。
4　でん粉糖の１つに分類される。

1-4　次のうち粉糖の原料として正しいのはどれか。

1　黒糖
2　三温糖
3　上白糖
4　グラニュー糖

1-5　次の砂糖のうち含蜜糖に分類されるのはどれか。

1　黒砂糖
2　白双糖
3　粉糖
4　上白糖

1-6　次のうち和三盆糖の性質でないのはどれか。

1　口溶けがよい。
2　独特の風味がある。
3　細かい粒子である。
4　オリゴ糖を含む。

1-7　砂糖が転化したときの成分として次の組み合わせで正しいのはどれか。

1　ブドウ糖とショ糖
2　果糖とブドウ糖
3　乳糖とブドウ糖
4　ショ糖と乳糖

1-8　次の砂糖についての記述で誤りはどれか。

1　上白糖は、粒子が細かく、「ビスコ」が混ぜられている。
2　黒砂糖は、無機質が豊富で、独特の風味とコクがある。
3　転化糖は、ブドウ糖と果糖の混合物で、結晶しやすい。
4　和三盆糖は、日本の伝統的な製法で作られ、細かい結晶粒子で独特の風味がある。

1-9　次の砂糖類とその主な特徴に関する組み合わせで正しいのはどれか。

1　和三盆糖　―― 主に洋菓子に用いられる。
2　黒砂糖　―― 他の糖類に比べてカルシウムを多く含む。
3　水飴　―― 砂糖から作られる粘りのある甘味物質である。
4　グラニュー糖 ―― ステビアから作られる。

1-10　水飴の性質で誤りはどれか。

1　砂糖よりも甘味度が高い。
2　結晶防止作用がある。
3　保水性がある。
4　糖化度の高いものほどメイラード反応を起こしやすい。

1-11　ブドウ糖に関する記述で誤りはどれか。

1　たんぱく質やアミノ酸と加熱するとメイラード反応（褐変現象）を起こす。
2　甘味度は、砂糖の75%程度である。
3　砂糖を加水分解すると等量の果糖とブドウ糖が生じる。
4　ブドウ糖に水素分子を結合させ、単糖の糖アルコールにしたものがデキストリンである。

1-12　でん粉糖に関する記述で誤りはどれか。

1　でん粉を酸または、酵素で分解してできたものの総称である。
2　でん粉糖の種類の中にブドウ糖は含まれない。
3　でん粉の糖化方法には、酸糖化、酵素糖化、麦芽糖化がある。
4　糖化の程度を表わす世界共通の指標として「DE」が用いられる。

1-13　次の記述のうち誤りはどれか。

1　還元水飴は、褐変現象を起こしにくく、保湿性があり砂糖の結晶防止効果もある。
2　酸糖化水飴は、主体はマルトースでハイマルトースシロップともいう。
3　水飴は、糖化度の低いものほど粘度が強い。
4　米を原料にした麦芽水飴は、米飴、餅飴として市販されている。

1-14　次の組み合わせで誤りはどれか。

1　三温糖　―― 含蜜糖に分類される。
2　ブドウ糖　―― メイラード反応を起こす。
3　水飴　―― 甘味度は砂糖の半分以下。
4　メープルシュガー ―― 砂糖楓（かえで）の樹液を煮詰めたもの。

1-15　次の甘味料のうち天然甘味料でないのはどれか。

1　アスパルテーム
2　メープルシュガー
3　ステビア
4　ソーマチン

1-16　次の甘味料とその分類の組み合わせで正しいのはどれか。

1　でん粉糖　―― 和三盆糖
2　人工甘味料 ―― ステビア
3　砂糖　―― ブドウ糖
4　天然甘味料 ―― メープルシュガー

1-17　次の組み合わせで誤りはどれか。

1　転化糖　――　ビスコ
2　異性化糖液　――　インベルターゼ
3　酵素糖化　――　トレハロース
4　精製ブドウ糖　――　ソルビトール

1-18　次の甘味料に関する記述で誤りはどれか。

1　砂糖の原料には、甘蔗（さとうきび）と甜菜（さとう大根）がある。
2　でん粉を酸または酵素で分解すると、デキストリンからブドウ糖まで糖化することができる。
3　ブドウ糖は単糖類で、還元基をもっているため、たんぱく質やアミノ酸と加熱するとメイラード反応（褐変現象）を起こす。
4　転化糖は、吸湿性が低く、結晶しやすい。

1-19　次の甘味料に関する記述のうち誤りはどれか。

1　白双糖は、純度が高く淡白な甘味であり、キャンデーなど糖度の高い製品に使用される。
2　三温糖は、グラニュー糖より水分が多く含まれる。
3　転化糖は、砂糖に酵素を作用させ加水分解が起こることにより生成されるが、砂糖より結晶しやすく吸湿性が低い性質をもっている。
4　非糖質性の人工甘味料は、砂糖より甘味が大変強く甘味補強としても使用される。

1-20　ハチミツについての記述で誤りはどれか。

1　主成分はブドウ糖と果糖である。
2　蜜源（花の種類）に関係なく味は同一である。
3　蜜源により色合いは異なる。
4　褐変現象を起こす。

1-21　メープルシュガーの原料として正しいのはどれか。

1　甘蔗
2　甘草
3　甜菜
4　砂糖楓

1-22　次の甘味料のうち非糖質系として正しいのはどれか。

1　グラニュー糖
2　トレハロース
3　氷砂糖
4　ステビア

2　原材料（小麦粉、でん粉、米粉）

≪小麦粉≫

小麦粉の原料小麦の多くはアメリカ、カナダ、オーストラリアから輸入している。

　＊近年の小麦のカロリーベースの自給率は約15％である。

小麦は胚乳（約83％）、胚芽（約２％）、表皮（約15％）の部位に分けられる。

小麦粉の主成分はでん粉で、胚乳部に約68～75％含まれている。

小麦粉の主なたんぱく質はグルテニンとグリアジンで、これらが80％を占める。また、これらが結合したものをグルテンという。

　＊小麦粉に水を加えて練り、次に水洗いすると粘りと弾力があるグルテン（麩質ともいう）が残る。

　＊小麦粉特有のグルテンの性質を利用して、パン、めん、スポンジケーキなどを作る。

小麦粉の分類

①用途別分類：小麦の品種の違いによるたんぱく質の含有量の多い順に、
強力粉、準強力粉、中力粉、薄力粉に区別する。

　＊強力粉　　：たんぱく質含有量は約13％で、食パン、日本そばのつなぎなどに使用する。

　＊デュラム粉：たんぱく質含有量は約12％で、マカロニ、スパゲティーに使用する。

　＊準強力粉　：たんぱく質含有量は11％前後で、中華めんなどに使用する。

　＊中力粉　　：たんぱく質含有量は10％前後で、うどんなどに使用する。

　＊薄力粉　　：たんぱく質含有量は８％前後で、カステラ、ケーキ類、天ぷらなどに使用する。

②品位別分類：小麦の製粉部分の違いによる灰分量の少ない上質な順に、
特等粉、１等粉、準１等粉、２等粉、３等粉に区別する。

　＊小麦の皮が混ざると灰分や繊維が多くなり、品質（胚乳純度）が悪くなる。酵素活性も強くなる。

　＊小麦の胚乳は中心部にいくほどより灰分が少なく、色が白く、たんぱく質も少なくなる傾向がある。中心部の割合が高い粉が上質（上級粉）とされる。

≪でん粉≫

でん粉は穀類、いも類の主成分である。

でん粉はその原料の違いにより、地上でん粉と地下でん粉に分類する。

①地上でん粉：米でん粉、小麦でん粉（浮き粉）、とうもろこしでん粉（コーンスターチ）

②地下でん粉：じゃがいも（馬鈴薯）でん粉、さつまいもでん粉、葛でん粉（葛粉）、タピオカでん粉

　＊じゃがいもでん粉は片栗粉の名称でも売られている。

でん粉はアミロースとアミロペクチンで構成される。

　＊ブドウ糖が直鎖状に結合しているものをアミロースと呼ぶ。ヨード反応は青藍色となる。

　＊ブドウ糖が網目状に結合しているものをアミロペクチンと呼ぶ。ヨード反応は赤紫色となる。

糯米のでん粉はほぼ100％がアミロペクチンで、粘りがある。

粳米のでん粉はアミロペクチンが約80％、アミロースが約20％で、粘りが少ない。

でん粉の特性

①でん粉の糊化：でん粉に水を加えて加熱すると糊状になることをいう。でん粉のα（アルファ）化ともいう。
αでん粉は消化吸収がよく、おいしく食べられる。

②でん粉の老化：αでん粉を放置すると元のでん粉に戻ることを老化という。
老化は水分が30～60％、温度が０℃付近でもっとも速く進行する。
水分を10％以下にする、あるいは砂糖の濃度を高めると老化が防止できる。
アミロースの多いでん粉は老化しやすく、アミロペクチンが多いものは老化しにくい。

　≫αでん粉が老化してまずくなったものを、β（ベータ）でん粉と呼ぶこともある。

③でん粉の粘度：じゃがいもでん粉は他のでん粉よりも糊化温度が低く、糊化とともに粘度が急激に高くなる。

④でん粉の膨化：糊化したでん粉を加熱すると膨張する現象をいう。水分と加熱方法が大きく影響する。
アミロペクチンは膨化が大きく、これを利用したのが粳米のせんべいや糯米のあられである。
いも類では、じゃがいもでん粉は他のでん粉よりも膨化が大きい。
⑤でん粉の吸湿：でん粉粒の大きいものほど吸湿性が大きい。じゃがいもでん粉は粒子が大きく吸湿性が高い。

≪米粉≫

米粉には、原料が糯米と粳米のものがあり、さらに米を加熱してでん粉を糊化したものと生のものに分けられる。

①糯米が原料で、生でん粉の米粉　：白玉粉、餅粉、求肥（牛皮）粉、羽二重粉
②糯米が原料で、糊化でん粉の米粉：みじん粉（味甚粉）、焼きみじん粉、寒梅粉、上早粉、道明寺粉、上南粉（極みじん粉）
③粳米が原料で、生でん粉の米粉　：上新粉、上用粉（薯蕷粉）、かるかん粉
④粳米が原料で、糊化でん粉の米粉：早並粉（並早粉）、粳上南粉

※米粉は主に和菓子、せんべい等に使われてきたが、近年、特に小麦粉の代替としてパン、洋菓子、麺、その他加工食品などへの利用が促進され、従来とは異なる米粉製品が生まれている。製菓用、製パン用の米粉は、一般に伝統的な米粉より粒子が細かい。

練習問題

＊解答は別冊P23

2-1　次の記述で誤りはどれか。
1　小麦は約２％が胚乳、約83％が胚芽、約15％が表皮である。
2　上級小麦粉とは、胚乳純度が高く、白度も高く、加工性もすぐれている。
3　小麦粉のたんぱく質の主成分はグリアジンとグルテニンで、80％を占めている。
4　皮部の混入が多い小麦粉は、酵素活性が強くなり、品質の劣化が起こりやすい。

2-2　小麦粉についての記述で誤りはどれか。
1　小麦粉の主成分はでん粉である。
2　小麦粉の性質を左右するのはたんぱく質である。
3　小麦の皮部が入るほど白度が高い。
4　グルテンの量がもっとも多いのは強力粉である。

2-3　小麦粉に関する記述で誤りはどれか。
1　小麦粉は、小麦を粉砕、ふるい分けして、皮部と胚芽部をとり除いたもので、主成分は炭水化物である。
2　小麦粉に水を加えて練ると、粘着性のあるグルテンが形成される。
3　強力粉は、薄力粉に比べてグルテンが形成されにくい。
4　強力粉は、薄力粉に比べてたんぱく質含量が多い。

2-4　次の小麦粉と製品の組み合わせで適当でないのはどれか。
1　薄力粉　―― カステラ
2　強力粉　―― ビスケット
3　中力粉　―― クラッカー
4　デュラム粉 ―― スパゲティー

2-5　小麦粉に関する記述で誤りはどれか。

1　小麦粉の主成分はでん粉である。

2　小麦粉のたんぱく質の80%を占めているアルブミン、グロブリンの混合物をグルテリンと呼んでいる。

3　カステラや饅頭(まんじゅう)などには、グルテンの量も少なく、質も弱い薄力粉が適している。

4　パンには強力粉が適している。

2-6　次の組み合わせで正しいのはどれか。

1　薄力粉　――　日本そばつなぎ

2　中力粉　――　マカロニ

3　強力粉　――　食パン

4　セモリナ粉（デュラム粉）　――　中華めん

2-7　次の小麦粉とたんぱく質含量の組み合わせで正しいのはどれか。

1　薄力粉　――　3.0～ 4.0%

2　中力粉　――　9.0～10.5%

3　強力粉　――　17.0～18.0%

4　セモリナ粉（デュラム粉）　――　20.0～21.0%

2-8　小麦粉に関する記述で誤りはどれか。

1　小麦粉の主成分は炭水化物で、胚乳部に約50～55%含まれている。

2　小麦粉のたんぱく質はグルテニンとグリアジンで、これらが結合したものをグルテンという。

3　小麦の品種の違いにより、たんぱく質含有量の多い順に、強力粉、準強力粉、中力粉、薄力粉に区分される。

4　小麦の製粉部分の違いにより、灰分量の少ない順に、特等粉、1等粉、準1等粉、2等粉、3等粉に区別される。

2-9　次の小麦粉の種類とその用途に関する組み合わせで正しいのはどれか。

	種類		用途
1	薄力粉	――	デニッシュペストリー
2	中力粉	――	スポンジ
3	強力粉	――	食パン
4	デュラム粉	――	ラングドシャ

2-10　次のうち地下でん粉はどれか。

1　コーンスターチ

2　浮き粉

3　葛(くず)粉

4　米でん粉

2-11　でん粉の老化を防ぐ方法として正しいのはどれか。

1　急速に脱水乾燥する。

2　糖度を下げる。

3　水分を30～60%に保つ。

4　温度を0℃付近に保つ。

2-12　でん粉に関する記述で誤りはどれか。

1　でん粉に水を加えて加熱すると、でん粉の粒子が膨潤、崩壊して糊状になることを膨化という。
2　でん粉を含んだ原料に水を加えて加熱するとα（アルファ）化が起こる。
3　ヨード反応で、アミロースは青藍色、アミロペクチンは赤紫色を示す。
4　でん粉の性質の違いの一因は、アミロースとアミロペクチンの比率の違いによる。

2-13　でん粉についての記述で誤りはどれか。

1　でん粉に水を加えて加熱すると糊化が起こる。このことをα化という。
2　アミロペクチンはアミロースより老化が起こりやすい。
3　でん粉の膨化力は、主としてアミロペクチンによるものである。
4　でん粉を酵素で分解するとブドウ糖になる。

2-14　次のものを原料とするでん粉のうち膨化力がもっとも大きいものはどれか。

1　糯（もち）米
2　小麦
3　とうもろこし
4　じゃがいも

2-15　次のでん粉に関する記述で正しいのはどれか。

1　タピオカ、葛、とうもろこしのでん粉はすべて地上でん粉である。
2　粳（うるち）米のでん粉はアミロペクチンのみで構成されているので、膨化力はきわめて大きい。
3　馬鈴薯でん粉は、粘度は高いが不安定である。また膨潤度も高い。
4　米、とうもろこしのでん粉は粒子が大きく吸湿性が大きい。

2-16　でん粉に関する記述で誤りはどれか。

1　でん粉の老化の速度は、水分と温度が関係しており、水分が60%以上であると早く、温度は高くなるほど遅い。
2　糯米を原料としたあられは、主にアミロペクチンの膨化力を利用している。
3　米やとうもろこしのでん粉は、馬鈴薯でん粉に比べ、糊化の始まる温度が高く、粘度の上昇もゆるい。
4　羊羹（ようかん）や餡（あん）は老化が進まないのは、砂糖が多く含まれていることとは関係ない。

2-17　でん粉を糊化させて急激に加熱すると膨れる性質があるが、この膨化力は次のどれによるものか。

1　ペクチン
2　グルテン
3　アミロース
4　アミロペクチン

2-18　でん粉の膨化について正しいのはどれか。

1　膨化には、水分、加熱方法が大きく影響する。
2　ゆるやかな加熱方法でも膨化現象は起こる。
3　砂糖を加えるとよく膨らまなくなる。
4　あられは、煎る前の生地の水分が7～8%くらいでよく膨らむ。

2-19　米粉に関する記述で正しいのはどれか。

1　上新粉の原料は、糯米である。
2　上新粉の粒子をより細かくしたものが、上南粉である。
3　白玉粉は、柏餅の原料となる。
4　白玉粉には、「寒ざらし粉」という別の呼び名がある。

2-20　道明寺粉に関する記述で正しいのはどれか。

1　粳精白米を吸水、製粉、乾燥したもので、主に串団子、柏餅などに使用される。
2　糯精白米を水洗い、水きり後、煎り焼きした焼き米を製粉したものである。
3　糯精白米を水洗い、水浸け、水切り後、蒸したものを乾燥して「ほしい」とし、これを２つ割、３つ割程度に砕いたもので、桜餅などの原料となる。
4　糯精白米を原料とし、水洗い、水浸け後、蒸して餅を調整し、これをホットロールで焼き上げ、製粉したものである。

2-21　白玉粉の製造方法に関する記述で正しいのはどれか。

1　生の粳米に加水しながら磨砕し、脱水乾燥する。
2　生の糯米に加水しながら磨砕し、脱水乾燥する。
3　蒸した粳米を乾燥させて粉砕し、煎る。
4　蒸した糯米を乾燥させて粉砕し、煎る。

2-22　次の記述で誤りはどれか。

1　米粉は、米を原料とする。
2　道明寺粉は糯米をα化した粉である。
3　白玉粉は、寒ざらし粉という呼び名もある。
4　かるかん粉の原料は、糯精白米である。

2-23　次の米粉に関する組み合わせで正しいのはどれか。

	種類	でん粉の状態	原料
1	上新粉 ——	生でん粉 ——	粳米
2	白玉粉 ——	糊化（α）でん粉 ——	糯米
3	みじん粉 ——	生でん粉 ——	糯米
4	上南粉 ——	糊化（α）でん粉 ——	粳米

2-24　次の記述で正しいのはどれか。

1　みじん粉は糯米を原料として、吸水、乾燥、粉砕したものである。
2　道明寺は粳米を原料として、蒸し上げ後、粉砕したものである。
3　上用粉は粳米を原料として、吸水、乾燥、製粉したものである。
4　餅粉は糯米を粉砕したのち、蒸し上げたものである。

2-25　次の記述の（　　）に入る組み合わせで正しいのはどれか。

「でん粉の膨化力は主として（　A　）によるもので、（　B　）のでん粉は（　A　）のみで構成されているので、膨化力はきわめて大きいが、粳米のでん粉の膨化力は小さい。でん粉の膨化力には（　C　）、加熱方法が大きく影響する」

	A	B	C
1	アミロース ——	馬鈴薯 ——	水分
2	アミロペクチン ——	馬鈴薯 ——	塩分
3	アミロペクチン ——	糯米 ——	水分
4	アミロース ——	糯米 ——	塩分

3　原材料（鶏卵、油脂類）

≪鶏卵≫

鶏卵（殻つき卵）は、おおむね卵殻：卵黄：卵白が１：３：６の割合（重量比率）である。

＊卵の成分　→P76「食品学－８食品各論（魚介類、肉類、卵類）」参照

殻つき卵は産卵直後より品質が低下するので、冷蔵保存するのがよい。

＊特にサルモネラ属菌食中毒の原因食品として、注意が呼びかけられている。

卵の加工品には、液状卵、凍結卵、乾燥卵などがある。

卵の特性

①起泡性：卵白による特性で、スポンジ生地やメレンゲの製造に関係する。
卵白の温度が高いほど起泡性は高いが、でき上がったメレンゲの安定性は悪い。

＊一般に、25℃での泡立てがよいとされている。

②乳化性：卵黄に含まれるレシチンによる特性で、バターなど油脂類を多く使用する生地や、マヨネーズの製造に関係する。

＊卵黄にはレシチンのほかに、リポたんぱく質やコレステリンという乳化性がある物質も含まれている。

③凝固性：加熱によりたんぱく質が変性して固まる特性で、カスタードプディング（カスタードプリン）などの製造に関係する。卵白は80℃で固まるが、卵黄は65～70℃で固まる。

≪油脂類≫

油脂類とは液状の油（植物油など）と固体状の脂（バター、マーガリン、ショートニングなど）をいう。
油脂類の主成分は、脂肪酸とグリセリンがエステル結合したトリグリセリドである。

油脂の種類

①バター　：牛乳の乳脂肪を凝集したもの。水分を約15％含み、W/O型（油中水滴型）の乳化状態になっている。→P186「製菓理論－４原材料（牛乳、乳製品、チョコレート類、果実加工品）」参照

②ラード、ヘット、スエット：ラードは豚、ヘットは牛の脂肪を精製したもの。スエットは牛の腎臓の周りの脂肪でケンネ脂ともいう。製菓原料としての使用は少ないが、ラードは中国料理の菓子（甜点心）のパイ生地、ケンネ脂はイギリスでクリスマスプディングなどに使われる。

③ショートニング：水分は含まない。ラードの代用品としてアメリカで作られた。精製した動・植物性油脂や硬化（水素添加）油を原料とし、乳化剤や窒素ガスなどを混合して作られる。

＊全水添型は風味が淡白で酸化しにくい。

＊ブレンド型は口溶けが悪いが伸展性がよいので、生地の練り込みによい。

＊乳化剤を添加した乳化型はオールインミックス法やハイレシオケーキの生地に用いる。

＊液状は使用上の利便性を高めたものである。

＊粉末は油脂を乳たんぱくでコーティングして噴霧乾燥したもので、ケーキミックスに用いる。

④マーガリン：バターの代用品としてフランスで作られた。
精製した動・植物性油脂や硬化油を原料とし、乳製品や添加物を加えて作る。
水分を約15％含む。

⑤植物油　：水分は含まない。ドーナツなどの揚げ油として大豆油、菜種油、ごま油などを用いる。

油脂の特性

①可塑性（かそ）　：脂のかたさが温度によって変化し、一定の温度帯で固形を保ちながら自由に成形できる柔軟さを発揮する特性をいう。

②ショートニング性：ビスケットなどのサクサクした食感を作る特性などをいう。

③クリーミング性：バタークリームなどの空気を包み込む特性などをいう。

④フライング性　：揚げ油としての熱媒体性、風味や外観のよさを付与する特性、劣化しにくい特性をいう。

＊小さな消えにくい泡があらわれると揚げ油の劣化が進んでいる。

⑤安定性　　　　　：油脂や使用した製品の保存性にかかわる特性をいう。

＊油脂の変敗（→P86「食品学－12 食品の変質と保存法、食品の動向」参照）には熱（特に60℃以上）、光（紫外線）、金属（銅など）の影響が大きい。砂糖は油脂の変敗を遅らせる効果がある。

練習問題

＊解答は別冊P24

3-1　次の鶏卵の特性とその応用例の組み合わせで誤りはどれか。
1　起泡性　—— メレンゲ
2　熱凝固性 —— カスタードプリン
3　乳化性　—— バターケーキ生地
4　粘稠(ねんちゅう)性 —— シュー生地

3-2　鶏卵に関する記述で誤りはどれか。
1　鶏卵（殻つき）は、おおむね卵殻：卵黄：卵白が１：３：６の割合（重量比）である。
2　卵白の大部分は水分で、約90%を占めている。
3　殻つき鶏卵は、産卵直後より品質が低下するので、冷凍保存するのがよい。
4　加熱により、卵白は80℃、卵黄は65～70℃で固まる。

3-3　鶏卵に関する記述で誤りはどれか。
1　卵白は、水分の他はほとんどたんぱく質である。
2　卵黄は、油脂を含んでいるので、卵白より泡立ちが早い。
3　卵白と卵黄の凝固温度は異なり、完全凝固温度は卵白の方が高い。
4　卵黄には乳化力がある。

3-4　卵白の起泡性に関する記述で正しいのはどれか。
1　温度が低いほど起泡性も泡の安定性もよい。
2　温度が高いほど起泡性も泡の安定性もよい。
3　温度が低いほど起泡性はよいが、泡の安定性は悪くなる。
4　温度が高いほど起泡性はよいが、泡の安定性は悪くなる。

3-5　卵白の起泡性に関する記述で正しいのはどれか。
1　卵白に含まれているたんぱく質は、泡立てたときに空気と接触している面で凝固する性質がある。
2　卵白は、温度が20℃のときよりも10℃のときのほうが泡立ちやすい。
3　鮮度のよい卵ほど泡立ちやすい。
4　気泡の安定性と温度とは無関係である。

3-6　鶏卵の調理性についての記述で誤りはどれか。
1　卵液に砂糖を加えると、砂糖濃度が高くなるほど凝固温度は高くなる。
2　卵黄は65～70℃で完全に凝固するが、卵白が固く凝固するには100℃以上の加熱が必要である。
3　卵は、糖類と加熱すると、メイラード反応を起こして着色する。
4　卵を牛乳で希釈すると、凝固力が高まる。

3-7　卵白の気泡性がよく、安定したメレンゲを作る温度について正しいのはどれか。

1　40℃
2　25℃
3　10℃
4　4℃

3-8　鶏卵についての記述で誤りはどれか。

1　卵白はその約90%が水分で、固形分の約93%はたんぱく質である。
2　卵白の起泡性とは、たんぱく質溶液が空気を抱き込み、安定して気泡を形成することである。
3　卵の熱凝固性は、配合原料を加熱によってまとめる役割をしている。
4　卵白の起泡性は温度の高いほうがよく、泡の安定性もよい。

3-9　凍結卵の特徴として正しいのはどれか。

1　クッキー、シュー皮、イースト生地などの焼き菓子には不適である。
2　凍結卵白は、解凍するとゴム状の塊になりやすい。
3　凍結卵黄は、解凍すると水様化して粘度が低くなる。
4　凍結全卵は、解凍後に充分に攪拌してから使用しないと、卵黄が表面に集まって不均質な液卵になりやすい。

3-10　乾燥卵の記述で正しいのはどれか。

1　液状卵を凍結して作るので、保存性がよい。
2　乾燥全卵の水和液は、気泡を目的とする菓子製造には不適である。
3　加熱乾燥によって製造されるため、たんぱく質は生卵より良質である。
4　乾燥卵は卵白のみである。

3-11　油脂の加工適性にはない特性はどれか。

1　ショートニング性
2　クリーミング性
3　フライング性
4　ゲル化性

3-12　次の記述で誤りはどれか。

1　ラードは精製した豚の脂肪である。
2　マーガリンはラードの代用品としてアメリカで開発された。
3　ショートニングは精製した動・植物性油脂または硬化油が主原料である。
4　油脂の安定性を増すためには、抗酸化剤を添加することが有効である。

3-13　次の記述で正しいのはどれか。

1　ラードは、牛乳から分離した脂肪を固めたもので、変敗しないので、練り込み用油脂として使用される。
2　ショートニングは、精製した動物性油脂または硬化油を主原料として製造され、風味が淡白で酸化しにくい性質をもっている。
3　バターは、精製した豚の脂肪を集めて固めたもので、脂肪の栄養性質が優れ、独特の風味があり、製菓原料として広く使われている。
4　サラダ油は、バターを精製したものである。

3-14　次の組み合わせのうち正しいのはどれか。

1　バター　　　　　—— 豚脂
2　ショートニング —— 硬化油
3　マーガリン　　　—— 乳製品
4　ラード　　　　　—— 牛脂

3-15　油脂の加工適性として正しいのはどれか。

1　可塑性　　　　　　—— 製品にサクサクとしてもろい食感を与える性質
2　ショートニング性 —— 揚がり具合、風味、油の吸収度、外観においての戻り具合、発煙点、酸化安定性などの性質
3　クリーミング性　 —— 生地の混合過程で気泡を抱き込む性質
4　フライング性　　 —— 固形脂のかたさが温度の変化によって変わる性質

3-16　次の油脂の加工適性とそれが利用される菓子に関する組み合わせで誤りはどれか。

1　可塑性　　　　　　—— チョコレート
2　フライング性　　　—— ドーナツ
3　クリーミング性　　—— ビスケット
4　ショートニング性 —— クッキー

3-17　次のうち油脂類のショートニング性について説明したものはどれか。

1　ビスケットなどにサクサクしたもろい食感を与える性質。
2　バタークリームなどの製造工程で、油脂が気泡を均一に抱え込む性質。
3　揚げ材料の素材を生かしつつ、油の風味や外観のよさを与える性質。
4　長時間放置したり、何度も使用したり、日光に当てたりすると変質する性質。

3-18　マーガリンに関する記述で誤りはどれか。

1　動・植物性油脂や硬化油を主原料とする。
2　パイバターは、W/O型（油中水滴型乳化）のマーガリンである。
3　バターの代替品としてフランスで開発され発達した。
4　全水添型のものとブレンド型のものがある。

3-19　固形バターが温度の変化によって自由に形作れる性質は何と呼ばれるか。

1　ショートニング性
2　伸展性
3　クリーミング性
4　可塑性

4　原材料（牛乳、乳製品、チョコレート類、果実加工品）

≪牛乳、乳製品≫

牛乳

牛乳の脂質を乳脂肪と呼び、他の脂質に比べて酪酸などの低級脂肪酸が多い。

＊低級脂肪酸とは、脂肪酸を構成する炭素の数が10以下のもので、代表的なものに酪酸（$C_4H_8O_2$）、カプロン酸（$C_6H_{12}O_2$）などがある。脂肪酸については →P136「栄養学－３　脂質」参照

牛乳のたんぱく質は乳たんぱくと呼ばれ、カゼイン、ラクトアルブミン、ラクトグロブリンが主なものである。

＊カゼインが80％を占め、酸によってゲル化する（ヨーグルト、サワークリーム、カッテージチーズのとろみや凝固はこの働きによる）。　→P79「食品学－９　食品各論（乳類、油脂類）」参照

牛乳の炭水化物は乳糖で、乳固形分の約40％が乳糖である。

牛乳の無機質としてはカルシウム、リンが多い。特にカルシウムは吸収しやすい状態で含まれている。

＊乳脂肪分と水分以外の成分（たんぱく質、乳糖、無機質）を乳固形分（無脂乳固形分）という。

乳製品

全脂粉乳は牛乳を乾燥した粉末で、乳脂肪を多く含む。ただし、乳脂肪の劣化に注意が必要である。

脱脂粉乳（スキムミルク）は乳脂肪を採取したあとの脱脂乳を乾燥した粉末で、風味は少ないが、たんぱく質を多く含む。価格も安い。

加糖練乳（コンデンスミルク）は糖分を40％以上に調整したもので、保存性が高い。

無糖練乳（エバミルク）は牛乳を濃縮したもので保存性は低い。開封後は冷蔵保存が必要である。

クリーム（生クリーム）は牛乳中の乳脂肪を遠心分離機（クリームセパレーター）で集めたものである。

バターはクリームを攪拌（かくはん）して水分を分離し、脂肪球を集めたものである。攪拌工程をチャーンという。

＊バターの成分は、脂肪分約85％、水分約15％。

＊加塩したものと、塩を添加しない（食塩不使用）のものがある。

＊特有の芳香やコクのある風味は、乳酸菌が生成するジアセチル（ダイアセチル）や、揮発性脂肪酸による。

＊発酵バターは乳酸発酵したクリームを原料とする。

バターミルクはバター製造の工程で除去した水分を集めたものである。

チーズは全乳、脱脂乳を乳酸菌と酵素（レンネット）で凝固させ発酵・熟成したものである（熟成させないものもある）。たんぱく質を多く含む。

ホエーパウダーはチーズ製造の工程で除去したホエー（乳清）を乾燥した粉末である。

≪チョコレート類≫

カカオバター（ココアバター）とはカカオ豆に約50％含まれている脂肪（カカオ脂）をいう。

＊溶ける温度（融点）が33～35℃、固まる温度（凝固点）が27℃付近で、口に入れるとすぐに溶けるのが特徴である。

＊構成する主な脂肪酸はパルミチン酸、ステアリン酸、オレイン酸。その大部分が飽和脂肪酸で、劣化しにくい。

ココアパウダーとはカカオマス中のカカオバターを採取した残り（カカオケーキ）を粉末にしたものである。

＊カカオマスとはカカオ豆の胚乳（カカオニブ）を細かくすりつぶしてペースト状にしたもの。

カカオタンニンはカカオ豆に約８％含まれ、チョコレートの色、味、香りにかかわる成分である。

テオブロミンはカカオ豆に約3.5％含まれている苦味の成分で、カカオバターにはほとんど含まれていない。

テンパリングとはチョコレートを45～50℃で溶かし、28℃付近に下げてから31℃に温度調整する作業をいう。

＊この操作にミスがあるとブルーム（→下記参照）が発生する。

ブルームとはチョコレートの表面に白い粉が浮いて艶（つや）がなくなり、まずくなる劣化現象をいう。

＊脂肪が分離して固まったファットブルーム、砂糖が表面に浮いて固まったシュガーブルームがある。

＊原因は、①テンパリング不良、②高温高湿度での作業、③流通での温度や湿度の変化などである。

純チョコレートはカカオバター以外の異種脂肪が入っていないので風味がよい。

準チョコレートは食用油脂を混合して融点を季節に応じて調節している。また、テンパリングを行わなくても、40～50℃に溶かしたものを型に流したり、コーティングに使用できるよう調整したものもある。

≪果実加工品≫

果実は菓子類に色、味、香りを与える材料で、生の果実（→P74「食品学－7　食品各論（野菜類、果実類、きのこ類、藻類）」参照）と果実加工品を用いる。

果実類が含むペクチンは有機酸や糖と反応して固まる。この特性を利用してゼリーなどの菓子を作る。

＊有機酸とは、酸の性質をもつ有機化合物のことで、クエン酸、酒石酸、リンゴ酸などがある。

ジャム類　　　：果実に砂糖などを加えてゼリー状になるまで加熱したもの。保存性を高めるための加工。

＊果実以外に、野菜や花弁でも作る。

＊日本では可溶性固形分は40%以上とされる。

＊果実に含まれるペクチンの働きでゼリー状になる（ゲル化する）。

プレザーブスタイルは、ジャム類で、果実全形または、切片を使い、その形が残るように仕上げたもの。

マーマレードは、かんきつ類の果汁、果肉、果皮を使用し、果皮が残るように仕上げたもの。

ゼリーは、果汁（搾り汁）のみを使用したもの。透明度が高い。

※食品表示では、マーマレード、ゼリー以外のジャム類を「ジャム」とする。

フルーツソース：果実をつぶして裏ごし、風味を整えてクリーム状に煮詰めたのもの（可溶性固形分は20%程度）。

フルーツゼリー：ペクチンを多く含む果実の果汁やピューレに砂糖を加えて濃く煮詰め、固めた小菓子・糖菓。
使用する果実によって有機酸、ペクチンを補う。

＊フルーツゼリーは、フランスでパート・ド・フリュイと呼ぶもの。

ペクチンゼリー：水、有機酸、ペクチン、砂糖に、色とフレーバーをつけて作ったものはペクチンゼリーという。
風味をよくするために果汁を加えることもある。

練習問題

＊解答は別冊P25

4-1　次の組み合わせで誤りはどれか。

1　全脂粉乳　—— 牛乳をそのまま乾燥させたもの。
2　練乳　—— 硬化油を乳化剤で混合したもの。
3　脱脂粉乳　—— 脱脂乳を乾燥したもの。
4　生クリーム　—— 牛乳の脂肪球を集めたもの。

4-2　牛乳に関する記述で正しいのはどれか。

1　牛乳のたんぱく質の主なものは、カゼイン、ラクトアルブミン、ラクトグロブリンの３種で、このうちラクトグロブリンがもっとも多い。
2　牛乳中の炭水化物はブドウ糖と麦芽糖からなる。
3　牛乳の脂肪は乳脂肪あるいはバター脂と呼ばれ、揮発性脂肪酸の酪酸などが多い。
4　牛乳は鉄分を多く含んでいる。

4-3　次の乳製品に関する記述で誤りはどれか。

1　脱脂粉乳は全脂粉乳に比べて品質は安定しているが、風味の点で劣っている。
2　加糖練乳は砂糖（ショ糖）が40%以上含まれているために保存性が高い。
3　バターはクリームから脂肪球を集め、脂肪分を約65%まで高めたものである。
4　チーズの製造の際、チーズをとった残りの乳清を乾燥粉末化したものを、ホエーパウダーという。

4-4　次の記述で誤りはどれか。

1　生クリームは、一般に脂肪分約25%、水分約65%である。
2　バターは、一般に脂肪分約85%、水分約15%である。
3　チーズは牛乳に乳酸菌を加え、さらに酵素を加えて発酵熟成させたものである。
4　発酵バターはクリームを乳酸発酵後、チーズを約20%加えたものである。

4-5　次の牛乳および乳製品に関する記述で正しいのはどれか。

1　牛乳の主なたんぱく質はカゼイン、ラクトアルブミン、ラクトグロブリンである。
2　クリームは全乳から脂肪を分離したもので、乳脂肪分８%以上のものをいう。
3　バターはクリームに乳化剤、食塩を加えて製造したものである。
4　練乳は牛乳を濃縮したもので、無糖練乳は開封後も保存性がある。

4-6　チョコレートに関する記述で正しいのはどれか。

1　ココアバターは、飽和脂肪酸よりも不飽和脂肪酸が多く含まれている。
2　テオブロミンは、カカオ豆に含まれるカフェインである。
3　純チョコレートは、準チョコレートよりもテンパリングが容易にできる。
4　カカオタンニンは、酸化により分解して有色物質に変化し、チョコレートの色相や味、香りと密接な関係がある。

4-7　チョコレート類に関する記述で誤りはどれか。

1　カカオマスとは、カカオ豆の胚乳を細かくすりつぶしてペースト状にしたものである。
2　ココアバターとは、カカオ豆に約10%含まれている脂肪のことである。
3　ココアパウダーとは、カカオマス中のカカオバターを採取した残りを粉末にしたものである。
4　テオブロミンは、カカオ豆に約3.5%含まれている苦味成分で、カカオバターにはほとんど含まれていない。

4-8　次の記述の（　　）に入る語句の組み合わせで正しいのはどれか。
「ココアバターの融点は（ A ）で、大部分が（ B ）で占められている」

A　B

1　13〜15℃ —— 飽和脂肪酸
2　13〜15℃ —— 不飽和脂肪酸
3　33〜35℃ —— 飽和脂肪酸
4　33〜35℃ —— 不飽和脂肪酸

4-9　チョコレート特有の口溶けのよさ（口に入れるとすぐに溶ける性質）は、次のどれに起因するか。
1　使用する添加物に起因する。
2　製造工程での冷却温度に起因する。
3　ココアバター（カカオバター）の特徴に起因する。
4　安定した動物性脂肪に起因する。

4-10　チョコレートのブルームに関する記述で誤りはどれか。
1　チョコレートの表面に白色の粉が浮いたり、層になったりして、チョコレート独特のつやが消える現象をいう。
2　チョコレート製品の流通期間中の温度や湿度の急変によって起こる。
3　外観が悪くなるが、食べた場合チョコレートの粘性、テクスチャーや香味は変わらない。
4　製造工程のテンパリングが適正に行われなかったり、湿度の高いところで作業した場合などの製品に起こりやすい。

4-11　ジャムおよびゼリー類の製造についての記述で誤りはどれか。
1　ジャムは果実に砂糖を加えて煮詰めたもので、ペクチン、酸味料などを添加することもある。
2　マーマレードはかんきつ類の果実を原料としたもので、果皮・果肉が認められる。
3　プレザーブは原料果実の形が保たれ、新鮮な色を保っているものが優良品である。
4　フルーツゼリーは果汁にペクチンを加え、凝固させる。

4-12　ペクチン含有量がもっとも多い果実は次のうちどれか。
1　オレンジ
2　梨
3　柿
4　もも

4-13　プレザーブに関する記述で正しいのはどれか。
1　果実そのままか、あるいは果肉を破砕し、適量の砂糖を加えて煮詰めたものである。
2　果皮または果肉を入れたもので、果実が主体となっている。
3　濃厚糖液中に果実そのままか、または果実の切片を入れて煮詰めたものである。
4　果肉を煮沸して破砕し、裏ごしして煮詰めたもので、砂糖や香辛料を加えることもある。

4-14　果実の分類に関する組み合わせで正しいのはどれか。
1　核果類 —— びわ
2　漿果類 —— りんご
3　仁果類 —— 栗
4　果菜類 —— メロン

4-15　果実とその分類の組み合わせで誤りはどれか。

1　ピスタチオ　—— 種実類（堅果類）
2　きいちご（ラズベリー）—— 漿果類
3　もも　—— 核果類
4　あんず　—— 仁果類

4-16　種実類に関する主な産地、特徴についての組み合わせで正しいのはどれか。

1　栗　—— 日本、中国　—— でん粉が多い
2　ピーナッツ（落花生）—— 中国、アメリカ　—— でん粉が多い
3　ごま　—— 中国、インド　—— 脂肪分が少ない
4　マカデミアナッツ　—— イラン、イタリア　—— 脂肪分が少ない

4-17　次の種実類の中でもっとも脂質含有量の少ないのはどれか。

1　くるみ
2　落花生
3　ぎんなん
4　ごま

＊ 4-14、4-15、4-16、4-17 については　→P72、74「食品学－6、7　食品各論」参照

5　原材料（凝固剤、酒類、食品添加物）

≪凝固剤≫

ゼリーや羊羹（ようかん）などの菓子を固めるのに使用する寒天、カラギーナン、ペクチン、ゼラチンを凝固剤という。
原料から分類すると、寒天、カラギーナン、ペクチンは植物性で、ゼラチンは動物性である。

寒天　原料は海藻（紅藻類）のてんぐさ、ヒラクサで、主成分はアガロース、アガロペクチンからなる炭水化物である。
寒天の使用量は濃度0.5～２％が多い。
寒天溶液は加熱すると液状（ゾル）になり、冷却すると固体（ゲル）になる熱可逆性溶液である。
寒天のゲル化力はゼラチンの約10倍である。酸とともに加熱するとゲル化力は低下する。

カラギーナン　原料は海藻（紅藻類）のスギノリやツノマタで、乳製品用、ゲル化用、増粘用などの調製品がある。
ゲル化温度が30～40℃と高いので、室温で固まる。
pHが低くなる（酸性が強くなる）ほどゲル化力が低下し、pH3.5以下では使用しない。

ペクチン　植物の細胞膜の成分で、りんごの搾かすや柑橘類の皮を原料とする。高メトキシルペクチン（ＨＭＰ）と低メトキシルペクチン（ＬＭＰ）がある。
ペクチンは温度差によって固まるものではなく、酸と糖、カルシウムイオンなどと反応して固まる。
高メトキシルペクチン溶液は、一定の酸と糖濃度により固まる。
低メトキシルペクチン溶液は、カルシウムイオンやマグネシウムイオンと反応して固まる。

ゼラチン　原料は動物の皮や結合組織の成分であるコラーゲン（たんぱく質）である。
ゼラチン溶液の凝固温度と融解（いったん固まったものが溶ける）温度は寒天よりも低い。
ゼラチンの使用量は濃度３～４％が多い。

≪酒類≫　→P81「食品学－10 食品各論（し好飲料類、調味料、香辛料）」参照

≪食品添加物≫

香料

香料は天然香料と合成香料に分類する。調合香料とは天然、合成品を組み合わせたものである。
①水溶性香料：エッセンスと呼ぶ。香りは高いが高温の加熱を行う場合には適さない。
②油性香料　：オイルと呼ぶ。水溶性香料よりも耐熱性があり、クッキーなどの焼菓子に適する。
③乳化性香料：エマルジョンフレーバー、コンク（またはクラウディー）などがある。揮発（きはつ）性が防止され、濃厚になる。アイスクリーム、カスタードクリームなどに適する。
④粉末香料　：ブドウ糖やコーンスターチなどといっしょに粉末にしたもので、香気成分が安定している。そのままではほとんど香りはないが、水に溶かすと香りが強い。
⑤タブレット香料：粉末香料を錠剤（じょうざい）にしたもの。

膨張剤

膨張剤とは、加熱による化学反応で炭酸ガス（CO_2）やアンモニアガス（NH_3）を発生し、生地を膨らませる添加物をいう。
①炭酸水素ナトリウム（重曹）：80℃以上でガス（CO_2）を多量に発生する。炭酸ガスを発生すると強いアルカリ性になるので、酸性剤を加えるとよい。
②炭酸水素アンモニウム　：低温から高温まで平均してガス（CO_2とNH_3）を発生する。
③塩化アンモニウム　：炭酸水素ナトリウムと組み合わせると低温から高温までガス発生が得られる。
④ベーキングパウダー　：ガス発生基剤に有機酸性剤を配合し、さらに緩和剤を混合したもので、速効タイプ、遅効タイプ、中間タイプがある。

＊有機酸性剤の酒石酸水素カリウムはクリームタータ、ケレモルともいう。

⑤イスパタ（イーストパウダー）：炭酸水素ナトリウムに塩化アンモニウムを20～30%配合したアンモニア系合成膨張剤で、製品が白く仕上がるので和菓子の蒸し物によい。

乳化剤

混ざり合わない液体の一方が他方の液体中に微粒子となって分散する状態を乳化という。
乳化状態により、水に油が分散している水中油滴（O／W）型、油に水が分散している油中水滴（W／O）型がある。
親水性の強い乳化剤は水中油滴型、親油性の強い乳化剤は油中水滴型の乳化状態を作る。

①グリセリン脂肪酸エステル：モノグリとも呼ぶ。油中水滴型に適する。
②ソルビタン脂肪酸エステル：スパンとも呼ぶ。水中油滴型、油中水滴型いずれにも適する。
③ショ糖脂肪酸エステル：シュガーエステルとも呼ぶ。もっとも親水性が強い乳化剤である。
④レシチン：大豆や卵黄に含まれる天然の乳化剤である。

増粘安定剤

増粘安定剤は、その粘性を利用して生地やクリームの物性の調整や安定性を高める添加物をいう。
天然物にはグアーガム、ローカストビーンガムなどがあり、生クリームの保形や練り餡（あん）の離水防止などに利用される。
化学的合成品にはアルギン酸ナトリウムなどがある。

練習問題

＊解答は別冊P26

5-1　寒天についての記述で誤りはどれか。

1　ゲル化力はゼラチンの約10倍である。
2　酸性溶液で加熱するとゲル化力を失う。
3　原料は海藻である。
4　主成分はたんぱく質である。

5-2　次の記述で誤りはどれか。

1　ゼラチンはほとんど脂質である。
2　ゼラチンは寒天ゲル強度の10分の１程度である。
3　一般にはゼラチン濃度は３～４％で使用される。
4　ゼラチンはマシュマロ、ヌガー、アイスクリームなど幅広い利用面をもっている。

5-3　次のうち動物性凝固剤はどれか。

1　ゼラチン
2　寒天
3　ペクチン
4　カラギーナン

5-4　ゼラチンに関する記述で誤りはどれか。

1　板状、粒状、粉状のものがあり、動物由来のコラーゲンやオセインから作られる。
2　冷水によく溶けて粘性をもった溶液となる。
3　寒天と同様、熱可逆性である。
4　凝固温度とゲルの融解温度は、寒天に比較してかなり低い。

5-5　カラギーナンに関する記述で誤りはどれか。

1　スギノリ、ツノマタなどから抽出される。
2　ゲル化温度は30～40℃と高いので、室温でゲル化する。
3　牛乳中のカゼインと反応して、強固なゲルを形成する。
4　pHが低くなるほどゲル強度は強くなる。

5-6　寒天に関する記述で誤りはどれか。

1　海藻の紅藻類であるてんぐさ、ヒラクサが原料である。
2　主成分はアガロース、アガロペクチンからなるたんぱく質である。
3　加熱すると溶液となり、冷却するとゲルとなる。
4　酸を加えて加熱すると、ゲル化力が落ち、固まりにくくなる。

5-7　次の凝固材料についての記述で誤りはどれか。

1　寒天はてんぐさ、ヒラクサを原料とし、寒天水溶液は加熱すれば溶液となり冷却すればゲルとなる。
2　ゼラチンは温水に溶けて粘性をもった溶液となり、冷却すると弾性をもったゲルとなる。ゲル強度は寒天の10倍程度である。
3　ペクチンは果実や野菜類など、あらゆる植物の細胞組織を形成する多糖類で、一定の糖分と酸があるとゲル化する。
4　カラギーナンは紅藻類であるスギノリ、ツノマタなどから抽出されるもので、ジャム類、アイスクリーム、フルーツゼリーなどに広く利用されている。

5-8　凝固剤に関する記述で正しいのはどれか。
　1　カラギーナンは、酸性物を加えるとゲル化する。
　2　低メトキシルペクチンは、フルーツゼリー、アイスクリームなどに利用される。
　3　高メトキシルペクチンは、一定量の糖と酸でゲル化する。
　4　寒天濃度は、でき上がり重量の３～４％である。

5-9　酒類の製造方法と原材料の組み合わせで誤りはどれか。

		製造方法	原材料
1	ミード	―― 醸造 ――	ハチミツ
2	シェリー	―― 蒸留 ――	麦
3	清酒	―― 醸造 ――	米
4	ラム酒	―― 蒸留 ――	さとうきび

5-10　次の記述のうち正しいのはどれか。
　1　みりんは、ワインをベースにした混成酒である。
　2　焼酎は、蒸留酒をベースにした混成酒である。
　3　キルシュワッサーは、果実を原料とした蒸留酒である。
　4　ポートワインは、果物を原料とした醸造酒である。

5-11　ラム酒の原料は次のうちどれか。
　1　ぶどう
　2　さとうきび糖蜜
　3　ハチミツ
　4　麦

5-12　次の記述で誤りはどれか。
　1　水溶性香料は高温の加工処理をするものに適する。
　2　油性香料は焼菓子類に用いられる。
　3　エマルジョンフレーバーはアイスクリーム、カスタードクリームに使用される。
　4　粉末香料は水に溶かすと強いにおいを感じる。

5-13　次の香料に関する記述で誤りはどれか。
　1　水溶性香料（エッセンス）は、香気成分をアルコール、グリセリン、水などの混合液に溶かして水溶性にしたものである。
　2　油性香料は水に溶けやすい。
　3　乳化性香料は揮発（きはつ）性が防止され、濃厚な香料となる。
　4　粉末香料は香気成分の蒸散がほとんどない。

5-14　次の香料に関する記述で誤りはどれか。
　1　水溶性香料は揮発性なので高温の加熱処理をするものには不適当である。
　2　油性香料は耐熱性が比較的高いので焼菓子類に用いる。
　3　粉末香料はそのままで強いにおいを感じる。
　4　乳化性香料には、クラウディーまたはコンクと呼ばれるものと、エマルジョンフレーバーと呼ばれる２種類がある。

5-15 次の膨張剤に関する組み合わせで正しいのはどれか。

1 炭酸水素アンモニウム —— ガスの発生は低温から高温まで平均している。
2 炭酸水素ナトリウム —— 水溶液が30℃になるとガス発生が活発になる。
3 ベーキングパウダー —— 炭酸水素ナトリウムに対し、塩化アンモニウムを20～30%配合して作られる。
4 イスパタ —— ガス発生基材に酸性剤を加え、さらに緩和剤を加えて混合したものである。

5-16 次の記述の（　　）に入る語句として正しいのはどれか。

「膨張剤は、加熱や中和によって、炭酸ガスや（　　）を発生させ、小麦粉生地を膨張させる」

1 窒素ガス
2 メタンガス
3 ヘリウムガス
4 アンモニアガス

5-17 乳化剤についての記述で誤りはどれか。

1 乳化剤は、親油基と親水基をもつ。
2 親油基の強い乳化剤は、水中油滴型（O/W）である。
3 レシチンは天然の乳化剤で、大豆、卵黄に含まれている。
4 オールインミックス法では、ケーキ用乳化剤の使用量は、全原材料の２%程度である。

5-18 増粘安定剤でないのは次のうちどれか。

1 ローカストビーンガム
2 グアーガム
3 クエン酸
4 アルギン酸ナトリウム

5-19 次の組み合わせで誤りはどれか。

1 増粘安定剤 —— グアーガム
2 乳化剤 —— モノグリ
3 膨張剤 —— イスパタ
4 着色料 —— シュガーエステル

（製菓理論）

6　製パンの原材料

≪小麦粉≫

強力粉が主に使われる。薄力粉はソフト系のパンや菓子パン、ドーナッツなどで配合することがある。

フランス粉（フランスパン専用粉）：ハード、セミハード系のパン用に、フランスの小麦のタイプ55（灰分量が0.5～0.6%）をモデルにした日本の製品。近年はフランス産小麦を主原料にした製品も多く流通してきている。

小麦全粒粉（グラハム粉）：小麦の胚乳部分だけでなく、外皮（ふすま）や胚芽ごと挽いた粉。灰分（ミネラル）を多く含む。

※製パンでは、小麦粉のほかに、ライ麦粉、とうもろこし粉、米粉なども使われる。

≪酵母（イースト）≫

製パンに使用する酵母には、生酵母（生イースト）と乾燥酵母（ドライイースト、インスタントイースト）がある。

＊生酵母の水分は65～68%で、1g中の細胞数は100～200億。

＊乾燥酵母の水分は４～９%で、生酵母の約10分の１である。

＊生酵母と乾燥酵母では、でき上がったパンの風味が異なる。

＊乾燥酵母には死滅した酵母が含まれ、そのアミノ酸や炭水化物が風味に影響して、色や香りがよいパンになる。

酵母は糖を分解してアルコール、有機酸、エステル類を作り、炭酸ガスを発生して生地を膨らませる働きがある。

製パンに使用する酵母は、酒酵母やワイン酵母と同じサッカロミセス・セレビシエ属である。

＊日本の製パン用標準酵母は、砂糖を多く使う菓子パンに対応するよう、外国のものよりも耐糖性が強い。

＊一般にインベルターゼ活性が強い（初期発酵が速い）酵母は耐糖性が弱い。

酵母は出芽という方法で増殖し、最適条件では約２時間で倍に増える。

添加した酵母の発酵により、生地の伸展性がよくなるとともに風味が向上する。

酵母の発酵にかかわる主な酵素とその作用（分解するものとその分解生成物）

①インベルターゼ：ショ糖　→　ブドウ糖　＋　果糖

②マルターゼ　：麦芽糖　→　ブドウ糖

③チマーゼ　：ブドウ糖、果糖　→　アルコール　＋　炭酸ガス

乳酸菌（酵母とともに生息している）の発酵により有機酸を生成する。

酵母が活動する最適温度は35～38℃で、pH（水素イオン指数）は４～６の弱酸性である。

＊10℃以下では活動が低下し、55℃以上では死滅する。冷凍しても死滅しない。

発酵生成物とそのパン生地への影響

①アルコール：最終発酵でエチルアルコールが約２%発生し、生地をやわらかくし、酵母の働きを抑える。

②炭酸ガス　：グルテンに作用して生地の粘弾性（粘りや弾力）を向上させるとともに、生地を膨張させる。

③有機酸　：生地のpHを下げ（酸性にする）、生地の伸展性を向上させるとともに、雑菌の繁殖を抑える。

酵母の使用上のポイント

①生酵母は仕込み水の一部に分散して使用する。

＊生酵母の塊を粗く手で割り、５倍以上の水に浸けておくこと。

＊このときの水温は50℃以上にしないこと。水に分散した酵母は30分以内に使用するのがよい。

＊水に分散するときは、いっしょに食塩、砂糖、製パン改良剤などは加えない。

＊生酵母は冷蔵庫で保存する。

②乾燥酵母の標準使用量は生酵母の２分の１量で、乾燥酵母の使用量と同量の水を増量する。

＊粒状の乾燥酵母は、少量の砂糖を溶かした湯（湯温38～40℃）に約15分間浸けておいたのち、使用する。

＊顆粒状の乾燥酵母（インスタントイーストともいう）は、仕込み水温が15℃以上であれば直接使用できる。

＊乾燥酵母は未開封の場合、乾燥した冷暗所で保存する。開封後は冷凍保管する。

＊インスタントイーストの開封していないものは室温で、開封後は冷蔵で保管する。

≪食塩≫
食塩の主成分は塩化ナトリウムで、微量のマグネシウム、塩化カリウムを含む。

製パンにおける食塩の作用
①塩味をつける。
＊塩味はパンの風味の重要な要素（塩は味を引き締め、甘いパンでは甘さを引き立てる）
②グルテンに作用してべたつきの少ない弾力性のある生地を作る。
＊グルテンが強化されることですだち（パンの中身の気泡）がきめ細かくなる。
＊塩を配合しないパンでは焼成時の焼き色がつきにくくなる。
③酵母の発酵を抑えるので、作業の管理がしやすい。
＊食塩の添加量は生地に対して１～２％。これ以上の濃度になると酵母の発酵を阻害する。
④発酵中の雑菌の繁殖を抑える。

≪水≫
食品としてのパンに水分は必須である。
＊酵母（イースト）の代謝にも水分は必要。
＊水の硬度は製パン性に影響する（微量だが水に含まれる無機塩類［ミネラル］はグルテンを引き締める働きをする）。

製パンにおける水の作用
小麦粉のたんぱく質 ＋ 水 ――ミキシング→ グルテン形成

小麦粉のでん粉 ＋ 水 ――加熱→ でん粉の糊化

・水溶性の材料（塩、砂糖）を溶かし、材料を均一に分散させ、結着しながら、生地のかたさや温度を調節する。
・パンの保湿性を向上させる。

≪モルトエキス（麦芽エキス）≫
発芽させた大麦を糖化し、ろ過、加熱、濃縮した濃厚なシロップ状のもので、天然の食品である。
主成分は麦芽糖とデキストリン、アミノ酸などである。でん粉分解酵素（β-アミラーゼなど）を含む。
使用量は小麦粉に対して0.3～1.5%が目安である。

製パンにおけるモルトエキスの作用
①製品の色、風味を向上させる。
②生地の伸展性を向上させる。
③製品の老化を遅くする。
④脱脂粉乳が多い配合では、pHの低下が図られて発酵遅れを防ぐ効果がある。

≪イーストフード（製パン改良剤）≫
パンの品質改良のために加える食品添加物。大量生産（機械生産）には欠かせない材料である。
少量でも効果が大きいので、正確に計量し、均一に混ぜて使う。

製パンにおけるイーストフードの作用
酵母（イースト）を活性化させる。生地の物性を改良する。
製品の容積を大きくし、風味や色を改善する。
＊イーストの栄養補強（窒素源）、pH調整（酵母の生育に適した微酸性にする）、水質改良（硬度の調整）、酸化、還元、乳化などの働きをする種々の化合物が配合される。
＊でん粉・たんぱく質の分解酵素（アミラーゼ、プロテアーゼ）が配合されることもある。

練習問題

＊解答は別冊P27

6-1　次の記述で誤りはどれか。

1　生酵母からドライイーストに置換する場合は２分の１量が標準となる。
2　生酵母とドライイーストでは、パンの風味は同じである。
3　生酵母の保存は０～３℃の冷蔵庫がよい。
4　酵母の活動する温度は35～38℃で、pHは４～６がもっとも適している。

6-2　パン酵母に関する記述で誤りはどれか。

1　酵母の活動温度は35～38℃で、pHは４～６がもっとも適している。
2　55℃以上では短時間で死滅する。
3　ドライイーストは生酵母の水分を10分の１に乾燥したものである。
4　酵母は食塩、砂糖、製パン改良剤などといっしょに溶解する。

6-3　イーストに関する記述で誤りはどれか。

1　イーストの発酵に関する酵素は、主にインベルターゼやマルターゼである。
2　粒状タイプのイーストは、冷水に浸けてから使用する。
3　主成分はたんぱく質、炭水化物である。
4　イーストは冷凍しても死滅しない。

6-4　酵母に関する記述で正しいのはどれか。

1　ドライイーストに含まれる水分は約20％である。
2　生酵母を溶解するときの温度は、55℃前後が適当である。
3　製パンの酵母はサッカロミセス・セレビシエに属している。
4　生酵母は冷凍で保管する。

6-5　パン酵母（イースト）に関する記述で誤りはどれか。

1　酵母は通常出芽によって増殖するが、特に栄養は必要とせず、最適条件下では約２時間で倍増する。
2　酵母が発酵するには、酵母中のインベルターゼ、マルターゼ、チマーゼなど50種類以上の酵素が関係する。
3　日本の標準酵母は、諸外国のものより耐糖性が強い。
4　溶解した酵母は長時間放置せず30分以内に使用する。

6-6　次のうちイースト（パン酵母）の発酵により生成されるものはどれか。

1　アルコール　＋　酸素
2　アルコール　＋　水素
3　アルコール　＋　窒素
4　アルコール　＋　炭酸ガス

6-7　製パン材料としての食塩に関する記述で適当でないものはどれか。

1　製パンにおける食塩の添加量は、３～５％である。
2　イーストの発酵を抑制して、作業工程のコントロールができる。
3　発酵の段階での雑菌の繁殖を抑える。
4　グルテンを引き締め、弾力性に富んだ生地を作る。

6-8　次のパンに関する記述で（　　）に入る語句の組み合わせのうち正しいのはどれか。

「パンは（　A　）の発酵によって得られる、独特の味、香り、食感をもつ発酵食品である。発酵には生地の（　B　）やpHが関与する。パン生地に（　C　）を添加する理由は、味の調整、（　A　）の発酵を抑制することなどがあげられる」

	A		B		C
1	イースト	——	水分	——	酸性剤
2	重曹	——	水分	——	モルトエキス
3	イーストフード	——	温度	——	乳化剤
4	イースト	——	温度	——	食塩

6-9　モルトエキスに関する記述で誤りはどれか。

1　主成分は麦芽糖とデキストリン、小麦のたんぱく質の分解物のアミノ酸である。
2　製パンでの効果は、風味、色つき、老化の抑制などである。
3　脱脂粉乳の多い配合の製パンで使用するとpHの低下が図られ、発酵遅れを防ぐことができる。
4　濃厚なシロップ状の糖化液であり、フランスパン、イギリスパン、バラエティーブレッドなどに使われる。

6-10　イーストフード（製パン改良剤）に関する記述で正しいのはどれか。

1　イーストの栄養源としてはアスコルビン酸（ビタミンC）が配合される。
2　少量では効果が得られないので、正確に計量して生地に均一に分散させる。
3　大麦に適度に温湿度および酵素を与え、発芽させた麦粒を粉砕したものである。
4　炭酸カルシウムを含み、軟水を硬水に変える。

●補足項目●　菓子類の歴史と製造要件

菓子類の伝来

①奈良時代～平安時代：ハチミツ、石蜜、ショ糖、せんべいの製法が唐より伝わる。
②鎌倉時代～室町時代：茶、酒素饅頭（まんじゅう）が宋より伝わる。茶道が盛んになる。
③安土桃山時代　　　：南蛮菓子（カステラ、パン、ビスケット、ボーロ、金平糖など）の輸入が盛んになる。
④江戸時代　　　　　：上生菓子や干菓子などの京菓子と、饅頭、羊羹（ようかん）、おこし、最中（もなか）などの江戸風菓子など、現在の和菓子の大半が作られる。

菓子製造の必要条件

①美的にすぐれていること。
②味覚的にすぐれていること。
　味の対比効果　　：甘味に塩味を合わせると、甘味を引き立てる（すいかと塩）。
　味の抑制効果　　：苦味に甘味を合わせると、苦味をやわらげる（コーヒーと砂糖）。
　　　　　　　　　　酸味に甘味を合わせると、酸味をやわらげる（果汁と砂糖）。
　味の相乗効果　　：砂糖と他の甘味料を合わせると、甘味の幅が広がる。
　甘味を呈する物質：砂糖、ブドウ糖、ハチミツ、サッカリン、アスパルテームなど
　酸味を呈する物質：酢酸、クエン酸、酒石酸、りんご酸など
　苦味を呈する物質：アルカロイド、ペプチドなど
　辛味を呈する物質：シナモン、メース、ナツメグ、とうがらしなどの香辛料
③衛生的であること。
④栄養的にすぐれていること。

練習問題

＊解答は別冊P27

1　菓子製造の必要要件として誤りはどれか。
　1　価格的に安価であること。
　2　衛生的であること。
　3　栄養的にもすぐれていること。
　4　美的にすぐれていること。

2　菓子製造の要件で誤りはどれか。
　1　外観では形、色、つやなどがあげられ、美的にすぐれていること。
　2　人間のもつ感覚である触覚、きゅう覚、聴覚の３つにのみすぐれていること。
　3　菓子は調理なしで、そのまま食べる食品であることから衛生的であること。
　4　栄養面での強調の必要はないが、栄養的にもすぐれていること。

3　次の味の種類と物質の組み合わせで正しいのはどれか。
　1　甘味 ―― ブドウ糖、サッカリン
　2　酸味 ―― アルカロイド、ペプチド
　3　苦味 ―― アスパルテーム、サッカリン
　4　辛味 ―― 酢酸、クエン酸

4　味の対比効果の説明で正しいのはどれか。
　1　甘い羊羹の食べ始めと食べ終わりを比較すると、食べ始めのほうが甘さを強く感じる。
　2　苦味を弱めるためにコーヒーに砂糖を入れる。
　3　甘い飴をなめてジュースを飲むとジュースの味が弱まる。
　4　しるこに少量の食塩を加えると甘味が強くなる。

製菓実技

（製菓実技）

1　和菓子（その１）

和菓子の分類

生菓子

餅物　：串団子、柏餅、草餅、桜餅（道明寺製）、大福餅、おはぎ

　＊餅、赤飯なども含む。

蒸し物：蒸し饅頭（薬饅頭、田舎饅頭、利久饅頭、薯蕷饅頭、葛饅頭）、黄味時雨、ういろう（外郎）、蒸し羊羹、蒸しカステラ、浮島、村雨、かるかん（軽羹）

流し物：錦玉羹、上南羹、吉野羹、水羊羹、練羊羹

練り物：ぎゅうひ（求肥、牛皮）、うぐいす餅、雪平、練切、こなし

焼き物（平なべ物）　：どら焼、中花物、ちゃぶくさ（つやぶくさ）、焼皮桜餅、焼きんつば、茶通

　　　（オーブン物）：栗饅頭、桃山、カステラ饅頭、長崎カステラ

半生菓子

最中、州浜、石衣

　＊最中、州浜などはおか物（半製品、既製品を組み合わせて加熱工程なしで完成する菓子）といわれる。

　＊焼き物（特にオーブン物）で桃山や茶通など日もちがするものは、半生菓子に分類されることもある。

干菓子

打ち物：打ち物種、落雁、かたくり物（雲きん物）、懐中汁粉

押し物：塩がま、むらさめ

焼き物：落し焼き、ボーロ、卵松葉（焼松葉）、小麦せんべい、米菓など

飴物　：有平糖、おきな飴

その他：寒氷、おこし、雲平、米菓（あられ、おかき、塩せんべい）など

餡の材料

和菓子において餡の重要性は大きい。餡の質は、製餡工程に左右されるが、原料の乾燥豆の選択、選別も必要である。

　①均一である：ふっくらと丸みがあり、粒がそろっているものがよい。

　②色がきれい：ツヤがある。

　③煮えやすく、むらが出ない：新しい豆は皮がやわらかくて煮えやすく香りもよい。

　　＊虫食いや変色した豆はとり除く。

豆の種類（□は白餡の材料）

小豆：えりも小豆、キタロマン、キタノオトメなど、大納言（丹波大納言など）、白小豆

ササゲ　＊豆が赤褐色の品種を小豆の代わりに用いる。

インゲン豆（隠元豆）：金時（紅金時、大正金時）、手亡（大手亡）、大福豆、グレートノーザン（白いんげん豆）

ベニバナインゲン（花豆）：白花豆

ライ豆　＊バタービーンズ、ライマビーンズ、リマビーンズともいう

エンドウ（豌豆）：青エンドウ

国内の主産地：北海道、備中（岡山県）、丹波（兵庫県、京都府）など

主な輸入先：中国、アメリカ、カナダ、タイ、ミャンマーなど

製餡

豆に水を加えて加熱し、豆の主成分であるでん粉をα化（糊化）する。餡の原料になる豆のでん粉はβ化（老化）が早いが、砂糖を多く配合することでβ化が防止される。

豆を煮る（ゆでる）

①水洗い：原料豆を水洗いする。

＊小豆は洗浄後すぐに煮ることができるが、浸ける場合は３倍の水に入れる。

＊乾燥豆は吸水すると重量が約２倍、容積が約2.5倍になる。

②煮る　：かぶるくらいの水を加えて火にかける。沸騰したら差し水（しわのばし水、びっくり水）をして50℃以下程度に温度を下げる。

③渋切り：再度沸騰させ、豆が完全に吸水して膨らんでいることを確認したら、ゆで汁をきり、水をかけて表面を洗う。

＊豆の皮に含まれる渋み、苦み成分（タンニンなど）が出た煮汁を捨てるので渋切りという。

④本煮　：たっぷりの水でやわらかくなるまで煮る。水加減は、水が減ったら足して小豆が常に浸っている状態を保つ。火加減は豆がゆるやかに踊る程度、焦がさない。蓋をして30分程蒸らす。

＊豆類の煮上がり時間の目安

大納言（小豆）：90分　えりも小豆（普通小豆）：120分　白小豆：90分　大手亡：120分
青えんどう：180分　大正金時：100分　紅金時：200分

こし餡

水さらし：煮た豆をつぶしながらこして、表皮と中身（呉（ご）＝餡粒子を含む煮汁）に分ける。上水（うわみず）を捨ててさらに数回水にさらす（水を加え、沈殿させて上水を捨てる）。

脱水　　：さらしで絞る→【生餡】（水分量約60%）

餡練り　：砂糖と水を沸騰させ、生餡を入れて加熱しながら練り上げる。

＊焦げない程度の強火で充分に加熱することで、なめらかで口溶けのよい餡に仕上がる（でん粉を充分α化させ、砂糖をなじませることでその保水性によりβ化を抑制する）。

＊食塩、卵黄、ぎゅうひ、水飴などを加える場合は、練り上げ直前に火を弱めてから加える。

＊炊き上がった餡はできるだけ早く冷ます。

餡の糖度

①配糖率とは、生餡に加えた砂糖の重量を%で表わしたものである。

＊配糖率 ＝ 砂糖の重量 ÷ 生餡の重量 × 100 で計算する。

②含糖率とは、練り上げたあとの餡に含まれている砂糖の重量を%で表わしたものである。

＊含糖率 ＝ 砂糖の重量 ÷ 練り上げ餡の重量 × 100 で計算する。

※屈折計（屈折糖度計）を用いると、餡のおよその糖度を測ることができ、煮上がり具合やかたさの目安にすることができる。

＊屈折計は、光の屈折率を利用して液体に溶けている固形物（砂糖や塩など）の濃度を測る機器。砂糖水であれば、砂糖水100gに含まれる砂糖の重量（g）が、Brixという単位で示される。

餡の名称

並餡　　：小豆並餡と白並餡がある。生餡（小豆・白）から炊き上げる。
中割餡（ちゅうわりあん）：並餡（小豆・白）1000gに対し、砂糖100g、水飴50～100gで炊き上げる。
粒餡　　：小豆の粒をつぶさないように炊き上げる餡。
　＊P203の④の煮汁をきり、数回水にさらし、水気を軽く絞る→【ゆで小豆】。砂糖を加えて炊き上げる。
つぶし餡：砂糖蜜にゆで小豆を３時間以上漬け、蜜だけをさらに煮詰め、小豆を入れて練り上げる。
（つぶし）最中餡：大納言小豆を使用。水飴や寒天を配合。配糖率120～130%の上割餡。
小倉餡　：こし餡に小豆（大納言）の蜜煮を加えたもの（または粒餡＋こし餡）。配糖率65～75%。
どら焼餡：ゆで小豆、砂糖に小豆並餡を配合。水飴や葛粉を配合。
黄味餡　：白生餡に砂糖と卵黄を配合したもの。配糖率60～70%。
千鳥餡　：白餡と小豆餡を混ぜて、小豆の蜜煮などを加えたもの。配糖率60～75%。
ねき餡　：日もちする餡。主に干菓子用。並餡または白並餡に水、グラニュー糖を
　　　　　加えて加熱し、並餡よりややかためになったときに水飴を加えて練り上げる。
練切餡（練切）：白餡にぎゅうひを配合。上生菓子に使用する。

→P207「製品とそのポイントとなる材料および製法」も参照

練習問題

＊解答は別冊P27

1-1　次の生菓子とその分類の組み合わせで正しいのはどれか。
　1　蒸し物　――　吉野羹
　2　流し物　――　どら焼
　3　蒸し物　――　村雨
　4　練り物　――　黄味時雨（しぐれ）

1-2　和菓子とその分類の組み合わせで誤りはどれか。
　1　栗饅頭（まんじゅう）・桃山　――　オーブン物
　2　水羊羹（ようかん）・ういろう　――　流し物
　3　薯蕷（じょうよ）饅頭・葛桜　――　蒸し物
　4　有平糖・おきな飴　――　飴物

1-3　次のうち平なべ物の焼菓子はどれか。
　1　黄味時雨
　2　桃山
　3　松風
　4　ちゃぶくさ

1-4　次の和菓子のうち生菓子に分類されるのはどれか。
　1　田舎饅頭
　2　州浜
　3　落雁（らくがん）
　4　おこし

1-5　餡の原料である豆類の主な産地でないのはどれか。

1　中国
2　オーストリア
3　北海道
4　ミャンマー

1-6　乾燥豆を水に浸けると容積は何倍に増えるか。

1　約1.3倍
2　約1.5倍
3　約2.0倍
4　約2.5倍

1-7　直火で煮上げて生餡を作る場合、煮上がり時間がもっとも短い豆類はどれか。

1　大手亡
2　白小豆
3　大正金時
4　青えんどう

1-8　製餡に関する記述で正しいのはどれか。

1　豆を煮すぎると、細胞膜の老化やでん粉粒子のβ化を起こす。
2　豆を煮るとき、沸騰しはじめたら「びっくり水」を加えるが、50℃以下には温度を下げないように注意する。
3　餡練りは、でん粉に砂糖をしみ込ませ、β化を抑制させる工程である。
4　食塩やぎゅうひ、水飴を加える場合は、火を強めて練り上がり際に加えるとよい。

1-9　餡の配糖率の求め方として正しいものはどれか。

1　屈折計で練り上がり餡の糖度を測る。
2　使用した糖類の重量　÷　練り上げ餡の重量　×　100
3　使用した糖類の重量　÷　生餡の重量　×　100
4　練り上げ餡の重量　÷　生餡の重量　×　100

1-10　餡の製造に関する記述で正しいのはどれか。

1　渋切りのタイミングや回数は決まっており、餡の風味、色彩は常に同じである。
2　餡練りは弱火で加減しながら行う。
3　含糖率とは、練り上がった餡に含まれている糖類の重量を%に表わしたものである。
4　生餡の水分は、5～10%である。

1-11　製餡に関する記述で正しいのはどれか。

1　生餡の水分量は、餡練り操作に関係がない。
2　餡練りは、でん粉のβ化を目的として行われる。
3　火は強めにして、全体によく熱を入れる。
4　煮た豆類の皮をとって水を加え、上澄み液を捨てて新しい水を加える操作を渋切りという。

（製菓実技）　2　和菓子（その2）

製品とそのポイントとなる材料および製法

＊（　）は粳米が原料、［　］は膨張剤。

串団子　（上新粉）　≫強めの蒸気で30分くらいで蒸し上げ、臼で充分に搗く。
柏餅　（上新粉）、浮き粉　≫強めの蒸気に20分くらいかけ、臼で搗き上げ、ポリ袋に包んで粗熱をとる。再度搗き、浮き粉を水で溶いて搗き混ぜる。
草餅　（上新粉）
桜餅　道明寺粉　≫砂糖蜜を薄赤く着色し、蒸した道明寺に混ぜて20分くらいやすませる。
大福餅　糯米、食塩　≫手粉は片栗粉を使用。包餡温度約40℃（中餡を包む餅の温度）。
薬饅頭（小麦粉饅頭）　薄力粉、［イスパタ］　≫45g、三つ種で包餡。イスパタは上白糖か薄力粉に混ぜるか、水溶きして加える。
田舎饅頭　薄力粉、［イスパタ］　≫42g：六つ種で包餡。蒸気強め：5～7分。
＊三つ種とは、包み上がりの全重量のうち1／3量の生地で中餡を包むこと。六つ種なら1つあたり1／6が生地になる。
利久（利休）饅頭　薄力粉、［重曹］　≫黒砂糖を上白糖、水と混ぜて60℃くらいに温め、水溶きの重曹を加える。
黄味時雨　黄味火取餡、（上新粉）、［ベーキングパウダー］
＊黄味火取餡：かために炊き上げた黄味餡
薯蕷饅頭（関東式）　やまといも、（上新粉）　≫上白糖と上新粉を混ぜ、すりおろしたやまといもを加えて指先で折りたたむようにしてこねる。
薯蕷饅頭（関西式）　つくねいも、薯蕷粉　≫すりおろしたつくねいもと水をすり混ぜ、上白糖を2～3回に分けて加え、さらによくすり混ぜる。薯蕷粉を加えて指先で折りたたむようにして混ぜる。
＊「上用饅頭」ともいう。膨張剤は使用しない。
葛桜（葛饅頭）　葛粉　≫葛粉を水で溶いて上白糖を加え、火にかける。半分かたまりができたら火を止めて手早く全体を混ぜる。
ういろう　（上新粉）、葛粉。または（上用粉）、餅粉（、葛粉）
＊枠に流して蒸すういろう（主に棹物）と上生菓子用のういろう（のばし物、包み物）がある。
蒸し羊羹　小豆並餡、強力粉、浮き粉　≫寒天は使わない。糖類と塩をもみ混ぜて粘りを出す。
蒸しカステラ　薄力粉、［イスパタ］、白並餡　≫卵に上白糖＋イスパタを加えて8分立て。
松風　薄力粉、［イスパタ］、卵白
≫砂糖液とメレンゲを合わせ、薄力粉とイスパタをさっくりと混ぜ込む。
浮島　（上新粉）、薄力粉、小豆並餡　≫卵白に上白糖を2～3回に加えて7～8分立てにして加える。
村雨（高麗餅）　餅粉、薯蕷粉、火取した小豆並餡または白並餡　≫卵は使わない。
錦玉羹　糸寒天、水飴　≫絹ぶるいに通す。
上南羹　糸寒天、上南粉　≫上南粉はオーブンで軽く温める。42℃くらいまで熱を抜き、流し型、羊羹舟などに流す。
吉野羹　糸寒天、葛粉　≫葛粉には水を少しずつ加える。熱い錦玉羹を加えて軽く混ぜる。
水羊羹　角寒天、小豆並餡　≫45℃くらいまで冷やしてから流す。
練羊羹　①並餡使用　糸寒天、小豆並餡
≫糸寒天を溶かし、グラニュー糖を加えて溶かす。再度沸騰させてから並餡を加える。
②生餡使用　糸寒天、小豆生餡
≫生餡を使う場合は、砂糖を溶かした寒天液を多少強く煮詰めてから加える。
どら焼（銅鑼焼）　薄力粉、［重曹］
≫粉、卵、砂糖は三同割。卵に上白糖を加えて軽く泡立てる。薄力粉を泡立て器で手早く混ぜる。
ちゃぶくさ、つやぶくさ（茶袱紗、艶袱紗）
薄力粉、強力粉、［炭酸アンモニウム］　≫逆ごね法。木杓子でよく練って粘りを出す。
焼きんつば　薄力粉、強力粉　≫粉に温湯（60℃）を加えて粘りを出し、30分ねかせる。
焼皮桜餅　白玉粉、薄力粉　≫小判型にのばし、焼き色をつけないように焼く。軽く裏焼きする。
中花物（調布仕上げ）　薄力粉、ぎゅうひ（角切り、細切り）
＊平なべで焼いた生地にぎゅうひと中餡（小豆中割餡など）を包んだもの。六方焼、唐饅頭、鮎焼など。

茶通（ちゃつう）　薄力粉

＊緑色の生地で餡（ゴマ入りが多い）を包み、表面に茶葉かゴマをのせて平なべで焼いたもの。

栗饅頭　薄力粉、ベーキングパウダー、白並餡（こし餡）

≫卵に上白糖を加えてすり混ぜ、白並餡を加えて熱をつける（40℃くらい）。
つや出しは卵黄とみりんを塗り、焼成温度は185℃（下段）。

桃山　黄味火取り餡、みじん粉（餡の 2 ～2.3%）　≫焼成230℃（中段、下火弱め）。

カステラ饅頭　薄力粉、重曹、蜂蜜

≫即ごね法：卵に上白糖、蜂蜜を加えて40℃に温める。焼成温度は175℃（下段）。

≫宵ごね法：生地を作り、一晩ねかせる。翌日、薄力粉をよくもみ込み、麩（グルテン）を出しきる。

＊即ごね生地は食い口はよいが焼き肌が粗い。宵ごね生地は焼き肌が細かいが食い口は悪い。

長崎カステラ　薄力粉、糯（もち）飴（麦芽水飴→P171）

≫比重0.5前後まで泡立てる。上火230℃、下火180℃のオーブンで焼く。
泡切り 3 回。風をあてないように冷まし、冷めてから寸法に包丁する（切り分ける）。

ぎゅうひ（蒸し練り）　白玉粉または餅粉

≫粉に水を加えて練り、強めの蒸気で20分蒸す。上白糖を 4 回くらいに分けて練り混ぜる。
固さを調節して70℃くらいに熱して練り上げる。

＊他に、ゆで練り、水練りの製法がある。

うぐいす餅　白玉粉または餅粉、うぐいすきなこ（青大豆）

≫ぎゅうひの粗熱をとって中餡を皮まわりよく包み、うぐいすきなこを手粉にしてうぐいすの形に成形。

雪平　白玉粉または餅粉、卵白、白並餡または白練切餡

≫ぎゅうひに白餡を加えて練り、こしを切る。卵白と上白糖のメレンゲを混ぜる。

＊白くて着色すると美しい。ぎゅうひより弾力が弱く、硬化が早い。

練切　白並餡、ぎゅうひ（ぎゅうひつなぎ）

≫餡を充分火取ってからぎゅうひを加えて練り混ぜる。もんでまとめ、小さくちぎって冷ます。

こなし　白火取餡、小豆火取餡、餅粉、薄力粉

≫ちぎり入れて蒸し、熱いうちにもみ混ぜる（でっちる）。上用粉を用いることもある。

寒氷　糸寒天　≫寒天を溶かし、グラニュー糖を加えて煮詰める。50℃に冷まし、乳白色になるまで麺棒でする。

雲平　寒梅粉　≫寒梅粉に水と砂糖を加えて練る。

おきな飴　糸寒天　≫水飴を110℃に熱し、約50℃のホイロで乾燥。

石衣　ねき餡、白ねき餡

≫グラニュー糖、水、水飴を115～118℃に煮詰め、50℃に冷まして麺棒ですってすり蜜を作り、40℃くらいまで加熱してねき餡にかける（てんぷらする）。

焼松葉　薄力粉、炭酸アンモニウム　≫焼成温度は180℃。

あられ、おかき（かき餅）　糯米　≫餅を冷却固化して成形、乾燥、焼成。

塩せんべい　関東では上新粉、東北では薄力粉を使用。

練習問題

＊解答は別冊P28

2-1　次のうち串団子の原料にもっとも適した粉はどれか。

1　上新粉
2　薄力粉
3　葛粉
4　わらび粉

2-2　ぎゅうひ（蒸し練り）の材料として使用しないのはどれか。

1　上新粉
2　白玉粉
3　羽二重粉
4　餅粉

2-3　次の和菓子で卵を原料として使用しないのはどれか。

1　村雨
2　黄味時雨（しぐれ）
3　カステラ饅頭（まんじゅう）
4　桃山

2-4　次の和菓子で寒天を原料として使用するのはどれか。

1　蒸し羊羹
2　葛饅頭（葛桜）
3　錦玉羹（きんぎょくかん）
4　石衣（いしごろも）

2-5　次の和菓子で一般に膨張剤を使用しない菓子はどれか。

1　薯蕷（じょうよ）饅頭
2　田舎饅頭
3　利久饅頭
4　薬饅頭

2-6　吉野羹を作る材料として使用しないのはどれか。

1　糸寒天
2　グラニュー糖
3　上南粉
4　葛粉

2-7　黄味時雨に使用する膨張剤はどれか。

1　重曹
2　ベーキングパウダー
3　イスパタ
4　炭酸アンモニウム

2-8　次のうち炭酸アンモニウムを使用するものはどれか。

1　焼皮桜餅
2　おきな飴
3　焼きんつば
4　ちゃぶくさ（つやぶくさ）

2-9　次の組み合わせで正しいのはどれか。

1　田舎饅頭 ―― 強力粉、炭酸ナトリウム
2　薯蕷饅頭 ―― かるかん粉、やまといも
3　薬饅頭　 ―― 薄力粉、イースト
4　利久饅頭 ―― 黒砂糖、重曹

2-10　大福餅の包餡工程における餅の温度はどれか。

1　10℃くらい
2　20℃くらい
3　40℃くらい
4　60℃くらい

2-11　次の材料から作られる和菓子はどれか。

（材料）

卵	120 g	上新粉	35 g
小豆並餡	350 g	薄力粉	10 g
上白糖	100 g	蜜漬け大納言	適量

1　村雨
2　浮島
3　葛桜
4　松風

2-12　練羊羹の製造工程の記述で誤りはどれか。

1　糸寒天が完全に溶けてからグラニュー糖を加え、再度沸騰して砂糖が溶けたら並餡を加える。
2　へら数を少なく、鍋底に力を入れて焦げつかないように練る。
3　練り加減は、木杓子で羊羹をすくって垂らし、円を描いた時に跡がはっきりといつまでも残る程度がよい。
4　上がり際に水飴を加え、水飴が溶けたら火を止めて静かにかき混ぜて粗熱をとり、羊羹筒などに流し込む。

2-13　次の水羊羹の主要原材料の配合で適当なものはどれか。

	角寒天	グラニュー糖	食塩	小豆並餡	水
1	2本	――600 g	―― 20 g	――100 g	――600mL
2	1本	――100 g	―― 2 g	――150 g	――600mL
3	2本	――100 g	―― 20 g	――150 g	――600mL
4	1本	――600 g	―― 2 g	――100 g	――600mL

2-14　次の和菓子とオーブンの焼き上げ温度の組み合わせで誤りはどれか。

1　栗饅頭　　　 ―― 185℃
2　焼松葉　　　 ―― 180℃
3　カステラ饅頭 ―― 175℃
4　桃山　　　　 ―― 170℃

2-15　次のどら焼に関する記述で（　　）に入る原料として正しいのはどれか。

「焼皮は砂糖、卵、（　　）を同量とする三同割が基本である」

1　薄力粉
2　強力粉
3　上新粉
4　片栗粉

2-16 カステラ饅頭の生地の仕込み方法に関する記述で誤りはどれか。

1 即ごね法では、薄力粉を加えたら麩質が出ないようにさっくりとこねつけ、1時間程度休ませてからもみまとめ、餡を包む。
2 宵ごね法では、薄力粉の8割程度を加えたらこねつけて一晩ねかせ、翌日に残りの薄力粉を加えてよくもみ込み、麩を出しきってから餡を包む。
3 食い口は、即ごね生地のほうが宵ごね生地よりもよい。
4 焼き肌は、即ごね生地のほうが宵ごね生地よりも細かい。

2-17 長崎カステラの製造工程に関する記述で誤りはどれか。

1 回転数を落としながら、比重が0.2前後になるまで泡立てる。
2 泡切りを3回行う。
3 ガス抜きとは、中にこもった空気を逃がすことで、浮きを安定させる。
4 風があたらないように冷まし、寸法に包丁する。

2-18 雪平（せっぺい）に関する記述で誤りはどれか。

1 ぎゅうひに卵白、並餡または練切餡を加えて練ったものである。
2 卵白を加えることで白くなるが、多量に加えると食い口が悪くなる。
3 ぎゅうひに並餡や練切餡を加えることでやわらかくなり、細工しやすくなる。
4 ぎゅうひと比較して硬化は遅く、長時間の常温保存に耐える。

2-19 練切餡（ぎゅうひつなぎ）に関する記述で誤りはどれか。

1 水、グラニュー糖を銅鍋に入れて加熱する。
2 沸騰したら生餡を加えて練る。
3 充分に火取ってからぎゅうひを加えて練り混ぜる。
4 練り上げたら風をあてながら一気に冷やす。

2-20 石衣に使用するすり蜜の煮詰め温度はどれか。

1 85〜 88℃
2 100〜103℃
3 115〜118℃
4 130〜135℃

2-21 栗饅頭を焼くときのオーブンの温度でもっとも適当なのはどれか。

1 約145℃
2 約165℃
3 約185℃
4 約205℃

2-22 長崎カステラの焼成で、まず生地を木枠に流し込んで焼くときのオーブンの温度として正しいのはどれか。

1 上火100℃、下火160℃
2 上火160℃、下火200℃
3 上火230℃、下火180℃
4 上火250℃、下火210℃

2-23　栗饅頭の生地の配合として（　　）に入る分量で正しいのはどれか。

薄力粉：200 g　上白糖：（　　）g　白並餡：50 g
液卵：60～80 g　ベーキングパウダー：2 g

1　300 g
2　200 g
3　100 g
4　40 g

2-24　「糸寒天、水、グラニュー糖、水飴」が原料の菓子はどれか。

1　ちゃぶくさ
2　錦玉羹
3　練羊羹
4　桃山

2-25　次の和菓子づくりの道具についての記述で誤りはどれか。

1　サワリは、餡を練ったり、小豆を炊いたりする銅製の鍋である。
2　糖度計は、餡や蜜の糖度を計るために使用する道具である。
3　ワタシは、鍋についた材料を無駄なくとることができるへらのことである。
4　平なべは、上にのせた銅板をガスの炎で下から熱する道具である。

2-26　関東地方で製造される塩せんべいに使用する原料は次のうちどれか。

1　糯(もち)米
2　小麦
3　粳(うるち)米
4　ライ麦

2-27　あられ、おかきの製造工程の一部についての記述で正しいのはどれか。

1　粳米を粉にして、練ってから蒸して搗きあげる。
2　糯米を水洗いし一定時間水浸けして、蒸してから搗きあげる。
3　粳米を水洗いして一定時間水浸けして、蒸してから搗きあげる。
4　糯米を粉にして、練ってから蒸して搗きあげる。

3　洋菓子（その1）

洋菓子の分類

オーブンで焼き上げる菓子

生地	分類	菓子
加熱生地	パータ・シュー	：シュー・ア・ラ・クレーム、エクレール
発酵生地	イースト物	：パン・オ・レ、ブリオッシュ、ババ（サバラン）
折り生地	包み込み 練り込み	：パルミエ、アリュメット・オ・ポンム
練り生地	のばし生地	：タルト、サブレ、ビスケット
	絞り生地	：絞り出しクッキー（サブレ・ア・ラ・ポッシュ）、ラング・ド・シャ
	アイスボックス	：フルーツクッキー、モザイククッキー、ディヤマン
気泡生地（起泡生地）	全卵生地	：スポンジケーキ、ロールケーキ、ブランデーケーキ
	卵白生地	：マカロン・パリジャン、ダクワーズ、シュクセ
	油脂生地	：パウンドケーキ、マドレーヌ、フィナンシェ
堅果生地	堅果生地	：マカロン、フロランタン
凝固生地	プディング	：カスタードプディング（プリン）、クレーム・ブリュレ

デザート菓子

生地	分類	菓子
凍結生地	グラス	：アイスクリーム、パルフェ・グラッセ
	ソルベ	：シャーベット
凝固生地	ゼラチン生地	：ゼリー、バヴァロア、ムース

クリーム類

生地	分類	菓子
泡立て	生クリーム	：クレーム・シャンティイ、クレーム・フエテ
	バタークリーム	：ベース（カスタード系、イタリアンメレンゲ、バータ・ボンブ）
煮上げ	カスタード系	：カスタードクリーム（クレーム・パティシエール）、クレーム・アングレーズ
	フルーツカード	：レモンカード
	混合クリーム	：クレーム・ムースリーヌ、クレーム・ディプロマット、クレーム・シブースト
その他	ガナッシュ	：ボンボン・ショコラ
	クレーム・ダマンド	：ガレット・デ・ロワ、ピティヴィエ

コンフィズリー

砂糖類の加工品：フォンダン、キャラメル、ヌガー
果実類の加工品：ジャム、マーマレード、ゼリー（パート・ド・フリュイ）
堅果類の加工品：パート・ダマンド、プラリネ（ヌガー・ペースト）、ジャンドゥヤ
チョコレート類の加工品：スイートチョコレート、ミルクチョコレート、ホワイトチョコレート

スポンジ、ロール生地の基本配合

①スポンジ生地	（1）	（2）	（3）
卵	100 g	100 g	100 g
砂糖	100 g	75 g	40 g
薄力粉	100 g	75 g	40 g

②ロール生地	（1）	（2）	（3）
卵	100 g	100 g	100 g
砂糖	100 g	60 g	40 g
薄力粉	60 g	40 g	26 g

スポンジ生地などの気泡生地の製法

①共立法：全卵と砂糖を合わせたものに薄力粉を加える。
②別立法：卵黄と砂糖を合わせたものと、卵白と砂糖で立てたメレンゲを合わせ、薄力粉を加える。
③オールインミックス法：全材料をミキサーで一度に混ぜ合わせる。乳化剤を使用する。

バターケーキ生地の基本配合

薄力粉、バター、卵、砂糖が同じ割合（たとえば１ポンドずつ）で作られたので、パウンドケーキとも呼ぶ。

バターケーキ生地の製法

①シュガーバッター法：バターと砂糖を合わせたものに卵を少しずつ加え、最後に薄力粉を加える。
②フラワーバッター法：薄力粉とバターを合わせたものに砂糖、卵の順に加える。
③オールインワン法：バター、薄力粉、砂糖を混ぜ合わせたものに卵を少しずつ加える。ミキサー使用。

パイ生地（フイユタージュ）の製法

①生地でバターを包む方法（パート・フィユテ・オルディネール）：
小麦粉に食塩、冷水、少量のバターを加えてこねて生地を作り、ラップ等で包んで表面が乾かないようにする。この生地で冷したバターを包み、休ませながら数回折りたたむ。
基本配合：強力粉350ｇ、薄力粉150ｇ、バター50ｇ、冷したバター450ｇ、食塩10ｇ、水250mL
②練り込む方法（フイユタージュ・ラピッド）：
小麦粉の中でバターを小さく切り、フォンテーヌ状にして、食塩、冷水を加えて生地を作り、休ませてから数回折りたたむ。
基本配合：強力粉350ｇ、薄力粉150ｇ、バター400ｇ、食塩12.5ｇ、水300mL
＊フォンテーヌとは泉のこと。小麦粉の中央をくぼませて泉のようにすることを、フォンテーヌ状にするという。
＊短時間で出来るので「速成法」、バターを生地に練り込むので「練りパイ」とも呼ばれる。
③バターで生地を包む方法（フイユタージュ・アンヴェルセ）：
バターに30％くらいの強力粉を混ぜて、小麦粉と食塩、冷水をこねた生地を包み、休ませながら数回折りたたむ。
基本配合：強力粉250ｇ、薄力粉125ｇ、バター400ｇ＋強力粉125ｇ、食塩12.5ｇ、水250mL

タルト、タルトレットの生地の製法

①パータ・フォンセ・オルディネール：
薄力粉をフォンテーヌ状にして、食塩、砂糖、バター、水を加えて生地を作る。
基本配合：薄力粉500ｇ、バター250ｇ、砂糖12ｇ、食塩８ｇ、水250〜300mL
②パート・シュクレ：
バターをポマード状にやわらかくして粉糖、食塩を加えてすり合わせ、卵を数回に分けて加え、薄力粉を加えて生地を作る。
基本配合：薄力粉500ｇ、バター300ｇ、卵２個、粉糖250ｇ、食塩４ｇ
③パート・ブリゼ：
小麦粉の中でバターを細かく刻み、フォンテーヌ状にし、食塩、冷水を加えて生地を作る。
基本配合：強力粉300ｇ、薄力粉200ｇ、バター350〜400ｇ、食塩10ｇ、水250〜300mL
＊生地を練りすぎてバターを溶かさないように注意。

練習問題

＊解答は別冊P28

3-1　オーブンで焼き上げる生地と菓子の組み合わせで誤りはどれか。

1　折り生地 ―― マカロン
2　練り生地 ―― サブレ
3　凝固生地 ―― カスタードプリン
4　加熱生地 ―― シュー・ア・ラ・クレーム

3-2　次のスポンジ生地の基本配合で誤りはどれか。

1　卵100 g ―― 砂糖150 g ―― 薄力粉130 g
2　卵100 g ―― 砂糖100 g ―― 薄力粉100 g
3　卵100 g ―― 砂糖 75 g ―― 薄力粉 75 g
4　卵100 g ―― 砂糖 40 g ―― 薄力粉 40 g

3-3　次のスポンジ生地の基本に関する記述で誤りはどれか。

1　共立法は、卵に砂糖を加えて攪拌し泡立てた後、薄力粉を加える。
2　別立法では、卵を卵黄と卵白に分け、別々に砂糖を加えて攪拌する。
3　オールインミックス法は、全材料を同時に混合して生地を作る方法であるため、ミキサーを用いるが、乳化剤・起泡剤を加える必要はない。
4　配合三同割とは、卵・砂糖・薄力粉の分量が同量のことである。

3-4　バターケーキの仕込み方法でないのはどれか。

1　シュガーバッター法
2　フラワーバッター法
3　オールインワン法
4　オーバーナイト法

3-5　バターケーキの製造方法に関する記述で誤りはどれか。

1　シュガーバッター法は、砂糖とバターを充分にすり混ぜ、そのあと薄力粉を加えて混ぜ合わせ、最後に卵を加える。
2　フラワーバッター法は、薄力粉とバターを充分に攪拌し、そのあと砂糖を加えて混ぜ、最後に卵を加える。
3　オールインワン法は、薄力粉とバターと砂糖をミキサーで攪拌し、最後に卵を加える。
4　焼成工程では、上火を最初から強くすると充分に生地が浮かず、生焼けになりやすい。

3-6　バターケーキに関する記述で正しいのはどれか。

1　焼成温度が高い場合は、製品の表面に白い斑点ができる。
2　スポンジ生地などに比べて生地が軽く、中まで火が通りやすいので短時間で焼き上がる。
3　バターケーキは強力粉、バター、砂糖、卵の4種類の材料が1ポンドずつで作られることから、「パウンドケーキ」ともいわれている。
4　完全に焼き上がっていないものを焼成中に動かすと、窯落ちする原因となる。

3-7　次のうち折りパイ生地で作るものはどれか。

1　アメリカンドーナツ
2　パルミエ
3　ブリオッシュ
4　フィナンシェ

3-8　次のうちタルト生地でないのはどれか。

1　パータ・フォンセ・オルディネール

2　パート・ブリゼ

3　パート・ダマンド

4　パート・シュクレ

3-9　パート・シュクレの仕込み法として正しいのはどれか。

1　薄力粉をフォンテーヌ状にし、そこへ塩、砂糖、バター、水を加えて生地をまとめる。

2　バターをポマード状にし、粉糖、塩を加えてすり合わせ、卵、薄力粉の順に加える。

3　小麦粉の中でバターを細かく刻んでフォンテーヌ状にし、塩、水を加えて生地をまとめる。

4　小麦粉の中でバターを小さく切ってフォンテーヌ状にし、塩、水を加えて生地を作り、数回折りたたむ。

（製菓実技）　　4　洋菓子（その2）

製品とそのポイントとなる材料および製法

バタークリーム	シロップを使って作る場合の煮詰め温度は118℃に調整する。
ホイップクリーム（クレーム・シャンティイ）	生クリームと砂糖を氷水にあてて泡立てる。

＊温めたり、泡立てすぎるとバサバサになるので注意。

カスタードクリーム（クレーム・パティシエール）	卵黄と半量の砂糖をすり混ぜ、薄力粉を加える。 牛乳に残りの砂糖とバニラビーンズを加えて沸騰直前まで加熱し、卵黄の中に少しずつ混ぜる。これをこしてから加熱し、全体が一度しまり、再びゆるんだら火からおろしてバターを混ぜる。
スポンジ生地	基本配合は卵、砂糖、薄力粉の三同割、または卵を多めにする。 卵の気泡性を利用するので、しっかりと泡立てる。 焼成温度は160～180℃。表面を押さえて指跡が残るときは焼成不足。 ビスキュイ生地とも呼び、バターが入る場合はジェノワーズ生地と呼ぶ。
ロール生地	基本配合はスポンジ生地よりも薄力粉を少なくする。 生地を薄く焼き上げる場合の焼成温度は200℃で、短時間に焼き上げる。 上火を強くして生地の上面を先に焼き、水分の蒸発を抑える。 下火が強いと底面がかたくなり、巻く際にひび割れが生じる。 焼成後は、鉄板からすぐにはずす。
バターケーキ	基本配合はバター、砂糖、卵、小麦粉の四同割である。160～170℃で焼く。
マドレーヌ	薄力粉と砂糖、ベーキングパウダー、卵、レモンのすりおろした皮を混ぜ、最後に40℃に温めたバターを加える。180～190℃で焼く。
パウンドケーキ	シュガーバッター法で生地を仕込む。160～170℃で焼く。
フィナンシェ	T.P.T.（タン・プル・タン）と薄力粉を混ぜ、粉糖、卵白を加え、最後にブール・ノワゼット（焦がしバター）を加え、160～170℃で焼く。
シュー生地	水、バター、食塩を沸騰させて火からおろし、小麦粉を一度に加えて混ぜる。再度加熱しながら充分に火が通るまで混ぜる。次に、火からおろして卵を少しずつ混ぜ込む。鉄板に生地を絞り、霧を吹きかけてから200℃で焼く。

＊シュー生地はでん粉を糊化させた状態で卵と混ぜる。焼くと膨れて内部に空洞が、表面に亀裂ができる。その形がキャベツに似るのでシュー（フランス語でキャベツ）と呼ぶ。

エクレール	焼き上げたシュー生地が冷めたら切り込みを入れ、クリームを詰める。
フレンチドーナツ	水にバターを入れて火にかけ、沸騰したら火からおろして薄力粉を加えて混ぜる。再度加熱後、火からおろして卵を少しずつ混ぜ合わせる（シュー生地の製法）。イーストや膨張剤は使わない。180～190℃で揚げる。

アメリカンドーナツ　　バターと砂糖をすり混ぜ、卵を少しずつ混ぜ合わせる。食塩、牛乳を加え、最後にベーキングパウダーを混ぜた薄力粉を合わせる。180～190℃で揚げる。

イングリッシュドーナツ　　基本材料として小麦粉、卵、牛乳、砂糖、食塩、ショートニング、イースト、ベーキングパウダーを使用する。180～190℃で揚げる。

アリュメット・オ・ポンム　　強力粉と薄力粉（3：2）を合わせて練り込み式でフイユタージュを作り、砂糖煮のりんご（ポンム）を詰める。200℃で焼き、アプリコテする。

*アプリコテとは、焼き上げたパイにアプリコットジャムを塗る操作をいう。

*アリュメット（仏）マッチ。細長い長方形のパイ菓子。

パルミエ　　強力粉と薄力粉（1：1）を合わせ、生地でバターを包む方法でパイ生地を作り、グラニュー糖をかけながら成形する。180～200℃で焼く。

サブレ（型抜きクッキー）　　基本配合：バター（200g）、薄力粉（300g）、粉糖（100g）、卵黄（40g）、食塩（3g）。170℃で焼く。

ザント・ゲベック（絞り出しクッキー）　　基本配合はサブレ生地とほぼ同じで、ローマジパン、バニラオイル、ラム酒が加わる。バニラ生地とココア生地がある。絞り出して、170℃で焼く。

フルーツクッキー（アイスボックス）　　基本材料：バター、薄力粉、粉糖、卵黄、ミックスフルーツ。
成形して冷凍庫で冷やし固め、170℃で焼く。

チョコレートのテンパリング（温度調節）　　チョコレートを45～50℃に溶かし、一度27～28℃に冷まし、再び31～33℃に上げる操作。安定した結晶が得られ、ブルームが出ない。

テンパリング方法

①水冷法　　　：溶かしたチョコレートをボールに入れ、水に当てて冷やす。

②タブリール法：溶かしたチョコレートの2／3～3／4量をマーブル台の上で薄く広げて練りながら冷やす。

③フレーク法　：適温で溶かしたチョコレートに細かく刻んだチョコレートを加えて温度を下げる。

ガナッシュ　　基本配合：クーベルチュール（スイート）と生クリームの割合は2：1～1：1
クーベルチュールがミルク、ホワイトの場合は3：1～5：2

*生クリームの一部を洋酒、牛乳などに置き換えることが可能。

カスタードプディング　　カラメルを流した型に生地を入れて湯煎にして、150～160℃で焼く。

≫凝固剤は使わない。

*カラメルは、砂糖と水を焦がしたもの。型に流す前に水を加えてかたさを調節する。

クレーム・ブリュレ　　基本配合：牛乳（120mL）、生クリーム（180mL）、卵黄（70g）、砂糖（35g）、バニラビーンズ（1／3本）。
生地は約80℃まで熱を入れ、湯煎にして、150～160℃で焼く。一度冷蔵庫で冷やし、表面にカソナードを振り、カラメリゼする。

*カラメリゼとは、表面の砂糖（カソナード）を焦がしてカラメル状にする操作をいう。

ジュレ・ド・ヴァン・ルージュ　　基本配合：赤ワイン（200mL）、ゼラチン（8～12g）、砂糖（50g）、水（100mL）。
水と砂糖を沸騰させ、ふやかしたゼラチンを加えて溶かし、裏ごしし、冷やして赤ワインを加え、型に流して冷やし固める。

*ここでいうジュレは冷菓のゼリーのこと。

バヴァロア・ア・ラ・ヴァニーユ　基本配合：卵黄（3個）、砂糖（75g）、ゼラチン（12g）、牛乳（300mL）、バニラビーンズ（1／3本）、生クリーム（300mL）。

卵黄と半量の砂糖を混ぜ、残りの砂糖とバニラビーンズを加えて沸騰直前まで加熱した牛乳を加え、火にかける。沸騰させずにとろみをつけて火からおろし、ふやかしたゼラチンを加えて裏ごしする。冷やしてとろみがつけば、6分立ての生クリームを加え混ぜる。

ムース・オ・カシス　基本配合：カシスのピューレ（200g）、イタリアンメレンゲ（160g）、生クリーム（280g）、ゼラチン（6g）、レモンの果汁（少量）、カシスのリキュール（少量）。

ピューレにふやかしたゼラチンを加えて溶かし、レモンの果汁、リキュール、半量の泡立てた生クリーム、メレンゲを加え、最後に残りの生クリームを混ぜる。

凝固剤　→P191「製菓理論－5　原材料（凝固剤、酒類、食品添加物）」参照

練習問題

＊解答は別冊P29

4-1　バタークリームを作る際、卵黄（またはメレンゲ）に加えるシロップの煮詰め温度で適当なものはどれか。
1　75℃
2　98℃
3　118℃
4　145℃

4-2　バタークリームに関する記述で正しいのはどれか。
1　卵黄を使ったものは、かさがよく出て、あっさりした味に仕上がる。
2　カスタードクリームを使ったものは、味が濃厚なので、チョコレートやナッツの風味ともよく合う。
3　卵白を使ったものは、バターをホイップし、熱いイタリアンメレンゲと合わせる。
4　イタリアンメレンゲを使ったものは、他のバタークリームより日もちがよくない。

4-3　イタリアンメレンゲを使用したバタークリームの特徴について誤りはどれか。
1　着色効果がよい。
2　他のクリームより日もちがよい。
3　フルーツの味とよく合う。
4　クリームのかさが出て、味が濃厚になる。

4-4　スポンジ（ロール生地）に関する記述で誤りはどれか。
1　オーブンの温度は200℃程度である。
2　上火を弱くし、表面に焼色をつけずに水分を蒸発させる。
3　下火が強すぎると巻くときにひび割れが生じやすくなる。
4　焼成後は、鉄板からすぐに取板の上に移す。

4-5　スポンジに関する記述で誤りはどれか。

1　スポンジの製造工程には、共立法、別立法、オールインミックス法の３種類の方法がある。
2　ロール生地のように薄く焼く生地は、全体に強めの温度で、短時間で焼き上げる。
3　ロール生地は、焼成後、熱のあるうちに巻かなければ、ひび割れが生じる。
4　ジェノワーズは一般的にバターを加えて作る。

4-6　共立法によるスポンジの仕込み工程に関する記述で誤りはどれか。

1　全卵は軽くほぐして砂糖を加え、攪拌、混合する。
2　卵の泡立ては、湯煎にかけて65℃くらいまで温めて行う。
3　ホイッパーで生地をすくい上げて垂らしたときに、その跡がしばらく残るまで卵を泡立てる。
4　油脂を加えるときは、湯煎で溶かしてから加えて混ぜる。

4-7　マドレーヌに関する記述で誤りはどれか。

1　生地を型に流して焼く。
2　薄力粉を使用する。
3　配合はバターケーキである。
4　焼成温度は250℃である。

4-8　カスタードクリームの原料で使用しないのはどれか。

1　卵黄
2　小麦粉
3　牛乳
4　ベーキングパウダー

4-9　カスタードプディングの湯煎焼きのオーブンの温度はどれか。

1　110℃
2　150℃
3　200℃
4　250℃

4-10　次の焼成温度の組み合わせで誤りはどれか。

1　マドレーヌ　――　180～190℃
2　バターケーキ　――　150℃
3　パルミエ　――　180～200℃
4　シュー・ア・ラ・クレーム　――　200℃

4-11　ゼラチンを使用しない生地はどれか。

1　ジュレ・ド・ヴァン・ルージュ
2　バヴァロア・ア・ラ・ヴァニーユ
3　カスタードプディング
4　ムース・オ・カシス

4-12　次のうちクッキー生地の仕込み形態でないものはどれか。

1　絞り生地
2　のばし生地
3　アイスボックス
4　折り生地

4-13　ドーナツの揚げ温度として適当なものはどれか。

1　130～140℃
2　160～170℃
3　180～190℃
4　210～220℃

4-14　シュー生地に関する記述で正しいのはどれか。

1　小麦粉は、シュー生地の練り上がり具合をみながら、少しずつ加えて弱火でよく練る。
2　生地が練り上がれば、火からおろし、割りほぐした卵を一度に加える。
3　焼成する場合には、低温でじっくりと焼成するほうが空洞は大きくなる。
4　シュー生地をオーブンに入れると、生地に含まれた水分が水蒸気となりその圧力で生地が膨らむ。

4-15　次の記述で誤りはどれか。

1　マドレーヌにはバターを使用する。
2　サブレにはバターを使用する。
3　アメリカンドーナツには薄力粉を使用する。
4　バターケーキにはイーストを使用する。

4-16　次の洋菓子製造方法に関する記述で正しいのはどれか。

1　フレンチドーナツでは、水とバターを合わせて沸騰させたところに小麦粉を加える。
2　アリュメット・オ・ポンムの焼き上げ温度は170℃である。
3　クレーム・ブリュレでは、仕上げに粉糖をふりかける。
4　エクレールでは、パータシューが焼けたらすぐ切り込みを入れ、その中にクリームをしぼる。

4-17　パルミエの材料として用いられるのはどれか。

1　全卵
2　牛乳
3　コーンスターチ
4　バター

4-18　次のクリームのうち焼成して使うものはどれか。

1　クレーム・オ・ブール
2　クレーム・パティシエール
3　クレーム・シャンティイ
4　クレーム・ダマンド

4-19　次のシュー・ア・ラ・クレームのクレーム・パティシエールに関する記述の（　　）に入る材料の組み合わせで正しいのはどれか。

「使用材料：牛乳、小麦粉、バター、（　A　）、（　B　）、バニラビーンズ」

	A		B
1	砂糖	——	卵黄
2	食塩	——	卵白
3	砂糖	——	卵白
4	食塩	——	卵黄

4-20　マドレーヌの基本配合で（　A　）、（　B　）に入る組み合わせで正しいのはどれか。
「配合：薄力粉100g、砂糖（　A　）、全卵100g、（　B　）120g、レモン表皮1／5個、ベーキングパウダー3g」

	A	B
1	120g	溶かしバター
2	100g	溶かしバター
3	120g	レーズン
4	100g	レーズン

4-21　次のガナッシュ・オ・ロムの基本配合で、（　　）に入る分量で正しいのはどれか。
「生クリーム80mL、スイートチョコレート（　　）、バター15g、ラム酒30mL」
1　50g
2　150g
3　300g
4　500g

4-22　チョコレートのテンパリングとはどのような作業か。
1　チョコレートを溶かすこと。
2　チョコレートを温度調節すること。
3　チョコレートをパレットで薄く削ること。
4　チョコレートを型に入れること。

4-23　チョコレートのテンパリング方法として誤りはどれか。
1　溶かしたチョコレートをボールに入れ、ボールの底を水につけて冷やす。
2　適温で溶かしたチョコレートの中に刻んだチョコレートを加える。
3　溶かしたチョコレートを薄いバットの中に入れて冷凍庫にて、すばやく冷却する。
4　溶かしたチョコレートをマーブル台の上に直接流し、薄く広げながら冷やす。

4-24　テンパリングのためチョコレートを溶かす場合の上限温度はどれか。
1　45～50℃
2　55～60℃
3　65～70℃
4　75～80℃

4-25　次の材料で作ることのできる菓子はどれか。
「アーモンド粉末、粉糖、薄力粉、卵白、バター」
1　フィナンシェ
2　シュー・ア・ラ・クレーム
3　フレンチドーナツ
4　ザント・ゲベック

(製菓実技)

5　製パン（その１）

パンの分類

①食パン　型で焼いた主に主食用のパンをいう。
ホワイトブレッド：小麦粉生地のパンで、角食パン（プルマン）やイギリスパン（山食パン）などがある。
バラエティブレッド：小麦粉以外に他の穀類、ナッツ、フルーツなどを加えた生地のパンで、ライ麦パン、レーズンブレッド、グラハムブレッドなどがある。

②ロールパン　主に食事に添えて出される小型のパンをいう。
ソフトロール　：小麦粉生地のロールパンで、バターロール、ドッグロールなどがある。
バラエティロール：レーズンロール、チーズロールなどがある。

③菓子パン　主に間食などで食べられる砂糖、油脂類、卵などを配合したパンをいう。
餡（あん）、ジャム、クリームなどを使用して、風味や楽しさを演出するものが多い。
＊フィリング：クリームなど中に詰めるもの。
＊トッピング：シロップ漬けの果物など上に乗せるもの。
＊アイシング：上にかける砂糖のフォンダンなどのこと。
※狭義の菓子パンは、餡パンやジャムパンなどを指す。広義には、デニッシュペイストリー、スイートロール（シナモンロール、パン・オ・レザンなど）なども菓子パンに含めることもある。

④ハード系パン　フランス、イタリア、ドイツなどで日常食べている直焼きのパンをいう。
フランスパン、パン・オ・ノア、カイザーゼンメル、ロッゲン（ローゲン）ブロートなどがある。
＊直焼き：パン型を使用せず、パン窯の床に直接生地を置いて焼く方法をいう。
パン・オ・ノア（ノワ）はくるみ入りパン、ロッゲンブロートはライ麦パン

⑤ドーナツ（揚げ物）　イーストや膨張剤を使用した生地を油で揚げたパン類をいう。
イーストドーナツはイースト発酵した生地を揚げたもので、リングドーナツなどがある。
ケーキドーナツは膨張剤を使用した生地を揚げたものである。
＊イーストと膨張剤を使用したドーナツをイングリッシュドーナツ、膨張剤を使用したドーナツをアメリカンドーナツ、イースト、膨張剤を使用しないドーナツをフレンチドーナツとする分類もある。
→P216、217「製菓実技－４　洋菓子（その２）」参照

⑥蒸し物　イーストや膨張剤を使用した生地を蒸して作ったパン類をいう。
蒸しパン、肉まん、餡まんなどがある。
※上記①～⑥以外に、バターや卵の配合が多いリッチなソフト系のパン、折り込み生地のパン（クロワッサン、デニッシュペイストリーなど）、またベーグルやグリッシーニ（イタリアの棒状の軽いパン）などの特殊なパンがある。

パン製法のポイント

(製法の各論は　→P228「製菓実技－６　製パン（その２）」参照。各論を読んでから設問に入ること)
①原料の保存：原料貯蔵の最適環境は、温度は20℃、湿度は65%、通気性がよく、直射日光があたらないこと。
②正確な管理：配合の計量、仕込み温度、発酵時間などの工程を正確に管理して品質のばらつきをなくす。
③粉のふるい分け：粉をふるうことにより、ダマをとり除き、異物の混入を防ぐことができる。粉が空気を含み、体積が増加することで吸水もよくなる。酸素をとり込むことで酵母の活性がよくなり、結果として窯のびのよい製品ができる。

④ミキシング：材料を均一に分散し、粘弾性とガス保持力が強い生地を作る。

＊ミキシングの６段階　つかみどり段階：材材料が粗く混ざった状態。
水切れ段階　：弾力が出て、くっつきがなくなる状態。
結合段階　：なめらかでしっかりとした生地になる状態。
最終結合段階：弾力がもっとも強く、光沢のある生地の状態。
麩(ふ)切れ段階　：弾力を失い、結合力がなくなる生地の状態。
破壊段階　：粘着状になり、流動性（ダレ）をおびた生地の状態。

⑤生地発酵　：生地をのびやすい状態にしてガス保持力を高めるとともに、風味を付けるのが目的である。

＊発酵にかかわる酵素
炭水化物分解酵素：アミラーゼ、インベルターゼ、マルターゼ、ラクターゼ
アルコール発酵　：チマーゼ

⑥ガス抜き（パンチ）：製品のきめを均一にして品質を安定させるための操作をいう。
生地中の炭酸ガスを抜き、酸素を補給してイーストの働きを活発にする。生地が発酵前の２～３倍に膨らんだタイミングで行う。

⑦分割　：目的の大きさに切り分けることをいう。
作業に使う手粉（べたつきをなくすために使用する打ち粉）は、製品の品質を悪くするので多く使用しない。分割した生地は乾燥しないように、ビニールなどをかけておく。

⑧丸め　：分割によって広がった生地の表面をなめらかにし、グルテン構造を整える。

⑨ベンチタイム：分割、丸めなどで歪みが生じた生地を回復させるために必要な時間をいう。
中間発酵ともいう。

⑩成形　：ガス抜きとともに形を整える操作をいう。成形機をモルダーという。

⑪ホイロ　：発酵室で製品容積の70～80％まで生地を膨張させる操作をいう。
第２発酵または最終発酵ともいう。

⑫焼成　：オーブンで加熱して表面に焼き色を付け、風味のよいパンに仕上げる操作をいう。
食パンはオーブンから出してすぐに軽いショックを与えて、腰折れ（ケーブイン）を防止する。
焼減率とは、焼成により生地中の水分が蒸発して製品の重量が少なくなる比率（一般に８～15％）をいう。
焼減率（％）＝（生地重量 － 製品重量）÷ 生地重量 × 100

⑬冷却　：製品の温度を下げるとともに、全体の水分を均一にする操作をいう。
食パンは焼成直後よりも冷却後のほうがおいしい。

製パン法

①直(じか)ごね法(ストレート法)：材料を一度にすべてミキシングする。少量の生産に適した製法で、製品の風味や食感がよい。
＊直接法とも呼ぶ。
リテイルベーカリーやインストアベーカリーでの採用が多い。

②中種法（スポンジ法）：中種（スポンジ）を全粉量の50～100％と水、イーストで作り、残りの材料を加えて生地にする。大量生産に適した製法で、機械耐性にすぐれ、製品の老化が遅く保存性が高い。作業場の規模が大きくなる。工程所要時間が長い。

③その他　：100％中種法、加糖中種法、オーバーナイト法、液種法、サワー種法、酒種法、冷蔵冷凍法、低温中種法、湯種法（α化種法）、自家製酵母（種）法などがある。

比容積（型生地比容積）

型生地比容積＝食型の容積（mL）÷生地重量（g）
食パンなど型に入れて焼く場合に、型の大きさに合わせて、入れる生地の重量を決める際に用いる。
比容積の値が大きいほど軽い焼き上がりになる。

ベーカーズパーセント
製パンで材料の配合を表す百分率。使用する粉の総量を100％として、その他の材料の分量を粉総量に対する割合で表す。
≫材料の全重量（≒生地量）に対する比率ではない点に注意。
ベーカーズパーセントによる配合例
フランスパン　：フランスパン用粉100％、塩２％、インスタントイースト0.6％、ビタミンＣ（1/100溶液）0.1％、モルトエキス0.2％、水66～67％
食パン（中種法）　：【中種】強力粉70％、イースト２％、イーストフード0.1％、水42％
【本ごね】強力粉30％、砂糖５％、塩２％、脱脂粉乳４％、ショートニング５％、水25％
菓子パン（直ごね法）：強力粉80％、薄力粉20％、イースト２％、砂糖25％、塩0.8％、全卵10％、ショートニング５％、イーストフード0.1％、水49％
＊２種類以上の粉を使用する場合や使用する粉を中種と本生地に分ける場合などには、それぞれの粉の比率の合計が100％になる。
＊上記の例で強力粉800ｇ、薄力粉200ｇで仕込む場合、水の分量は1000×0.49＝490ｇとなる。

練習問題

＊解答は別冊P30

5-1　次のパンの分類に関する組み合わせで誤りはどれか。
1　ドーナツ　――　ソフトロール
2　ロールパン　――　バラエティロール
3　ハード系パン　――　フランスパン
4　食パン　――　イギリスパン

5-2　次のパンの分類に関する記述で誤りはどれか。
1　食パンは主に主食用に使用するパンで、型焼きされたパンである。
2　ロールパンは小型に作られ、主として食事に付け合わせて出される。
3　菓子パンは主に間食に用いられる。
4　ハード系パンは主にアメリカで作られたパンである。

5-3　次の製品でイーストを使用しないのはどれか。
1　カイザーゼンメル
2　クロワッサン
3　ケーキドーナツ
4　レーズンブレッド

5-4　小麦粉の保存方法に関する記述で誤りはどれか。
1　貯蔵温度は－10℃以下にする。
2　湿度は65％を保つ。
3　空気の流通をよくする。
4　直射日光を避ける。

5-5　製パン工程のミキシングによる生地の段階的変化に関する記述で誤りはどれか。
1　つかみどり段階　――　材料が雑然と混じった状態。
2　結合段階　――　生地がなめらかで弾力があり、しっかりしたものになる。
3　麩(ふ)切れ段階　――　生地に弾力が出てくっつかなくなる。
4　破壊段階　――　生地は粘着状になり流動性をおびる。

5-6　次の発酵状態の見極め（指穴テスト）でもっともよい状態のパン生地はどれか。
1　指の抜き跡が押しもどされる状態。
2　指の抜き跡がそのままの状態。
3　指の抜き跡がしぼむ状態。
4　弾力が強く指が入りにくい状態。

5-7　次の発酵生地に関する記述の（　　）に入る語句の組み合わせで、正しいのはどれか。
「生地発酵では、発酵性糖分が酵母の（ア）により（イ）と（ウ）に分解され、さらにその他の酵素群によりアミノ酸、有機酸、（エ）などが生成され、芳香を有する生地ができる」

	ア	イ	ウ	エ
1	アミラーゼ	アルコール	炭酸ガス	エステル
2	チマーゼ	ブドウ糖	水	アルコール
3	チマーゼ	アルコール	炭酸ガス	エステル
4	アミラーゼ	エステル	水	アルコール

5-8　パン生地をホイロに入れる目的に関する記述で誤りはどれか。
1　生地をゆるやかに膨張させる。
2　焼成工程時の窯のびを助ける。
3　ガス抜きされた生地に再びガスを入れる。
4　イースト菌を滅失させる。

5-9　製パン工程のホイロで、製品（生地）容積に対する膨張率比はどれか。
1　10～20%
2　30～40%
3　50～60%
4　70～80%

5-10　ホイロに関する記述で正しいのはどれか。
1　ガス抜きした生地にガスを含ませ、製品容積の70～80%まで膨張させる。
2　イーストや酵素を不活性化して、焼成時の窯のびを助ける。
3　ホイロを省くと、伸長性の悪い生地が急速に膨張し、容積を大きくすることができる。
4　アルコール、エステルなどの芳香物質が生成され、生地の伸縮性が低下する。

5-11　ベンチタイムについての記述で誤りはどれか。
1　ベンチタイムの間、イーストの発酵は一時的に止まり、ガスの発生が抑えられる。
2　中間発酵ともいい、分割、丸めで傷められた生地を休ませる時間である。
3　ベンチタイムをとることにより、香りがよくなる。
4　ベンチタイムが不足の状態で成形し、焼成すると、合わせ目が割れる。

5-12　次の製パン工程に関する記述で誤りはどれか。
1　ミキシングの目的は、原材料を均一に分散して混合し、成分の均質な分布状態を作ることである。
2　生地発酵の目的は、生地中に発酵生成物を蓄積し、パンによい風味を与えることである。
3　丸めの目的は、分割によって開いて広がった生地の表面を丸めてなめらかにし、グルテン構造を整えることである。
4　成形の目的は、形よく均一に整えることであり、ガス抜きは行わない。

5-13　次のミキシングに関する記述で正しいのはどれか。

1　つかみどり段階 —— 生地がなめらかで弾力があり、しっかりしたものになる。
2　水切れ段階 —— 生地に弾力が出て、くっつかなくなる。
3　最終結合段階 —— 生地は弾力を失い、結合力がなくなる。
4　麩切れ段階 —— 生地が粘着状になり、流動性をおびる。

5-14　製パン工程のパンチに関する記述で正しいのはどれか。

1　成形でガス抜きされた生地を、発酵室に入れて再びガスを含ませ、製品容積の70～80%まで膨張させること。
2　パンチの時期は、生地容積が5倍に膨張したときがよい。
3　生地中に充満した炭酸ガスを抜いて、新しい酸素を混ぜ込み、イーストの働きを活発にすること。
4　分割によってできた切断面を、内部に押し込んで丸めてなめらかにし、グルテン構造を整えること。

5-15　パン焼成までの工程でベンチタイムが必要な理由として正しいのはどれか。

1　生地の粘着性をなくすため。
2　生地のグルテン構造を整えるため。
3　生地がよくのびるようにするため。
4　生地中のガスを抜くため。

5-16　次の製品のうち、生地生成の過程で冷蔵庫を利用して冷却する必要があるものはどれか。

1　フランスパン
2　バターロール
3　ブリオッシュ
4　ハードロール

5-17　焼減率に関する記述で誤りはどれか。

1　焼減率は、窯入れ前の生地重量と窯出し後の製品重量の差を、製品重量に対する百分率で表わす。
2　焼減率は、一般に8～15%とされている。
3　同じ焼成条件では、焼減率が大きいほど火通りがよい。
4　低温だけで焼成すると焼減率は大きくなる。

5-18　次の焼減率を求める式で正しいのはどれか。
（ただし、窯入れ前の生地の重量をAとし、窯出し後の製品の重量をBとする）

1　（A－B）÷A×100
2　（B－A）÷A×100
3　（A－B）÷B×100
4　（B－A）÷B×100

5-19　通常、食パン生地を仕込む際、小麦粉に対するイーストの使用割合はどれか。

1　0.2%
2　2%
3　7%
4　10%

5-20　製パンの直ごね法に関する記述で誤りはどれか。

1　デパートやスーパー内で製造販売するインストアベーカリーで多く採用されている。
2　少量の製品を作る際、直ごね法が広く採用されている。
3　機械耐性にすぐれ、機械化に適している。
4　発酵が充分に行われるので、風味や食感にすぐれている。

5-21　製パンの中種法に関する記述で誤りはどれか。

1　小麦粉の50%以上にイーストの全量と水を混合して室温27℃で３～５時間発酵させたのち、残りの材料すべてを加えて本ごねする方法である。
2　生産計画ができ、量産化に適している。
3　設備スペースの規模が大きいことや、工程時間が長いという欠点がある。
4　製品は保存性が低いため、製品の老化は早く進む。

5-22　製パン法でないのはどれか。

1　加糖中種法
2　液種法
3　冷蔵冷凍法
4　麩切(り)法

5-23　食パンの窯出し（パン焼成の工程を終えて、オーブンから出すこと）の際に１回ショックを与える理由として、正しいのはどれか。

1　色づきをよくするため。
2　窯のびをよくするため。
3　腰折れを防ぐため。
4　甘味を増加させるため。

5-24　次の菓子パンに関する記述の（　　）に入る語句の組み合わせで正しいのはどれか。

「生地の上に砂糖をかけることを（　A　）、パンの上に乗せるものを（　B　）、中に詰めるものを（　C　）という」

	A	B	C
1	アイシング	フィリング	トッピング
2	アイシング	トッピング	フィリング
3	トッピング	フィリング	アイシング
4	トッピング	アイシング	フィリング

5-25　次の配合（ベーカーズパーセント）で製造されるパンとしてもっとも適切なものはどれか。

強力粉100%、塩1.5%、砂糖10%、脱脂粉乳４%、生イースト３%、バター15%、全卵10%、水60%

1　パン・オ・ノワ
2　クロワッサン
3　カイザーゼンメル
4　バターロール

5-26　次のパンとその特徴の組み合わせで誤っているのはどれか。

1　ブリオッシュ　――　「頭付き」（ブリオッシュ・ア・テット）と呼ばれるこぶがついた形がよく知られる。
2　ベーグル　――　成形・発酵した生地をラウゲン（アルカリ溶液）につけてから焼く。
3　パン・オ・レ　――　牛乳を多く配合し、風味をいかしたパン。
4　パン・オ・レザン　――　ブリオッシュの生地にカスタードクリームとレーズンを巻き込んで焼いたパン。

（製菓実技）　6　製パン（その2）

製パン各論

出題されやすいパンの製法について、そのポイントを次に列記する。
（生地温度、発酵時間、ホイロの温度や湿度、焼成温度などには絶対的な数値はないと思われるが、出題にもっとも引用されやすい数値を採用した）

食パン（直ごね法）	①こね上げ温度	：27℃
	②発酵時間	：110分（内80分でパンチ）
	③ベンチタイム	：20分
	④ホイロ	：38℃、湿度85％で約50分（生地膨張が型に対して100％）
	⑤焼成	：210℃で30分

菓子パン（直ごね法）	①こね上げ温度	：28℃
	②発酵時間	：120分（内90分でパンチ）
	③ベンチタイム	：15分
	④ホイロ	：38℃、湿度85％で約50分
	⑤焼成	：200℃で9～10分

＊ホイロ後に卵液を塗り、製品の表面の艶をよくする。

食パン（中種法）	①中種こね上げ温度	：24℃
	②中種発酵時間	：4時間
	③本ごねこね上げ温度	：27℃
	④本ごね発酵時間	：4時間
	⑤ホイロ	：38℃、湿度85％で約50分
	⑥焼成	：210℃で30分

クロワッサン	①こね上げ温度	：24℃
	②発酵時間	：30分
	③生地冷却	：冷蔵庫で60分～一晩
	④ホイロ	：27～30℃、湿度75～80％で60～70分
	⑤焼成	：210℃で15分

＊ロールイン：生地を冷却後、生地に対して28％のバターが薄い層になるように包み込む操作をいう。

フランスパン（パン・トラディショネル pain traditionnel）
バゲット（パリパリした皮を楽しむ棒状）、ブール（やわらかい中身を楽しむ丸い形）など多くの種類がある。

①こね上げ温度	：24℃
②発酵時間	：3時間（内2時間でパンチ）
③ベンチタイム	：20～30分
④ホイロ	：27℃、湿度75％で70分
⑤焼成（直焼き）	：220℃で30分。生地を入れた直後にオーブンに蒸気を入れる。

＊クープ　　：焼成前に生地上面に入れる切り込みのこと（この部分が大きく盛り上がり、パンにボリュームが出る）。
＊蒸気の注入：クラスト（皮）がパリパリする。表面の艶がよくなる。
＊モルトエキス（麦芽エキス）を使用する。

イーストドーナツ
①こね上げ温度　：28℃
②発酵時間　：30分
③ホイロ　：40℃、湿度60％で30〜40分
④フライ　：185〜190℃で片面50秒ずつ

デニッシュペストリー
①こね上げ温度　：24〜25℃
②発酵時間　：30分
③生地冷却　：冷蔵庫で60分
④ホイロ　：30℃、湿度75％で40分
⑤焼成　：210℃で15分

カイザーゼンメル
＊専用の押し型で成形したドイツの直焼き食事パン。モルトエキスを使用する。
①こね上げ温度　：27℃
②発酵時間　：60分（内30分でパンチ）
③ベンチタイム　：15分
④ホイロ　：30℃、湿度70％で40分
⑤焼成（直焼き）　：210℃で17分。生地を入れる直前にオーブンに蒸気を入れる。

練習問題

＊解答は別冊P31

6-1　次の食パンの焼成工程での温度と時間の組み合わせで正しいのはどれか。

	温度		時間
1	180℃	——	30分
2	210℃	——	30分
3	250℃	——	30分
4	300℃	——	30分

6-2　食パンの焼成温度が高すぎる場合に起きる製品不良に関する記述で、誤りはどれか。
1　香り、味がよくない。
2　パンの体積が小さく、焼減率も小さい。
3　外皮の色は濃いが、水っぽい食感である。
4　内層のすだちが粗く、穴あきが出やすい。

6-3　次の焼成温度に関する組み合わせで正しいのはどれか。
1　デニッシュペストリー —— 170℃
2　フランスパン —— 190℃
3　クロワッサン —— 210℃
4　菓子パン —— 230℃

6-4　菓子パンの焼き色の艶（つや）をよくするために表面に塗るものはどれか。

1　卵
2　シロップ
3　洋酒
4　ブドウ糖

6-5　クロワッサンの製造工程に関する記述で正しいのはどれか。

1　生地のこね上げ温度は、33℃が適温である。
2　油脂包み（ロールイン）は、油脂が生地よりもやわらかいほうが望ましい。
3　通常、クロワッサンは、薄くのばした生地を長方形にカットして円柱状に巻き上げて焼いたものである。
4　クロワッサンのホイロは、温度27～30℃、湿度75～80%、60～70分間くらいが適している。

6-6　次のクロワッサンに関する記述の（　　）に入る語句の組み合わせで、正しいのはどれか。
「ロールインバターは、対（　A　）で（　B　）用いるのがよい」

	A		B
1	生地	——	28%
2	生地	——	130%
3	粉	——	15%
4	粉	——	225%

6-7　次の生地でバターの折り込み作業をするのはどれか。

1　クロワッサン
2　ブリオッシュ
3　フランスパン
4　バターロール

6-8　焼成工程で窯入れ時に蒸気を入れるのはどれか。

1　レーズンブレッド
2　フランスパン
3　食パン
4　イーストドーナツ

6-9　次の食パンのホイロ（第二発酵、最終発酵）の温度と湿度の組み合わせで正しいのはどれか。

	温度		湿度
1	26℃	——	65%
2	28℃	——	75%
3	38℃	——	85%
4	40℃	——	90%

6-10　フランスパンのクープに関する記述で誤りはどれか。

1　クープは焼成前に入れる。
2　クープはすべて同じ長さにする。
3　クープを入れることで、ボリュームが出る。
4　クープを入れることで、クラストがパリッとした状態になる。

6-11　次のイーストドーナツのこね上げ温度と揚げ温度に関する組み合わせで、正しいのはどれか。

	こね上げ温度		揚げ温度
1	17℃	——	180〜190℃
2	22℃	——	210〜220℃
3	28℃	——	185〜190℃
4	37℃	——	210〜220℃

6-12　パンの焼成工程に関する記述で正しいのはどれか。

1　焼成の目的は、ホイロで60%まで発酵し膨張した生地をオーブンで加熱し、完全に膨張させ、パンのボリュームを形成することである。
2　全焼成時間の最初の25〜30%の間は第１段階で、ガスの発生にともない急激な膨張が行われる。これを窯のびという。
3　焼成の最後に、焼き色とパン特有の風味が作られる。
4　焼成を終えてオーブンから出すときは、ショックを与えないようにていねいに取り扱う。

6-13　次の組み合わせで２つともモルトエキスを使うのはどれか。

1　フランスパン、クロワッサン
2　デニッシュペストリー、クロワッサン
3　カイザーゼンメル、フランスパン
4　デニッシュペストリー、カイザーゼンメル

6-14　食パンの直ごね法において、生地のこね上げ温度はどれか。

1　20℃
2　24℃
3　27℃
4　30℃

6-15　次のパンの種類と特徴的な材料の組み合わせで誤りはどれか。

1	パン・オ・ノア	——	くるみ
2	ロッゲンブロート	——	ライ麦
3	プンパーニッケル	——	アーモンドプードル
4	フォカッチャ	——	オリーブオイル

6-16　次のうち和風菓子パンといわれているのはどれか。

1　ハードロール
2　メロンパン
3　フランスパン
4　バターロール

編集協力　上田利明（食品衛生管理士）
各章担当者
　衛生法規　田端裕哉
　公衆衛生学　東 庸介、鎌田陽子
　食品学　河野美菜、原田智子、三好恵理奈
　食品衛生学　泉谷麻衣子、川田優子、杉本智美
　栄養学　酒井芙弥子、畑川美耶子
　製菓理論および実技　（和菓子）今成 宏、（洋菓子）永田博之、（製パン）伊藤快幸
編集・校正統括　小阪ひろみ（辻静雄料理教育研究所）、新宮泰彦（辻製菓専門学校）

改訂版　解いてわかる
製菓衛生師試験の手引き

初版印刷　2022年２月15日
２版発行　2023年９月10日
編著者　辻製菓専門学校（©辻料理教育研究所）
発行者　丸山兼一
発行所　株式会社柴田書店
〒113-8477　東京都文京区湯島3-26-9 イヤサカビル
書籍編集部　03-5816-8260
営業部　03-5816-8282（注文・問合せ）
ホームページ　https://www.shibatashoten.co.jp
印刷・製本　藤原印刷株式会社
ISBN 978-4-388-25123-0

改訂版 解いてわかる
製菓衛生師試験の手引き

練習問題、演習問題
[解答集]

問題	答	解　説
1　衛生法規の概要		
1 - 1	4	1：憲法は最高位の法であり、条約は憲法の範囲内で制定される。 2：法律は憲法に次ぐ上位の法であり、政令は法律の範囲内で制定される。 3：各省大臣が発する命令は省令である。
1 - 2	3	1：法律は国会の議決を経て制定される。 2：条例は地方公共団体が議会の議決を経て制定する。 4：省令は各省大臣が発する命令で、地方自治体の長が発する命令は規則である。
1 - 3	4	地方公共団体の長が発する命令は規則であり、誤り。
1 - 4	3	憲法は国民の基本的人権を保障しており、公衆（生活全体の）衛生を規定する。 ≫憲法第25条の条文は出題率が高い。
1 - 5	1	学校保健法規に関係する学校とは幼稚園から大学までをいうので、誤り。
1 - 6	4	労働基準法は労働衛生法規に分類されるので、誤り。
2　製菓衛生師法		
2 - 1	3	製菓衛生師ではなく食品衛生責任者である。
2 - 2	3	製菓衛生師免許の申請は住所地の都道府県知事に申請するので、奈良県知事である。
2 - 3	1	2：紛失した免許証を発見したときの免許証の返納は5日以内と規定されている。 3：毎年申請する義務はない。 4：製菓衛生師免許の申請は住所地の都道府県知事である。
2 - 4	2	1：名簿の訂正は30日以内と規定されている。 3：製菓衛生師ではなく食品衛生責任者である。 4：養成施設で1年以上、または菓子製造業に2年以上従事した者である。
2 - 5	1	2：試験に合格しても免許の申請を行わない者には免許は与えられない。 3：養成施設を卒業しても、試験を受けて合格し、申請しないと免許は与えられない。 ≫調理師免許の場合は養成施設を卒業し、申請すれば免許が与えられる。 4：免許が取消された場合は5日以内に返納する。
2 - 6	3	免許は住所地の都道府県知事が与えるので、誤り。
2 - 7	2	1：調理師法にはこの届出義務が規定されているが、製菓衛生師法にはない。 3：取消処分後、1年を経過すれば免許申請ができる。2年は誤り。 4：試験に合格後、免許申請までの期限はない。
2 - 8	4	1：都道府県知事が与える免許であるが国家資格である。免許は全国で通用する。 2：免許の欠格事由に伝染病はない。 3：取消処分後、1年を経過すれば免許申請ができる。2年は誤り。
2 - 9	2	食品衛生ではなく公衆衛生の向上と増進が目的。
2 - 10	2	1：免許の返納は5日以内と規定されている。 3：免許申請までの期限はない。 4：免許の返納は5日以内と規定されている。
2 - 11	2	製菓衛生師名簿の登録事項に住所はない。
2 - 12	3	30日以内に、免許を与えた都道府県知事に届出る。 ≫2の可能性もあるが、引越しをすると住所地が変わるので、住所地の都道府県知事よりも、免許を与えた都道府県知事のほうが適切である。
3　食品衛生法、食品表示法、食品安全基本法		
3 - 1	2	1：調理師資格だけでは食品衛生管理者にはなれない。 3：医師や管理栄養士が該当し、調理師は該当しない。 4：食品衛生指導員は、日本食品衛生協会などが行う食品衛生指導員養成教育の課程を終了した者が資格を有する。

問題	答	解説
3 - 2	4	食品と食中毒だけでなく、飲食全体の安全を確保して国民の健康の保護を図るのが目的である。 ≫食品衛生法の目的の条文は出題率が高い。
3 - 3	2	特定給食施設の栄養管理は健康増進法で規定されている。
3 - 4	2	「医薬品、医療機器等の品質、有効性および安全性の確保等に関する法律（略：薬機法）」で規定する医薬品や医薬部外品は食品衛生法では規定していない。
3 - 5	1	2：乳幼児が口に入れるおしゃぶりなどは食品と同じ規定が適用される。 3：食品営業施設の監視と指導は、保健所の食品衛生監視員が行う。 4：特に専門知識を必要とする食品営業施設に設置が必要なのは食品衛生管理者である。
3 - 6	3	3：最中の外殻（皮、種）はそれだけでは菓子にならないと考え、営業許可は必要ない。 ≫食品衛生法では、菓子製造業の中にパン製造業も含まれている。 ≫製菓材料の製造を「製菓材料等製造業」として許可が必要であると定めている都道府県（たとえば東京都）もある。
3 - 7	1	2：食品製造事業者の保護を目的としない。 3：厚生労働省内ではなく、内閣府内に設置される。 4：この法は、委員会の設置のほか、国、食品関連事業者、消費者など関係者の責務・役割を明らかにし、施策の策定にかかわる基本方針などを定める。食品表示など具体的なことは、食品表示法が規定している。
3 - 8	4	報告請求権、臨検検査権、収去権があり、営業者その他の関係者から必要な報告を求めることができる。
		4　その他の衛生法規
4 - 1	1	調理技術の合理的な発達と国民の食生活の向上は調理師法の目的で、誤り。
4 - 2	1	栄養士、管理栄養士の身分を規定するのは栄養士法で、健康増進法は誤り。 ≫このポイントは出題率が高い。
4 - 3	4	就業制限については感染症の予防および感染症の患者に対する医療に関する法律で規定している。
4 - 4	2	特定給食は健康増進法で、保健センターは地域保健法で、医院や助産所は医療法で規定している。
4 - 5	1	食品衛生監視員の身分は食品衛生法で規定しているので、誤り。
4 - 6	2	食品の栄養表示基準は、食品表示法で規定している。
4 - 7	2	健康増進法ではなく、地域保健法の目的である。
		5　演習問題
1	3	憲法は国民の基本的人権を保障しており、公衆（生活全体の）衛生を規定する。
2	1	2：法律は国会の議決を経て制定される。 3：省令は各行政官庁の長（各省大臣）が発する命令である。 4：条例は地方公共団体が議会の議決を経て制定する。
3	2	
4	3	「技術」ではなく「資質」の向上がポイントである。
5	3	就業地ではなく、住所地の都道府県知事に対して申請する。
6	4	1：取消事由は他に、「その責に帰すべき事由により、菓子製造業の業務に関し、食中毒その他衛生上重大な事故を発生させたとき」もある。 2：製菓衛生師の身分を失うので、免許証を返納しなくてはならない。 3：必ずしも製菓衛生師を置く必要はないが、食品衛生責任者は置く必要がある。
7	1	免許は住所地の都道府県知事が与えるので、誤り。
8	1	2：取消処分後、1年を経過すれば免許申請ができる。2年は誤り。 3：都道府県知事が与える免許であるが国家資格である。免許は全国で通用する。 4：免許の欠格事由に伝染病はない。

問題	答	解説
9	1	2：製菓衛生師免許の申請は住所地の都道府県知事に行う。 3：都道府県知事が与える免許であるが国家資格である。免許は全国で通用する。 4：新制中学校の卒業者で菓子製造に2年以上従事すれば試験を受けることができる。1年は誤り。
10	3	名簿の訂正は免許を与えた都道府県知事に申請するので、大阪府知事である。
11	2	製菓衛生師法には規定がない。
12	4	1：製菓衛生師免許の申請は住所地の都道府県知事に行う。 2：製菓衛生師試験は都道府県知事が実施する。また、免許申請は住所地の都道府県知事に行う。 3：製菓衛生師養成施設を卒業しても、製菓衛生師試験に合格し、その後免許申請をしなければ、免許は与えられない。
13	3	出願時に提出しているので、免許申請時には必要ない。
14	2	名前が確認できる製菓衛生師名簿を保管しているのは、免許を与えた都道府県知事である。
15	4	1：素行が著しく不良な者は規定にない。 ≫過去において調理師法に規定されていたが、平成13年に削除された。 2：結核などの感染症（伝染病）は規定にない。 3：絶対的ではなく、相対的欠格事由である。平成13年に改正された。
16	4	死亡、失踪による名簿の登録消除の申請は30日以内と規定している。
17	1	薬機法で定める医薬品や医薬部外品などは含まない。
18	3	酒類販売業は食品衛生法上の規定はない。なお、酒類製造業は営業許可32業種の1つに含まれる。
19	4	1：食肉製品製造施設には必要であるが、食肉処理施設には規定がない。 2：製造年月日ではなく、消費期限または賞味期限である。また、現在は食品表示法に規定されている。 3：食中毒の届出先は保健所長と規定されている。
20	1	2：医薬品は薬機法に規定されており、食品衛生法には規定されていない。 3：食品添加物は、すべて厚生労働大臣の指定したものしか使用できない。 4：株式会社などの法人も含まれる。
21	3	職場内の改善や教育を行うのは食品衛生責任者である。
22	2	1：国民保健の向上を図ることを目的とする法律は、健康増進法である。 3：食品衛生管理者ではなく、食品衛生監視員である。 4：市町村長ではなく、都道府県知事、保健所設置市の長、特別区の長などから受ける。
23	3	1：営業施設基準は都道府県知事が規定する。 2：営業許可には期限の条件付けがある。 4：特に衛生上の考慮の必要な食品営業施設に、食品衛生管理者の配置が義務付けられている。
24	3	せんべい、ケーキ、チューインガムは食品衛生法の「菓子」に該当する。
25	2	1：食品の定義は正しいが、医薬品や医薬部外品は食品に含まれていない。 3：食品の製造過程または食品の加工もしくは保存の目的で使用するのが、食品添加物。 4：届出義務が規定されている。
26	4	1：栄養士免許は栄養士法が規定する。 2：製菓衛生師免許は製菓衛生師法が規定し、菓子販売業には営業許可が不要。 3：病院や医院の開業は医療法が規定する。
27	1	3：食中毒の原因調査の実施は食品衛生法が規定する。
28	3	菓子製造業などの営業許可は食品衛生法が規定するので、誤り。
29	4	監視と指導の目的で、施設への立入検査や食品などを収去検査ができるので、誤り。

公衆衛生学

問題	答	解説
1 公衆衛生学の概要		
1 - 1	3	一般衛生行政、学校保健行政、労働衛生行政、環境保全行政の4本立てである。
1 - 2	3	
1 - 3	1	
1 - 4	3	
1 - 5	2	
1 - 6	4	生産統計は経済的なもので、衛生にかかわる統計ではない。
1 - 7	2	労働衛生に関する事項は労働基準監督署の管轄となる。
1 - 8	4	1：市町村が実施している。　2：早期新生児死亡に関する記述である。 3：周産期死亡は妊娠22週以降の死産と生後1週未満の新生児死亡をいう。
1 - 9	2	定期健康診断は年1回行われる。
1 - 10	1	このような目標は設定されていない。
1 - 11	3	1：介護保険の保険者は市区町村であるため、申請先や認定審査は市区町村となる。 2：被保険者は1号と2号のみである。 4：要介護5がもっとも重い。
2 衛生統計（人口統計、疫病統計）		
2 - 1	2	人口動態統計に関する記述である。
2 - 2	1	2：人口静態統計に関する記述である。 3：有訴者率は病気やけが等で自覚症状がある者の割合を表わす。 4：平成9年以降、老年人口の方が多い。
2 - 3	2	人口1,000人あたりの数値で表す。（×1000が正しい）
2 - 4	4	1：悪性新生物が1位、心疾患が2位である。 3：有訴者率や通院者率は、国民生活基礎調査により算出されている。
2 - 5	3	1人の女性が2人以上の子どもを生めば少子化にならないので、2.34は誤り。
2 - 6	2	3：健康寿命である。
3 環境衛生（空気と水の衛生、公害）		
3 - 1	1	窒素、酸素の順に多く含まれ、この2つで空気のほぼすべてを占める。 ≫空気の組成の問題は出題率が高い。
3 - 2	4	光化学スモッグは窒素酸化物などが原因。黄砂は中国から風によって運ばれてくる粉じん。
3 - 3	3	1：もっとも多いのは窒素である。　2：気温は20℃前後とされる。 4：シックハウス症候群の原因となる化学物質には、ホルムアルデヒドやトルエンがある。
3 - 4	1	≫遊離残留塩素量は出題率が高い。
3 - 5	4	検出されてはいけないものは、大腸菌のみである。他の細菌や物質は基準値以下であることが規定されている。
3 - 6	3	水道普及率は95%を超えているが、下水道普及率は70%程度と低い。
3 - 7	3	pHは水素イオン濃度である。浮遊物質量はSSで表わされる。
3 - 8	1	イタイイタイ病の原因物質はカドミウムで、メチル水銀は水俣病。
3 - 9	3	1：イタイイタイ病の原因物質はカドミウムである。　2：BODは水質汚濁の指標である。 4：光化学スモッグの原因は窒素酸化物や炭化水素である。
3 - 10	2	環境基本法では、大気汚染、水質汚濁、騒音、振動、地盤沈下、悪臭および土壌汚染の7つを公害としている。

問題	答	解説
		4　環境衛生（光の衛生その他）
4 - 1	4	紫外線の効力は光があたる表面部分のみである。
4 - 2	4	
4 - 3	1	人工的な光源を用いるのは「照明」である。
4 - 4	2	産業廃棄物の処理は事業者の責任である。
4 - 5	3	脂肪組織へ蓄積するため、体内に残留しやすい。
4 - 6	2	ハエは赤痢などの消化器系感染症、マラリアは蚊が媒介する。
		5　疾病の予防（感染症）
5 - 1	1	2：ペスト、破傷風の病原体は細菌に分類される。 3：発しんチフス、つつが虫病の病原体はリケッチアである。 4：マラリア、アメーバ赤痢の病原体は原虫に分類される。
5 - 2	1	3つの条件は感染源、感染経路、感受性である。
5 - 3	2	1：1類感染症である。3：エイズのことで5類感染症である。4：2類感染症である。
5 - 4	2	いわゆるO157は飲食物を介して広がる場合が多いので、直接食物を扱う仕事に就くことを禁止している。
5 - 5	3	1：赤痢は手指やハエ、ゴキブリなどにより食物や調理器具類が汚染されて、経口感染する。 2：結核は人から人へ飛沫感染するので、ネズミは関係がない。 4：マラリアは蚊によって経皮感染するので、ハエではない。
5 - 6	3	黄熱は蚊が媒介する経皮感染。赤痢、コレラは飲食物を介する経口感染。
5 - 7	1	SARSは経気道感染、破傷風は傷口からの感染（経皮感染または接触感染とされる）、マラリアは蚊が媒介する経皮感染。
5 - 8	2	ア群の中で麻しんは飛沫感染で誤り。イ群の中でフィラリア症は蚊による経皮感染で誤り。
5 - 9	4	1：感染経路対策になる。2：感受性対策になる。3：感染経路対策になる。
5 - 10	3	保菌者は病原菌を拡散するので、感染源対策としての重要なポイントである。
5 - 11	3	入国者に対する検疫は感染源対策なので、誤り。
5 - 12	3	逆性石鹸（→P122参照）は刺激性や毒性がほとんどない。危険な薬は食品関係では使用できない。
5 - 13	1	赤痢には予防接種がない。他は定期A類予防接種に規定されている。
		6　疾病の予防（生活習慣病）
6 - 1	4	脳出血は血清コレステロールの低値がリスクとなっており、誤り。
6 - 2	4	がんによる死亡率は増加しているので、誤り。
6 - 3	3	日光にはあたりすぎず、スポーツは適度に実施。
6 - 4	4	収縮期血圧が140 mmHg以上、または拡張期血圧が90mmHg以上を高血圧というので、誤り。
6 - 5	2	A群では膵臓、B群ではインスリンが適当である。
6 - 6	3	1：腹囲の基準に加え、脂質異常、高血圧、高血糖の3項目のうち2項目以上該当する場合をいう。 2：発症リスクが高い。 4：皮下脂肪ではなく、内臓脂肪との関係が深い。
6 - 7	1	2：特定健診の対象者は40～74歳の者。 3、4：特定保健指導の対象者は、特定健診の結果から、メタボリックシンドロームおよびその予備軍。
6 - 8	4	喫煙は胃への負担が大きくなるので、誤り。
6 - 9	4	予防接種は第1次予防である。
6 - 10	4	近年重視されているのは、第1次予防である。

問題	答	解　説
7　労働衛生		
7 - 1	4	労働基準法に規定されている。
7 - 2	2	休憩時間を含まず8時間である。
7 - 3	1	労働安全衛生法である。
7 - 4	3	減圧症は高圧環境、熱中症は高温作業、振動障害は振動が原因となる。
7 - 5	1	VDT障害はコンピューター作業、白内障は赤外線、じん肺症は粉じんが関係する。
8　演習問題		
1	3	1：保健所の設置主体は都道府県、政令指定都市等である。 2：労働衛生行政を担う国の機関は厚生労働省である。 4：市町村保健センターの役割である。
2	3	
3	4	
4	1	2：保健所の設置は市町村ではなく、都道府県などである。 3：ヘルスプロモーションについての記述である。 4：保健所の業務として地域保健法に規定されている。
5	1	2：保健所の数は減少傾向にある。 3：保健所の業務については地域保健法第6条に定められている。 4：保健所は都道府県などが設置する
6	1	介護保険に関しては市町村が実施している。
7	1	母子保健とは母性と小学校入学までの乳幼児を対象とする保健をいう。
8	3	1：出生、死亡、婚姻、離婚など人口の変動要因となる事柄についての統計である。 2：18～48歳ではなく、15～49歳の女子の年齢別出生率を合計したものである。 4：妊娠満22週以降の死産に早期新生児（生後1週未満）死亡を合わせたものである。
9	2	1位　悪性新生物、2位　心疾患、3～5位には老衰、脳血管疾患、肺炎が入る。
10	4	薬事統計は衛生統計に含まれる。
11	2	1：平均寿命に関する記述である。 4：健康寿命に関する記述である。
12	4	近年の水質汚濁の原因は家庭からの生活排水が原因である。
13	4	イタイイタイ病の原因物質はカドミウムであり、誤り。
14	3	窒素酸化物や炭化水素が紫外線により光化学反応を起こし、生成されるオゾンなどを光化学オキシダントという。
15	2	赤外線ではなく紫外線である。
16	4	PM2.5は大気汚染物質である。表記内容に該当する公害病としては、水俣病がある。
17	4	1ppm以上ではなく、0.1ppm以上である。
18	3	光化学スモッグの原因物質は二酸化窒素や揮発性有機化合物である。
19	4	1：窒素78％、酸素21％、炭酸ガス0.04％程度である。 2：目やのどに刺激が生ずる。 3：水俣病の原因物質はメチル水銀（有機水銀）である。
20	4	逆性石鹸は普通の石鹸と混ぜると効果が低下するので、誤り。 3：調理場ではクレゾール水など毒性が強いものは使用しないが、誤りではない。
21	3	感受性が高まると感染し、発病しやすくなるので、誤り。 4：　≫赤痢対策に予防ワクチンがないことが出題されやすい。

問題	答	解　説
22	3	赤痢の病原体は細菌または原虫（アメーバ赤痢）。
23	2	結核と破傷風は細菌、マラリアは原虫である。
24	4	1：マラリアの病原体は原虫である。 2：コレラの病原体は細菌である。 3：ペストの病原体は細菌である。
25	2	1：日本脳炎は蚊が媒介する。 3：ペストはノミが媒介する。 4：結核は人から人へ飛沫感染する（媒介昆虫はない）。 *赤痢、腸チフス、パラチフスはハエやゴキブリが媒介することがある。
26	3	1：1類感染症である。 2：3類感染症である。 4：5類感染症である。
27	4	ペストはノミによる経皮感染であり、誤り。
28	2	感染源対策としての保菌者発見には、定期的な検便が重要である。
29	3	1：糖尿病は、糖代謝の障害で、食塩摂取量は関係しない。 2：骨粗しょう症はカルシウムの摂取不足等による骨量減少が原因となる。 4：痛風は高尿酸血症から引き起こされるもので、たんぱく質摂取は多いほうが影響する。
30	3	3大生活習慣病はがん（悪性新生物）、心疾患、脳血管疾患である。
31	3	心臓に酸素や栄養を供給している「冠動脈」の動脈硬化等によって引き起こされる。
32	2	診断基準にはこの腹囲の基準に加え、脂質異常、高血糖、高血圧（3項目のうち2項目以上）がある。
33	2	メタボリックシンドロームは内臓脂肪型肥満に加えて、高血糖、高血圧、脂質異常のうち2つ以上を合わせもった状態をいう。内臓脂肪型肥満の判定には腹囲測定が用いられる。
34	4	1：第2次予防である。 2：第3次予防である。 3：第3次予防である。
35	4	不完全燃焼によって発生するのは一酸化炭素であり、二酸化炭素ではない。
36	2	労働災害ではなく、職業病である。
37	1	製造業における総括安全衛生管理者の選任は300人を超える事業所が対象であるため、50人の場合は対象外である。
38	4	立位作業で起こりやすい職業病は静脈瘤である。
39	3	業務による脳・心臓疾患も労働災害と認められる。
40	4	労働基準法などがある。

食品学

問題	答	解　説
		1　食品学の概要と食品成分
1 - 1	4	消化されにくく、主に植物性食品に含まれるのは食物繊維である。
1 - 2	4	アトウォーターの係数では、たんぱく質と炭水化物は4 kcal、脂質は9 kcalである。
1 - 3	2	たんぱく質、炭水化物は1gあたり4 kcal、脂質は9 kcalである。そのため0.3 g×4 kcal/ g+10.3 g×9 kcal/ g+12.3 g×4 kcal/ g=143.1kcalとなるが、これは100 g中の栄養成分なので、50 gの卵では143.1÷2=71.5≒72kcalとなる。
		2　食品の色、味、香りと有害成分
2 - 1	2	カロテンはカロテノイド系で、フラボノイド系にはヘスペリジンが該当する。

問題	答	解　説
2 - 2	4	カプサイシンはとうがらしの辛味で、しょうがの辛味成分はショウガオールである。 ≫ショウガオールは出題率が高い。
2 - 3	3	1：しょうがの辛味はショウガオール。メントールははっか。 2：ホップの苦味はフムロン。タンニンは茶などの渋味。 4：からしの辛味はシニグリン。サンショールはさんしょう（山椒）の辛味。
2 - 4	2	1：フグ毒のテトロドトキシンは急性食中毒を起こす。 3：貝毒のサキシトキシンは急性食中毒を起こす。 4：きのこ毒のアマニタトキシンは急性食中毒を起こす。 ≫ナッツ類のカビ毒のアフラトキシンを一度に大量に摂取すると、急性中毒が発生する報告があるが、長期にわたって食べ続けることによる発がん性が高い慢性中毒の原因物質とする。

3　食品の分類と成分特性

問題	答	解　説
3 - 1	4	1：ビタミンA、B_2、Dは動物性食品に多い。 2：植物性食品には脂質は少ないが、必須脂肪酸が多い。 3：ビタミンB_1、C、カロテンは植物性食品に多い。
3 - 2	2	ビタミンB_1が多い食品は酵母、豆類、穀類、いも類などである。
3 - 3	4	ビタミンAが多い食品はレバー、バター、卵黄、緑黄色野菜などである。

4　食品各論（米、小麦）

問題	答	解　説
4 - 1	1	餅（もち）はめしよりも消化がよい。
4 - 2	4	ビーフンは粳米から作る。
4 - 3	3	餅はめしよりも水分が少なく固形分が多いので、同量ではエネルギー（kcal）が高い。
4 - 4	1	ビタミン類は胚芽に多く含まれているので、玄米のほうが多い。
4 - 5	4	白米よりも玄米、籾（もみ）米のほうが品質が低下しにくい。
4 - 6	4	胚芽にはビタミンEが多く含まれている。
4 - 7	2	たんぱく質の含有量は小麦のほうが多い。
4 - 8	2	たんぱく質の栄養価は小麦よりも米のほうが高い。 *たんぱく質の栄養価とは、その中に含まれるアミノ酸の種類と量で決まる。

5　食品各論（麦類、雑穀類、とうもろこし、いも類）

問題	答	解　説
5 - 1	3	1：糯米のでん粉はほぼ100％がアミロペクチンである。 2：強力粉は中力粉、薄力粉よりもグルテンが多い。 4：たんぱく質の栄養価は低い。
5 - 2	2	ツェインとはとうもろこしのたんぱく質である。
5 - 3	1	大麦は胚乳に皮が入り込んでいるので、米の胚乳よりも食物繊維が多い。
5 - 4	2	1：カロテンは植物に含まれている色素の1つである。 3：グルテンは小麦のたんぱく質である。 4：グルコマンナンはこんにゃくに含まれる食物繊維である。
5 - 5	3	1：リパーゼは脂質を分解する酵素で、でん粉は分解しない。 2：アミラーゼを含み、生でも食べることができるのはやまのいもで、さといもではない。 4：ガラクタンは大豆に含まれている食物繊維の1つである。
5 - 6	3	さつまいもはビタミンCを含んでいる。
5 - 7	3	1：サポニンは大豆に含まれる泡立ちの成分である。 2：グリシンはアミノ酸の1つである。 4：グリチルリチンは甘味成分である。

6　食品各論（砂糖および甘味類、豆類、種実類）

問題	答	解　説
6 - 1	3	精製度が低い黒砂糖のほうがミネラルなどを多く含んでいる。

問題	答	解説
6 - 2	3	一般に塩分が10%未満の味噌を甘味噌という。
6 - 3	4	一般に塩分が10%未満の味噌を甘味噌という。
6 - 4	4	大豆の炭水化物は消化吸収が悪い多糖類である。
6 - 5	2	成熟大豆にはでん粉はほとんど含まれていない。
6 - 6	4	大豆のたんぱく質は豆のままだと煮て食べても消化が悪いので、豆腐などに加工する。
6 - 7	4	くるみや落花生は脂質を約50%含んでいる
		7　食品各論（野菜類、果実類、きのこ類、藻類）
7 - 1	3	にんじんに含まれるのはカロテンである。
7 - 2	4	1：リシン（リジン）は水に溶けるので濁りには関係がない。 2：ほうれん草はシュウ酸を含んでいる。 3：アミラーゼはでん粉を分解する酵素である。
7 - 3	3	ジャムの製造にはペクチンが用いられる。
7 - 4	4	1：アントシアニン系色素ではなくタンニンが変化する。 2：イノシン酸などはうま味成分で、有機酸ではない。 3：カロテノイド系色素のリコピンではなく、アントシアニン系色素である。
7 - 5	1	寒天の原料は海藻（てんぐさなど）である。
7 - 6	4	1：グリコーゲンではなく、グルタミン酸である。 2：こんにゃくの原料はこんにゃくいもである。 3：ゼラチンではなく、アガロースなど。寒天の主成分は炭水化物である。
		8　食品各論（魚介類、肉類、卵類）
8 - 1	3	アクチンはたんぱく質で、肉の色素はミオグロビンである。
8 - 2	4	豚肉はビタミンB_2ではなく、ビタミンB_1を多く含む。
8 - 3	3	高度不飽和脂肪酸は変質（油焼けなど）しやすい。
8 - 4	4	牡蠣は消化されやすい。
8 - 5	3	レシチンを含むのは卵黄である。
8 - 6	3	スポンジケーキは泡立ち性、マヨネーズは卵黄の乳化性、卵豆腐はたんぱく質の熱凝固性を利用して作る。
8 - 7	2	卵白のたんぱく質には、オボグロブリンではなく、オボアルブミンが多い。
		9　食品各論（乳類、油脂類）
9 - 1	1	チーズの主成分はたんぱく質である。
9 - 2	2	カッテージチーズではなく、プロセスチーズである。
9 - 3	2	カゼインは乳酸などの酸で凝固する。
9 - 4	4	1：グルテンは小麦のたんぱく質である。 2：牛乳は多くの栄養素を含むが、ビタミンCは少ない。 3：アノイリナーゼではなく、レンネットを添加する。
9 - 5	2	ビタミンAは動物性脂肪（バターなど）に多く含まれている。
9 - 6	2	多価（高度）不飽和脂肪酸［IPA（EPA）、DHA］を多く含むのが魚油である。
9 - 7	2	バターは消化されやすい。
9 - 8	3	1：液状のものが油で、固体のものが脂である。 2：ラードは豚の脂である。 4：オレイン酸ではなく、リノール酸が多い。

問題	答	解説
10 食品各論（し好飲料類、調味料、香辛料）		
10 - 1	4	4 kcal ではなく、約7 kcal である。
10 - 2	4	1：イノシン酸ではなく、テアニンである。 2：カフェインは苦味で、渋味はタンニン（またはカテキン）である。 3：ウーロン茶ではなく緑茶の製法である。
10 - 3	2	1：酢酸量は10～15％ではなく、3～5％である。 3：酢酸と化学調味料のみではなく、糖類や食塩なども添加している。 4：pHを上げるとはアルカリ性が強くなることで、下げる（酸性にする）作用がある。
10 - 4	2	1：細菌の増殖を抑える作用がある。 3：淡口（うすくち）醤油のほうが塩分濃度は高い。 4：清酒ではなく、焼酎を使用する。
10 - 5	2	クエン酸は有機酸で果実などに含まれている。
10 - 6	2	1：シナモンは肉桂。3：ナツメグはにくずく。4：しょうがはジンジャー。
10 - 7	3	ローリエは一般に西洋料理の煮込み料理などに使用する。
10 - 8	1	さんしょうは辛味を与える香辛料である。
11 食品各論（加工食品、微生物応用食品）		
11 - 1	3	冷凍食品は－15℃以下に急速凍結する。
11 - 2	4	レトルト食品は加圧加熱殺菌をし、常温で流通している。
11 - 3	3	1：変色防止の目的で、凍結前に行う。 2：冷凍保管中は特に乾燥しやすい。 4：品質の低下を少なくするために急速凍結を行う。
11 - 4	4	かつお節の製造には主に青カビが使用されている。
11 - 5	1	納豆菌は納豆の製造に使用し、うま味調味料にはグルタミン酸菌を使用する。
11 - 6	3	チーズの製造には青カビが使用されている。
11 - 7	3	漬物は細菌と酵母を利用して作られている。
12 食品の変質と保存法、食品の動向		
12 - 1	3	
12 - 2	1	CA貯蔵はりんご、梨、柿の貯蔵で利用される。
12 - 3	3	乾めんなどは乾燥法で、野菜や果実の貯蔵にCA貯蔵が利用されている。
12 - 4	1	2：酸素量を少なくし、二酸化炭素（炭酸ガス）量を多くする。 3：冷凍しても細菌は死滅しない。 4：－15℃以下の保存は冷蔵ではなく、冷凍貯蔵法である。
12 - 5	2	1：塩漬けでは殺菌できない。 3：容器と食品の接触面の化学変化などもあり、半永久に品質を保持できない。 4：放射線の照射はじゃがいものみに許可されている。
12 - 6	4	≫最新の食料需給表で特に穀類、大豆の輸入量を確認しておく。
12 - 7	2	2：「自給率の推移　品目別自給率の推移」令和元年の数値。 ≫米、小麦、野菜、果物、鶏卵、肉類、魚介類の自給率の動向を知っておく。
12 - 8	2	1：遺伝子組換え種苗は使用していない。 3：1年以上ではなく、2年以上である。 4：原則として使用しない。

問題	答	解　説
		13　演習問題
1	3	1：生野菜などの生鮮食品中の水は自由水が多い。 2：水分活性値が低い（小さい）ほど貯蔵性が高い。 4：二重結合があるのが不飽和脂肪酸である。→P136「栄養学ー３脂質」参照
2	2	食品100gあたりで計算するので、水分が多いほどエネルギー量は小さくなる。
3	1	2：賞味期限と消費期限は意味が異なる。消費期限は加工日からおおむね5日以内と規定されている。 3：寒天やモズクは藻類である。 4：動物性食品は脂質を多く含むが、必須脂肪酸は少ない。
4	2	1：玄米は消化吸収が悪い。 3：白玉粉は糯米製品である。 4：アミロペクチンが約80%、アミロースが約20%である。
5	1	2：小麦のたんぱく質の主成分はグルテン（グリアジンとグルテニン）である。 3：たんぱく質も含まれているが、良質ではないと考える。 4：でん粉ではなく、小麦粉である。
6	3	1：グルテンは小麦特有のたんぱく質である。 2：うどんの原料は中力粉である。 4：大麦は米より消化が悪い。
7	3	とうもろこしのたんぱく質（ツェイン）は栄養価が低い。
8	4	さつまいもは食物繊維が多く、整腸作用がある。
9	3	1：米は貯蔵中に脂質が酸化し、風味が悪くなる。 2：麩の原料は小麦粉たんぱく質（グルテン）である。 4：さつまいもはアミラーゼを含む。
10	3	精製するほど無機質などの不純物が少なくなる。
11	3	泡立ちの成分はレシチンではなく、サポニンである。
12	1	脂質含有量は約18%と考える。
13	2	1：糸引き納豆ではなく、味噌の製法である。 3：湯葉ではなく、醤油の製法か。 4：はるさめではなく、湯葉の製法である。
14	4	1：たんぱく質は30～40%含む。アミロースではなくグリシニンである。 2：脂質は約18%で、必須脂肪酸であるリノール酸が多い。 3：泡立ち成分はサポニンである。動脈硬化を防ぐのはレシチンである。
15	4	1：大豆はたんぱく質と脂質が多いが、その他の豆（小豆など）は炭水化物が多い。 2：きな粉の原料は大豆である。 3：畑の肉と呼ばれるのは大豆である。
16	3	いちごやかんきつ類はビタミンCを多く含む。
17	4	1：フムロンは苦味成分である。 2：からしの辛味成分はシニグリンである。 3：テオブロミンはカカオ（チョコレート、ココア）に含まれる苦味成分である。
18	2	と殺直後は固くてまずいので、一定期間熟成を行う。
19	4	1：産卵直後ではなく、産卵前がおいしい。 2：リノール酸などではなく、ドコサヘキサエン酸などの高度不飽和脂肪酸が多い。 3：血合肉は白身魚ではなく、カツオ、マグロなどの赤身魚に多い。 *筋原繊維とは、筋細胞（筋繊維）を構成するものである。

問題	答	解　説
20	1	2：脂質は卵黄に多い。 3：ビタミンCは含まない。 4：ルテインはビタミンA効力はない。
21	4	卵黄は約70℃、卵白は約80℃で凝固する。
22	4	水の中に油が分散した「水中油滴」状態になっている。
23	3	消化されやすい状態のカルシウムを多く含んでいる。
24	4	日本では放射線照射は、じゃがいものみに行われ、他の食品では行われない。
25	2	冷凍法は－15℃以下である。
26	2	貝類に多く含まれるのはグリコーゲンである。
27	2	さつまいもではなく、じゃがいもである。
28	4	トリプシンはたんぱく質分解酵素で、みかんなどかんきつ類には特に多く含まれない。
29	4	1：70～72%ではなく、90～92%である。 2：少なくなるではなく、多く(強く)なる。 3：ビタミンAではなく、カロテンである。 *炭水化物が多い栗やぎんなんも種実類であるが、くるみなどに関する出題と解釈し、正しいとした。
30	3	こんにゃくいもが原料である。
31	2	大豆が原料である。
32	3	肉の脂は常温で固体、魚の油は常温で液体である。
33	1	ウイスキー、キルシュ、ラム酒は蒸留酒である。
34	2	1：脂質は9 kcalである。 3：食品成分表は食品100 gあたりの栄養成分を表示している。 4：可食部は廃棄部を含まない。

食品衛生学

問題	答	解　説
		1　食品衛生と微生物
1 - 1	3	ボツリヌス菌などの嫌気性菌は酸素がない環境でよく増殖する。
1 - 2	3	光は特に必要ない。紫外線は殺菌作用があり、日光にあてると死滅する場合がある。
1 - 3	4	こうじカビや青カビを利用して発酵食品を作っている。
1 - 4	4	1、2：ブドウ球菌などは芽胞を作らない。 3：芽胞は耐熱性で、一般には100℃以上の加熱が必要である。
1 - 5	3	1：カビは酸素がないと増殖できない好気性である。 2：大腸菌は芽胞を作らない。 4：セレウス菌は芽胞を作るが、嫌気性菌ではない。
		2　食中毒
2 - 1	2	テトロドトキシンはフグ毒である。
2 - 2	1	気圧や光は微生物の増殖の3条件ではない。乾燥は増殖を抑える。
2 - 3	2	きのこ毒による食中毒は毎年発生している。
2 - 4	1	24時間ではなく、－20℃以下で2週間以上と規定されている。
2 - 5	1	最寄りの保健所長に報告する。
2 - 6	4	毒素型ではなく、感染型に分類される。

問題	答	解　説
3　細菌性食中毒（感染型）		
3 - 1	1	毒素型ではなく、感染型に分類される。
3 - 2	1	1：分裂速度は速い。2：熱や酸に弱い。3：2次汚染による食中毒が発生することもある。
3 - 3	1	化膿した傷などに多いのは黄色ブドウ球菌である。
3 - 4	4	耐熱性はなく、75℃で1分間以上の加熱で容易に死滅する。
3 - 5	2	一般に細菌類は低温でも死滅することはない。
3 - 6	1	嫌気性菌ではなく、酸素がわずかにある状態で増殖する微好気性菌である。
3 - 7	2	感染型で、潜伏期間は他の食中毒よりも長い。
3 - 8	4	1：耐熱性の芽胞を作り、普通の調理では死滅しない。 2：100個程度の少量の菌数では発病しない。 3：好塩性ではない。
3 - 9	2	感染型の代表的な食中毒で、下痢と腹痛が主症状である。
3 - 10	4	豚ではなく、鶏の保菌率が高い。
4　細菌性食中毒（毒素型）		
4 - 1	1	2：2日前後ではなく、平均3時間である。 3：吐き気、おう吐が主症状で、発熱は少ない。 4：刺身もありうるが、生の魚介類は腸炎ビブリオの主な原因食品と解釈する。 ≫菓子類で発生率が高い黄色ブドウ球菌食中毒は、出題率が高い。
4 - 2	2	耐熱性があり、通常の加熱調理では活性を失わない。 ≫エンテロトキシンの性状は出題率が高い。
4 - 3	3	1：芽胞を作る。 2：毒素は80℃で30分間の加熱で分解する。 4：6時間以内ではなく、12～72時間である。
4 - 4	3	3原則：食中毒菌を付けない（清潔）、増やさない（迅速または低温保存）、殺してしまう（殺菌）
5　ウイルス性食中毒		
5 - 1	3	1：7日以上ではなく、24～48時間程度である。 2：熱に弱いので、加熱により活性を失う。 4：原因食品は巻貝ではなく、牡蠣、ハマグリなどの2枚貝である。
5 - 2	2	1：夏季ではなく、11～3月の冬に多く発生している。 3：神経症はボツリヌス菌、血便はO157の主症状である。 4：人から人に感染する。
5 - 3	2	1：熱に弱いので、加熱により活性を失う。 3：アルコール消毒は効かない。 4：細菌性食中毒予防3原則の「食中毒菌を増やさない」は、食品中で増殖しないノロウイルスにとっては当てはまらない。
6　自然毒食中毒		
6 - 1	4	ソラニン（じゃがいもの芽の毒）ではなく、青酸化合物である。
6 - 2	2	1：テトラミンはツブガイ（エゾボラ、ヒメエゾボラなど）。3：ソラニンはじゃがいもの芽。4：テトロドトキシンはフグ毒。
6 - 3	3	加熱しても無毒にならない。
6 - 4	3	エンテロトキシンは黄色ブドウ球菌が作る毒素である。
6 - 5	1	2：ベロ毒素は腸管出血性大腸菌（O157）が体内で作る毒素である。 3、4：アフラトキシンはカビ毒（マイコトキシン）の一種。ドクゼリはチクトキシンが有害。

問題	答	解　説
6 - 6	2	サキシトキシンは貝毒の一種で、マイコトキシンはカビ毒のことである。
6 - 7	3	1：シガトキシンは魚毒の一種で、きのこ毒ではない。 2：ムスカリンはきのこ毒の一種で、じゃがいも(の芽)にはソラニンである。 4：オニカマスはシガテラ毒を含む。
7　化学性食中毒		
7 - 1	1	放射能ではなく、水銀(有機水銀、メチル水銀)である。
7 - 2	2	畜肉ではなく、魚介類からが多い。
7 - 3	1	PCBは食品添加物ではなく、それを含む食品添加物もない。
7 - 4	4	体外に排出されるのではなく、蓄積しやすい物質である。
7 - 5	4	規制していないのではなく、残留基準を設けている。
7 - 6	2	加工食品にも適用される。
8　寄生虫食中毒		
8 - 1	2	無鉤条虫ではなく、有鉤条虫である。
8 - 2	4	トキソプラズマは豚肉より感染する。サケに寄生しているのは広節裂頭条虫である。
8 - 3	3	病原性がないものもあるが、アニサキスなどは人に害をおよぼす。
8 - 4	2	1：クリプトスポリジウムは水道水などの飲用水を介して感染することが多い。 3：トキソプラズマは豚肉を介して感染する。 4：サイクロスポーラは飲料水などを介して感染する。
8 - 5	4	回虫は生野菜、クドアはヒラメ、アニサキスは海産魚介類に寄生している。
8 - 6	2	肝吸虫はこい、アニサキスは海産魚介類、無鉤条虫は牛に寄生している。
8 - 7	3	回虫は生野菜より感染する。さわがにに寄生しているのは肺吸虫である。
9　食品添加物		
9 - 1	3	タール色素はスポンジ類に使用できないなどが定められている。
9 - 2	4	1日許容摂取量(一生涯毎日摂取しても安全な量)＝最大無作用量の100分の1。
9 - 3	2	1：流動パラフィンは食パンの離型剤である。 3：オルトフェニルフェノール(OPP)はかんきつ類の防カビ剤である。 4：塩化アンモニウムは膨張剤である。
9 - 4	3	生鮮食品、カステラ、スポンジ類には使用が禁止されている。
9 - 5	1	天然、化学的合成品にかかわらず、使用したすべての添加物に表示義務がある。
9 - 6	4	1：ソルビン酸は保存料である。 2：グルタミン酸ナトリウムは調味料である。 3：オルトフェニルフェノール(OPP)はかんきつ類の防カビ剤である。
9 - 7	2	保存料は用途名、物質名を表示する。
9 - 8	4	1：食品添加物として指定されている。 2：12～18%ではなく、2～10%の溶液として使用する。 3：食品添加物は使用基準が定められている。
10　異物、食品の鑑別法		
10 - 1	2	異物は動物性、植物性、鉱物性の三種類に分類される。
11　食品衛生対策Ⅰ		
11 - 1	3	義務化されているのはえび、かに、くるみ、小麦、そば、卵、乳(乳製品)、ピーナッツの8品目である。
11 - 2	2	対象外ではなく、飲食店にも導入が進められている。

問題	答	解　説
11 - 3	1	10秒間以上ではなく、75℃で1分間以上である。
11 - 4	3	1：温度管理が重要管理点である。 2：清潔、準清潔、汚染作業区域の区分が衛生管理の基本である。 4：作業区域の区分による器具類の区分も衛生管理の基本である。
11 - 5	4	サルモネラ属菌ではなく、黄色ブドウ球菌である。
11 - 6	2	サルモネラ属菌は殻の中にもいることがあるので、正常卵でも冷蔵する。
11 - 7	1	手洗いや手袋をするしないよりも、作業に従事してはならない。
11 - 8	3	私物などは作業場にもち込まない。
		12　食品衛生対策Ⅱ
12 - 1	1	食品用洗浄剤には酵素や漂白剤の添加は禁止されている。
12 - 2	1	中性洗剤に消毒効果はない。
12 - 3	1	すべての微生物を死滅させることは滅菌という。
12 - 4	3	紫外線には透過力がなく、光のあたる部分のみが消毒できる。
12 - 5	4	50℃では殺菌できない。
12 - 6	4	1：殺菌力は非常に強いが、洗浄力はほとんどない。 2：混ぜると効果が低下する。 3：増加するではなく、減少してしまう。
12 - 7	4	メチルアルコールは有害物質である。
		13　演習問題
1	3	ボツリヌス菌食中毒の致命率は約30～40%である。
2	2	1：3%前後の塩分でよく増殖するのは腸炎ビブリオである。 3：テトロドトキシンはフグ毒である。 4：高熱が主症状なのはサルモネラ属菌である。
3	1	2：3%前後の塩分でよく増殖するのは腸炎ビブリオである。 3：腸炎ビブリオは感染型である。 4：O157はベロ毒素である。
4	4	味、香り、色では判定できない。
5	4	1：腹痛、下痢は腸炎ビブリオの主症状である。 2：発疹、じんましんはアレルギー様食中毒の主症状である。 3：神経症状はボツリヌス菌による。
6	1	マイコトキシンはカビ毒のことで、黄色ブドウ球菌はエンテロトキシンである。
7	3	「いずし」はボツリヌス菌の原因食品である。
8	2	高熱ではなく、激しいおう吐が主症状。高熱はサルモネラ属菌食中毒の主症状である。
9	3	一律基準は0.01ppmである。
10	1	
11	2	1：きのこ毒ではなく、貝毒の1種である。 3：ビタミンAではなく、ワックスである。 4：ワックスではなく、ビタミンAである。
12	4	1：テトロドトキシンはフグ毒である。 2：テトラミンはツブガイの有毒成分である。 3：ヒスタミンはアレルギー様食中毒の原因物質である。
13	1	アフラトキシンはカビの1種である。＊ドクゼリの有害成分をチクトキシンという。

問題	答	解説
14	3	1：鉛ではなく、ヒ素である。 2：ヒ素ではなく、水銀である。 4：DDTではなく、PCBである。
15	2	体外に排泄されるのではなく、体内に蓄積されやすい。
16	3	1：新鮮な魚は硬直しているので身がぴんと張っている。 2：やわらかく平らではなく、かたくて丸く盛り上がっている。 4：ガスが発生したものは不良品である。
17	2	義務化されているのは、えび、かに、小麦、そば、卵、乳(乳製品)、ピーナッツの7品目である。
18	3	オルトフェニルフェノールは着色料ではなく、かんきつ類の防カビ剤である。
19	1	2：都道府県知事ではなく、厚生労働大臣である。 3：世界共通ではなく、各国で異なる。 4：対象食品や使用量などの使用基準がある。
20	3	1：使用することができるではなく、使用が禁止されている。 2：使用されていないではなく、現在はチューインガムのみに使用できる。 4：豆腐用凝固剤ではなく、甘味料である。
21	3	1：着色料は用途名と物質名の両方を表示する。 2：酸味料は物質名(一般名でもよい)を表示する。 4：酸化防止剤は用途名と物質名の両方を表示する。
22	3	亜塩素酸ナトリウムは漂白剤で、ごま、豆類、野菜には使用が禁止されている。
23	3	成分規格や保存基準が定められている。
24	3	−1℃ではなく、−15℃以下である。
25	1	2：先入れ後出しではなく、先入れ先出しである。 3：3年ではなく、1年に1回以上である。 4：予防の3原則は、付けない、増やさない、殺してしまうである。
26	2	関係者以外の者が菓子製造場に入ってはならない。
27	2	木製のものは洗浄しにくいので、合成樹脂が望ましい。
28	1	食肉、生食用の牡蠣などは10℃以下の規定がある。
29	4	A：浸透性がないほうがよい。B：窓とは別に換気装置は必要である。
30	1	CCPは重要管理点。仕入れのチェックなど日常の衛生管理手法である。
31	2	
32	2	振って音がするものは気室が大きく、古い卵である。
33	3	すべての微生物を殺す目的で行うのは滅菌である。
34	4	ロングライフミルクは常温で長期保存が可能な牛乳、殺菌は高温で行う。
35	3	1：たんぱく質を凝固させるので、75～80%のほうがよいとされている。 2：洗浄力はほとんどないが、殺菌力が強い。 4：野菜、果物に使用できる。
36	3	1：においが強く、有害性も高いので適していない。 2：混ぜて使うと効力が低下する。 4：石鹸との併用ができる。
37	1	混ぜて使うと効力が低下する。
38	3	次亜塩素酸ナトリウムは殺菌剤で、殺虫剤ではない。
39	2	

問題	答	解　説
		1　栄養学の概要
1-1	1	たんぱく質ではなく、水である。
1-2	4	
1-3	4	≫3大栄養素は熱量素である。
1-4	3	無機質はエネルギーを供給する3大栄養素ではない。
1-5	4	5大栄養素は炭水化物、脂質、たんぱく質、無機質、ビタミンである。
1-6	1	
1-7	1	炭水化物は熱量素である。
1-8	2	
		2　たんぱく質
2-1	3	必須アミノ酸は動物性たんぱく質に多く含まれている。
2-2	2	1：動物性たんぱく質には必須アミノ酸が多いので、多めに摂取する。 3：必須アミノ酸は9種である。 4：胃ではなく、小腸から吸収される。
2-3	3	1：たんぱく質は約20種のアミノ酸により構成されている。 2：他の栄養素と異なり、たんぱく質は窒素を含んでいるのが特徴である。 4：たんぱく質は1gあたり4 kcalのエネルギーを供給する。
2-4	4	
2-5	2	必須アミノ酸は9種類ある。
2-6	4	たんぱく質の摂取量は、男性65g、女性50gである（食事摂取基準2020年版；18～64歳 推奨量）。
2-7	2	
2-8	2	1：必須アミノ酸の含有量を評点パターンの基準値に対する割合で示したものである。 3：組み合わせることでアミノ酸スコアは上がる。 4：植物性食品は、動物性食品に比べ、アミノ酸スコアの低い食品が多い。
		3　脂質
3-1	3	1：脂質のエネルギー量は9 kcal／gで、4 kcal／gは炭水化物とたんぱく質である。 2：水溶性ではなく、脂溶性ビタミンの吸収に役立つ。 4：食品中の脂肪は、大部分が単純脂質である。
3-2	4	1：胃内の停滞時間が長く、腹もちがよい。 2：常温で液体のものを「油」、固体のものを「脂」とよぶ。 3：30～35%は多すぎで、18～29歳では20～30%が適当とされている。
3-3	1	ビタミンB_1は炭水化物の代謝に必要である。
3-4	4	体内で合成できない脂肪酸（必須脂肪酸）は植物性油脂や魚油に多く含まれる。
3-5	2	
3-6	3	1：5 kcalではなく、9 kcalである。 2：不飽和脂肪酸ではなく、飽和脂肪酸が多い。 4：バリンはアミノ酸の1つである。
3-7	3	1：窒素を含むのはたんぱく質である。 2：毛髪や爪はたんぱく質で構成されている。 4：ビタミンCではなく、脂溶性のビタミン（A、D、E、K）の吸収を高める。
3-8	4	1：誘導脂質ではなく複合脂質である。 2：糖にリン酸ではなく、単純脂質に糖やリン酸などが結合したものである。 3：エルゴステロールはしいたけや酵母に、コレステロールは卵黄やバターに多く含まれる。

問題	答	解　説
4　炭水化物		
4-1	3	甘味度とエネルギー量は関係がない。でん粉も砂糖も4 kcal／gである。
4-2	1	炭水化物は1gで4 kcalのエネルギーを供給する。
4-3	2	1：胃ではなく小腸で吸収される。 3：炭水化物の停滞時間は脂質に比べて短い。 4：20～25%ではなく、50～65%が適当である。
4-4	4	1：ブドウ糖は二糖類ではなく単糖類である。 2：でん粉は単糖類ではなく多糖類である。 3：グリコーゲンは単糖類ではなく多糖類である。
4-5	2	1：ブドウ糖2分子ではなく、ブドウ糖と果糖が結合したものである。 3：果糖ではなくブドウ糖である。 4：麦芽糖ではなくブドウ糖である。
4-6	2	1：食物繊維は人の消化酵素では消化されないため、ほとんどエネルギーにはならない。 3：単糖類ではなく、多糖類に分類される。 4：上昇作用ではなく、上昇を抑制する作用がある。
4-7	3	骨粗しょう症の予防は、カルシウムやビタミンDなどの摂取が有効である。
4-8	1	
5　無機質（ミネラル）		
5-1	1	体の構成成分や生理機能を調節する役割をもつ。エネルギー源とはならない。
5-2	3	摂取比率はCa：P=1：1～2がよいとされている。
5-3	2	1：鉄欠乏性貧血は女性に多い。 3：ヘム鉄のほうが吸収がよい。 4：ビタミンCにより吸収が促進される。
5-4	3	1：体内のナトリウムは細胞外液に多い。 2：ナトリウムは食塩として1日あたり男性は7.5g未満、女性は6.5g未満の摂取が望ましい。→P140参照 4：カリウムは野菜や果物に多く含まれる。
5-5	2	体内のマグネシウムの多くは骨に存在する。
5-6	2	1：亜鉛は魚介類に多く含まれている。 3：鉄はレバーや赤身肉、ほうれん草などに多い。 4：カルシウムは牛乳、乳製品に多い。
5-7	4	食物繊維は無機質の吸収を阻害する。
5-8	4	血液中の酸素の運搬に役立つのは鉄である。
6　ビタミン		
6-1	4	水溶性ビタミンは体外に排泄されやすいが、脂溶性ビタミンは体内に蓄積されやすいので、過剰摂取に注意する。
6-2	3	1：ビタミンAはレバーやうなぎ、卵黄、緑黄色野菜に多い。 2：ビタミンDは魚介類やきのこ類に多い。 4：ビタミンKは納豆、チーズ、緑色野菜などに多い。
6-3	1	2：ビタミンB_2は卵黄、青魚、レバー、うなぎに多い。 3：ビタミンCは野菜類や果物類に多い。 4：葉酸は緑色野菜などに多い。
6-4	3	1：カロテンが体内でビタミンAに変換される。 2：紫外線の照射により体内のビタミンDは増加する。 4：ビタミンKは血液凝固作用をもつ。

問題	答	解　説
6 - 5	4	ビタミンB_2は脂質の代謝に関与する。
6 - 6	1	2：ビタミンDの欠乏症には、くる病（子ども）、骨軟化症（成人）がある。 3：ビタミンEの欠乏症はほとんど起こらない。悪性貧血はビタミンB_{12}の欠乏症である。 4：ビタミンKの欠乏症には新生児の頭蓋内出血がある。
6 - 7	2	ナイアシンの欠乏症にはペラグラがある。
6 - 8	3	水溶性ビタミンにはビタミンB_1、ビタミンB_2、ビタミンB_6、ビタミンB_{12}、ビタミンC、パントテン酸、ビオチン、葉酸、ナイアシンがあげられる。
		7　水分、ホルモン
7 - 1	1	代謝水とは、体内で栄養素が酸化されるときに発生する水をいう。
7 - 2	2	1：個人差はあるが、成人では平均2～3L必要。 3：100mLではなく約200mL生成される（代謝水という）。 4：800mLではなく、1,000～1,500mLである。
7 - 3	1	2：インスリンは膵臓から分泌される。 3：アドレナリンは副腎髄質から分泌される。 4：グルカゴンは膵臓から分泌される。
7 - 4	2	血糖値を上げるではなく、下げる働きがある。
7 - 5	2	糖尿病は膵臓から分泌されるインスリンの不足による。≫血糖値を下げるホルモンは出題されやすいポイント。
7 - 6	3	ホルモンはエネルギー源とはならないが、微量で体の働きを調節する。主にコレステロールやたんぱく質から体内で作られる。
		8　消化と吸収
8 - 1	1	炭水化物の消化吸収率は約99％である。
8 - 2	2	
8 - 3	4	1：大腸壁ではなく、主に小腸壁からとり込む。 2：胆汁は消化酵素を含まないが脂質の消化を助ける。 3：脂質のほうが長い。
8 - 4	3	ラクターゼ、マルターゼは腸液に含まれる消化酵素である。
8 - 5	2	スクラーゼはショ糖をブドウ糖と果糖に分解する。
8 - 6	1	脂肪を分解する酵素はリパーゼのみである。
8 - 7	3	リパーゼは脂肪を脂肪酸とグリセリン（グリセロール）に分解する。
		9　エネルギー代謝
9 - 1	1	2：高齢者は基礎代謝量が小さくなる。 3：冬のほうが基礎代謝量は大きくなる。 4：一般に男性のほうが基礎代謝量が大きい。
9 - 2	1	身体活動レベルが低いほど推定エネルギー必要量は小さくなる。また、男性より女性のほうが小さい。年齢が高いほど小さくなる。
		10　栄養の摂取
10 - 1	2	身体活動レベルはⅠ（低い）、Ⅱ（ふつう）、Ⅲ（高い）の3段階に区分される。
10 - 2	4	目的は、国民の健康の維持・増進、エネルギー・栄養素欠乏症の予防、生活習慣病の予防、過剰摂取による健康障害の予防である。
10 - 3	4	
10 - 4	1	国民健康・栄養調査は健康増進法により、毎年実施されている。
10 - 5	3	「健康日本21」ではなく、「食生活指針」をより具体化したものである。
10 - 6	2	

問題	答	解　説
11　ライフステージの栄養		
11 - 1	2	妊娠高血圧症候群予防のため、ナトリウムの摂取は控える。
11 - 2	2	つわりの期間は食べられるときに食べたい分だけとるとよいとされる。
11 - 3	1	2：育児用乳製品(調製粉乳)には免疫グロブリンは含まれていない。 3：カルシウムとたんぱく質は、牛乳のほうが多い。 4：乳児期は乳児ボツリヌス症予防のため、ハチミツは避ける。
11 - 4	4	
11 - 5	4	運動する機会などは個人によって差があるため、食事量は個々の運動量に合わせてとるようにすることが望ましい。
11 - 6	3	消化機能が落ちているため、1日3食を規則正しくとる。
11 - 7	1	高齢期の身体的な特徴としては、骨量が減少する(骨が折れやすくなる)、歯が抜けやすくなる、消化機能が低下する、味覚機能が低下する、基礎代謝が低下する、などの変化があらわれる。これらは生活習慣により個人差が大きい。
12　食生活と疾病		
12 - 1	4	高血圧症では、植物性油脂や魚油を積極的に摂取し、動物性油脂は控えめにする。
12 - 2	1	予防には、コレステロールを下げる働きをもつ不飽和脂肪酸を多く含む食品や食物繊維をとる。また脂質の酸化を防ぐため、抗酸化作用をもつビタミンEをとるとよい。
12 - 3	1	「糖尿病のための食品交換表」では、1単位を80kcalとしている。
12 - 4	3	1：カルシウムの摂取不足により発症する。 2：骨粗しょう症の発症は女性に多い。 4：紫外線を浴びると体内のビタミンDが活性化されるため、適度な日光浴が有効である。
12 - 5	1	2：多量の脂肪が体内にたまることで起こる。 3:消費エネルギーに合ったエネルギーをとるようにし、栄養のバランスがとれた食事にすることが大切である。 4：食事は規則正しく1日3回とる。
12 - 6	3	1：亜鉛の代表的な欠乏症は味覚障害である。 2：鉄の代表的な欠乏症は貧血である。 4：ナトリウムの過剰摂取は、高血圧症に悪影響をおよぼす。
12 - 7	4	
13　栄養成分表示、基礎食品		
13 - 1	1	
13 - 2	1	栄養表示基準は食品表示法に基づいている。
13 - 3	4	ビタミンEではなく、ビタミンCである。
14　演習問題		
1	1	水ではなく、炭水化物である。
2	2	炭水化物(糖質)はエネルギー源(熱量素)であり、体の組織を作る働きはない。 *脂質はたんぱく質と異なり臓器などを作る成分ではないが、皮下脂肪など体を構成するものと考える。
3	4	
4	4	水は体の約50～65%を占めている。
5	4	菓子・し好飲料は、コマを回すひもで表現され「楽しく適度に」とるものとしている。
6	2	1：必須アミノ酸は9種類である。 3：たんぱく質は20種類のアミノ酸で構成されている。 4：40%以上が動物性たんぱく質であれば、動物性たんぱく質不足ではない。

問題	答	解説
7	1	2：多く含むのは植物性ではなく、動物性食品のたんぱく質である。 3：合成されないので、不足しないように食品から摂取しなければならない。 ≫このポイントは出題率が高い。 4：必須アミノ酸ではなく、必須脂肪酸である。
8	1	アルブミンなどはたんぱく質で、アミノ酸ではない。
9	4	窒素を含むのが特徴である。≫このポイントは出題率が高い。
10	2	食物繊維は炭水化物である。
11	1	
12	3	飽和脂肪酸は融点が高いので、室温で固体である。
13	4	中性脂肪は単純脂質に分類される。
14	3	1：総摂取エネルギーの20～30%が適当である(18～29歳の場合)。 2：脂質はすべて1gあたり9 kcalのエネルギーをもつ。 4：リノール酸は一価ではなく、n-6系の多価不飽和脂肪酸である。
15	3	1：4 kcalではなく、9 kcalである。 2：水溶性ではなく、脂溶性ビタミンの吸収に役立つ。 4：体内で合成できる。
16	4	ナトリウムは体液中(細胞外液)に含まれている。
17	3	ナトリウムの過剰摂取は高血圧の原因となる。主に食塩や塩分の多い食品に含まれる。
18	2	1：味覚障害は亜鉛の欠乏により起こる。 3：甲状腺ホルモンにはヨウ素が含まれる。 4：カリウムではなく、ナトリウムの過剰摂取が高血圧の原因となる。
19	3	体の構成成分やエネルギー源にはならない。
20	2	ビタミンCはコラーゲンの合成や抗酸化作用がある。
21	2	ビタミンB_1の欠乏症は脚気である。口角炎はビタミンB_2の欠乏により起こる。
22	1	
23	3	神経管閉鎖障害は葉酸により予防できる。
24	3	ホルモンは体内で合成する。
25	4	マルターゼである。インスリンはホルモンの1つ。
26	1	胃での停滞時間は、脂質がもっとも長い。
27	1	2：たんぱく質はペプシンによってペプトンに分解される。 3：脂肪はリパーゼによって脂肪酸とグリセリン(グリセロール)に分解される。 4：麦芽糖はマルターゼによってブドウ糖に分解される。
28	1	5年ごとに改訂されている。
29	2	母親が薬剤を服用していると、その成分が乳児へ移行する恐れがあるため、人工栄養などで補う。
30	4	一般に気温が低いほど基礎代謝は高くなる。(冬>夏)
31	2	増やすのではなく、控えめにするのが望ましい。
32	4	高齢になると基礎代謝は低下する。
33	2	消化機能が低下するため、なるべく多種類の食品を1日複数回に分けて少量ずつとる。
34	4	1：鉄ではなく、食塩を制限する。 2：食塩ではなく、脂肪を制限する。 3：1日の必要なエネルギー量を決め、その範囲内で栄養のバランスをとる。

問題	答	解説
35	4	1：禁止するのではなく、控える。 2：無制限ではない。 3：食べてはいけないのではなく、控える。
36	2	1：鉄の補給が大切である。 3：カルシウムの補給が大切である。 4：動物性脂肪を控えめにする。

製菓理論

問題	答	解説
1 原材料（甘味料）		
1-1	3	1：溶けにくいではなく、よく溶ける。 2：結晶化しにくいではなく、結晶化しやすい。 4：語源は「サルカラ」「サツカラ」で、インドから奈良時代にもたらされた。
1-2	2	純度が高い順に白双糖（グラニュー糖）、上白糖、三温糖、黒砂糖となる。
1-3	4	でん粉糖ではなく、砂糖の種類である。
1-4	4	純度が高いグラニュー糖を粉末にして、コーンスターチを添加している。
1-5	1	白双糖、粉糖、上白糖は精製された分蜜糖に分類される。
1-6	4	甜菜にはオリゴ糖が含まれるが、さとうきびにはない。和三盆糖の原料は、四国特産の在来種のさとうきび（竹糖）なのでオリゴ糖は含まれていない。
1-7	2	砂糖（ショ糖）はブドウ糖と果糖が結合した二糖類である。
1-8	3	結晶しやすいではなく、結晶しにくい。
1-9	2	1：洋菓子にも使われるが、日本独自の砂糖であり、主には和菓子に用いる。 3：砂糖ではなく、でん粉から作る。 4：ステビアは非糖質の甘味料で、砂糖（ショ糖）とはまったく異なる物質である。
1-10	1	甘味度は高いではなく、甘味は弱い。
1-11	4	デキストリンではなく、ソルビトールである。
1-12	2	ブドウ糖も含まれる。
1-13	2	酸糖化水飴はデキストリンとブドウ糖の混合物である。
1-14	1	分蜜糖である。
1-15	1	
1-16	4	1：和三盆糖は砂糖である。 2：ステビアは天然甘味料である。 3：砂糖はブドウ糖ではない。
1-17	2	異性化糖液はイソメラーゼである。
1-18	4	吸湿性が高く、結晶しにくい。
1-19	3	砂糖より結晶しにくく、吸湿性は高い。
1-20	2	同一ではなく、花の種類により味は異なる。
1-21	4	
1-22	4	
2 原材料（小麦粉、でん粉、米粉）		
2-1	1	小麦粉にする胚乳の部分がもっとも多い。
2-2	3	皮などが入ると色が黒ずんでくる。白度が低くなる。

衛生法規
公衆衛生学
食品学
食品衛生学
栄養学
製菓理論
製菓実技

問題	答	解 説
2 - 3	3	強力粉のグルテンは約13%で、薄力粉は8%前後である。
2 - 4	2	ビスケットは薄力粉を使用する。
2 - 5	2	小麦粉のたんぱく質はグルテニンとグリアジンで、混合物をグルテンという。
2 - 6	3	1：日本そばつなぎは強力粉を使用する。 2：マカロニはデュラム粉を使用する。 4：中華めんは準強力粉を使用する。
2 - 7	2	薄力粉は8%前後、強力粉は約13%、デュラム粉は約12%である。
2 - 8	1	炭水化物（でん粉）は約68～75%含まれる。
2 - 9	3	一般に、デニッシュペストリーは強力粉、スポンジとラングドシャは薄力粉を使用する。
2 - 10	3	じゃがいも、さつまいも、葛、タピオカなどは地下茎や根、芋からでん粉をとる。
2 - 11	1	老化は水分30～60%、温度0℃付近でもっとも速く進行する。
2 - 12	1	膨化（ふくれること）ではなく、糊化である。
2 - 13	2	アミロースのほうが老化が起こりやすい。
2 - 14	1	糯米、じゃがいも、さつまいも、小麦、粳米、とうもろこしの順である。
2 - 15	3	1：とうもろこしでん粉以外は地下でん粉である。 2：粳米のでん粉はアミロペクチンが約80%、アミロースが約20%である。 4：粒子が小さく、吸湿性は小さい。
2 - 16	4	砂糖の濃度が高いと老化が防止できる。
2 - 17	4	
2 - 18	1	2：ゆるやかな加熱方法では膨化現象は起こらない。 3：砂糖を加えるとよく膨れる。 4：水分は17～18%である。
2 - 19	4	1：粳米である。 2：上新粉の粒子をより細かくしたものは、上用粉である。 3：柏餅の原料は上新粉である。
2 - 20	3	1：上新粉のことである。 2：上早粉のことである。 4：焼きみじん粉、寒梅粉のことである。
2 - 21	2	糯米・非加熱・加水・乾燥がポイント。寒中に水や空気にさらして作っていたことから寒ざらし粉ともいう。
2 - 22	4	粳精白米である。
2 - 23	1	2：白玉粉は糯米の生でん粉である。 3：みじん粉は糯米の糊化でん粉である。 4：上南粉は糯米の糊化でん粉である。
2 - 24	3	1：みじん粉は糯米のでん粉を糊化したのち、乾燥したものである。 2：道明寺（粉）は糯米が原料である。 4：餅粉は糯米の生でん粉である。
2 - 25	3	≫糯米（もち）と粳米（うるち）について →P68「食品学-4　食品各論（米、小麦）」参照
		3　原材料（鶏卵、油脂類）
3 - 1	4	
3 - 2	3	冷凍保存ではなく、冷蔵保存である。
3 - 3	2	卵黄は油脂を含むので泡立ちにくい。
3 - 4	4	

問題	答	解　説
3 - 5	1	2：温度は高いほど泡立ちやすい。 3：鮮度のよい卵白は濃厚部分が多く泡立てにくいが、泡の安定性はよい。 4：気泡は温度が低いほうが安定する。
3 - 6	2	100℃以上ではなく、80℃以上である。
3 - 7	2	
3 - 8	4	起泡性は湿度の高いほうがよいが、泡の安定性は悪くなる。
3 - 9	4	1：クッキー、シュー皮、イースト生地などの焼き菓子に向いている。 2：ゴム状の塊りになりやすいのは、凍結卵黄である。 3：水様化して粘度が低くなるのは、凍結卵白である。
3 - 10	2	1：凍結して作るのは凍結卵である。 3：たんぱく質は著しく変性する。 4：乾燥卵には、全卵、卵黄、卵白の3種類がある。
3 - 11	4	ゲル化性とは寒天などが凝固する特性をいう。
3 - 12	2	マーガリンはバターの代用品としてフランスで開発された。
3 - 13	2	1：ラードは豚の脂肪を精製したもの。 3：バターは牛乳から分離した脂肪を固めたもの。 4：サラダ油は植物油を精製したもの。
3 - 14	2	1：バターは乳製品。 3：マーガリンは硬化油。 4：ラードは豚脂。
3 - 15	3	1：可塑性は固形脂が温度の変化によって変わる性質。 2：ショートニング性は製品にサクサクとした食感を与える性質。 4：フライング性は揚げ油の揚がり具合、風味、吸収度、発煙点などの性質。
3 -16	3	クリーミング性とは空気を包み込む特性であり、ビスケットの製法には関係がない。
3 - 17	1	2：油脂が気泡を抱え込む性質はクリーミング性。 3：揚げ油に風味や外観のよさを与える性質はフライング性。 4：油脂を放置したり日光にあてて変質することを変敗という。
3 - 18	2	パイバターはO/W型（水中油滴型乳化）のマーガリンである。
3 - 19	4	
4　原材料（牛乳、乳製品、チョコレート類、果実加工品）		
4 - 1	2	練乳は牛乳を濃縮したものである。
4 - 2	3	1：カゼインがもっとも多い。 2：麦芽糖ではなく、ガラクトースである。 4：鉄分は少ない。
4 - 3	3	約65%ではなく、約85%である。
4 - 4	4	バターの成分は脂肪で、たんぱく質が多いチーズなどは加えない。
4 - 5	1	2：8%ではなく、18%以上のものである。 3：乳化剤などは使用しない。 4：無糖練乳ではなく、加糖練乳の保存性が高い。
4 - 6	4	1：脂肪酸の大部分は飽和脂肪酸である。 2：カフェインではなく苦味成分である。 3：準チョコレートのほうがテンパリングは容易である。
4 - 7	2	10%ではなく50%である。

問題	答	解説
4 - 8	3	
4 - 9	3	温度変化に対する物性の変化が大きい脂肪(カカオバター)に起因する。
4 - 10	3	粘性を失い、テクスチャーや香味が低下する。
4 - 11	4	ペクチンではなく砂糖を加える。
4 - 12	1	かんきつ類に多く含まれている。
4 - 13	3	1：ジャムのことである。 2：マーマレードのことである。 4：フルーツソースのことである。
4 - 14	4	1、2：びわ、りんごは仁果類である。 3：栗は種実類である。 4：メロン、すいか、いちごは果菜類(野菜類)であるが、流通上や栄養学上は果実として扱われる。形態としては漿果に分類される。
4 - 15	4	あんずは核果類である。
4 - 16	1	ピーナッツ、ごま、マカデミアナッツは脂肪分が多い。
4 - 17	3	くるみ、落花生などのナッツ類やごまは脂質を多く含む。
5　原材料（凝固剤、酒類、食品添加物）		
5 - 1	4	たんぱく質ではなく、炭水化物(難消化性多糖類、食物繊維)である。
5 - 2	1	脂質ではなく、たんぱく質である。
5 - 3	1	動物の皮や骨などから作られる。
5 - 4	2	冷水には溶けない。1のオセインは骨格中のコラーゲンのこと。
5 - 5	4	pHが低くなる(酸性が強くなる)とゲル強度は弱くなる。
5 - 6	2	たんぱく質ではなく、炭水化物(難消化性多糖類、食物繊維)である。
5 - 7	2	10倍ではなく、1/10程度である。
5 - 8	3	1：酸性が強いとゲル化力は低下する。 2：ヨーグルト、プリンなどの組織安定剤に利用される。 4：3～4%ではなく0.5～2%である。
5 - 9	2	麦ではなく果実(ぶどう)である。
5 - 10	3	1：ワインではなく蒸留酒がベースである。 2：米をベースにした蒸留酒である。 4：ワインをベースにした混成酒である。
5 - 11	2	ぶどうはワインなど、ハチミツはミード、麦はビールなどの原料である。
5 - 12	1	高温の加工処理をするものには油性香料が適している。
5 - 13	2	水に溶けやすいのではなく、溶けにくい。
5 - 14	3	そのままではなく、水に溶かすと香りが強くなる。
5 - 15	1	2：30℃ではなく80℃である。 3：ベーキングパウダーはガス基材に酸性剤を加え、さらに緩和剤を混合する。 4：イスパタは炭酸水素ナトリウムに塩化アンモニウムを配する。
5 - 16	4	
5 - 17	2	油中水滴型(W/O)である。
5 - 18	3	クエン酸は酸味料、pH調整剤などとして使われる。
5 - 19	4	シュガーエステルは乳化剤である。

問題	答	解　説
		6　製パンの原材料
6 - 1	2	ドライイースト中の死滅した酵母が発酵に影響を与え、風味が異なる。
6 - 2	4	いっしょに溶解してはならない。
6 - 3	2	冷水ではなく、温湯である。
6 - 4	3	1：約20%ではなく、4～9%である。 2：55℃では死滅するので、50℃以上は避ける。 4：生酵母は冷蔵庫で保管する。ドライイーストは冷蔵または冷凍保管がよい。
6 - 5	1	窒素、リン、ビタミン、ミネラル、酸素などの栄養が必要である。
6 - 6	4	
6 - 7	1	3～5%ではなく、1～2%である。
6 - 8	4	
6 - 9	1	小麦ではなく大麦である。
6 -10	4	1：イーストの栄養になるのは塩化アンモニウムなどの窒素源。アスコルビン酸は生地を酸化させ、グルテンを強化する。 2：少量でも効果が大きい。 3：大麦麦芽を原料とするのはモルトエキス。 4：硬度を上げると粘弾性が高まる。
		●補足項目●　菓子類の歴史と製造要件
1	1	菓子製造では技能評価が高く、価格については必要条件ではない。
2	2	五感のうちの3つではなく、視覚、味覚、きゅう覚、触覚の4つが特に関係する。
3	1	2：アルカロイド、ペプチドは苦味の物質。 3：アスパルテーム、サッカリンは甘味の物質。 4：酢酸、クエン酸は酸味の物質。
4	4	1：味の順応効果である。 2：味の抑制効果である。 3：味の順応効果である。

製菓実技

問題	答	解　説
		1　和菓子（その1）
1 - 1	3	1：吉野羹は流し物である。 2：どら焼は平なべ物の焼き菓子である。 4：黄味時雨は蒸し物である。
1 - 2	2	ういろう（外郎）は蒸し物である。
1 - 3	4	黄味時雨は蒸し物、桃山はオーブン物、松風は蒸し物である。
1 - 4	1	州浜は半生菓子、落雁とおこしは干菓子である。
1 - 5	2	ヨーロッパからの豆類の輸入はほとんどない。
1 - 6	4	
1 - 7	2	白小豆、大正金時、大手亡、青えんどうの順である。
1 - 8	3	1：煮すぎると細胞膜が破れる。β化することはない。 2：50℃以下にする。 4：火を弱めて加える。

問題	答	解　説
1 - 9	3	2は含糖率の求め方。
1 - 10	3	1：渋切りのタイミングや回数によって、餡の風味、色彩が変わる。 2：餡練りは基本は強火でしっかり加熱する。 4：5～10%ではなく、約60%である。
1 - 11	3	1：水分量は約63%である。 2：β化ではなくα化である。 4：渋切りではなく、水さらしである。
2　和菓子（その2）		
2 - 1	1	
2 - 2	1	羽二重粉は粒子の細かい最上級の餅粉のこと。
2 - 3	1	
2 - 4	3	蒸し羊羹は小麦粉、葛饅頭は葛粉、石衣は砂糖を煮詰めて作る。
2 - 5	1	田舎饅頭と薬饅頭はイスパタ、利久饅頭は重曹を用いる。
2 - 6	3	
2 - 7	2	
2 - 8	4	
2 - 9	4	1：薄力粉とイスパタである。 2：かるかん粉ではなく、薯蕷粉または上新粉である。 3：イーストではなく、イスパタである。
2 - 10	3	
2 - 11	2	
2 - 12	3	跡ははっきり見えるが自然に消える程度がよい。
2 - 13	2	1、3：塩辛すぎる。4：甘すぎる。
2 - 14	4	170℃ではなく230℃である。
2 - 15	1	
2 - 16	4	即ごね生地のほうが焼き肌は粗い。
2 - 17	1	生地の比重は0.50前後にする。
2 - 18	4	硬化は早い。
2 - 19	4	小さくちぎって冷やす。
2 - 20	3	
2 - 21	3	
2 - 22	3	
2 - 23	3	
2 - 24	2	
2 - 25	3	ワタシはすだれを敷いた容器で、焼いたり蒸した菓子を冷ますのに用いる。
2 - 26	3	東北地方は小麦粉、関東地方では上新粉（粳米）を使用する。
2 - 27	2	
3　洋菓子（その1）		
3 - 1	1	マカロンは堅果生地に分類される。
3 - 2	1	一般には卵がもっとも多い。

問題	答	解　説
3 - 3	3	乳化剤や起泡剤が必要である。
3 - 4	4	製パン法の1つである。
3 - 5	1	シュガーバッター法は、砂糖とバターをすり混ぜたあと、卵を加え、最後に薄力粉を合わせる。
3 - 6	4	1：白い斑点が出来るのは焼成温度が低い場合。 2：スポンジより比重は重く、中まで火が通りにくい。 3：バターケーキに使用する小麦粉は、薄力粉。
3 - 7	2	
3 - 8	3	パート・ダマンドはアーモンドペースト（マジパン）のことである。
3 - 9	2	1：パータ・フォンセ・オルディネールの作り方である。 3：パート・ブリゼの作り方である。 4：フイユタージュ・ラピッドの作り方である。
4　洋菓子（その2）		
4 - 1	3	煮詰めるには100℃以上が必要で、140℃以上になると煮詰まりすぎて飴になる。
4 - 2	2	1：かさが増えず、味は濃厚になる。 3：冷めたイタリアンメレンゲと合わせる。 4：日もちがよい。
4 - 3	4	あっさりとした味になる。
4 - 4	2	上火は強くして表面に焼き色を付け、水分の蒸発を抑える。
4 - 5	3	冷ましてしっとりしてから用いる。
4 - 6	2	37～42℃まで温める。
4 - 7	4	180～190℃で焼く。
4 - 8	4	膨張剤は用いない。
4 - 9	2	
4 - 10	2	バターケーキは160～170℃で焼く。
4 - 11	3	カスタードプディングは卵の加熱変性で固める。
4 - 12	4	折り生地はパイ生地である。
4 - 13	3	
4 - 14	4	1：少しずつ加えるのは小麦粉ではなく、卵である。 2：卵は一度にではなく、少しずつ加える。 3：はじめは200℃くらいの高温で焼き、焼き色が付いてきたら乾燥焼きをする。
4 - 15	4	イーストではなく、膨張剤としてはベーキングパウダーを使用する。
4 - 16	1	2：170℃ではなく、200℃である。 3：カソナードをふりかけ、カラメリゼする。 4：冷めてから切り込みを入れる。
4 - 17	4	パイ生地の基本材料は、小麦粉、バター、食塩である。
4 - 18	4	1：バタークリームのことで、焼成せずに食べる。 2：カスタードクリームのことで、焼成せずに食べる。 3：ホイップクリームのことで、焼成せずに食べる。
4 - 19	1	基本的には卵白や食塩は使用しない。
4 - 20	1	砂糖と溶かしバターの分量は薄力粉より少し多い。
4 - 21	2	チョコレートは生クリームの約2倍量である。

問題	答	解説
4 - 22	2	
4 - 23	3	1：水冷法。 2：フレーク法。 4：タブリール法。
4 - 24	1	
4 - 25	1	
		5　製パン（その1）
5 - 1	1	ソフトロールではなく、揚げパンである。
5 - 2	4	アメリカではなく、主にフランス、イタリア、ドイツなどで作られている。
5 - 3	3	ケーキドーナツはイーストではなく膨張剤を使用する。
5 - 4	1	－10℃以下ではなく、温度20℃、湿度65％程度がよい。
5 - 5	3	麩切れ段階は、弾力がなくなり、結合力がなくなる状態をいう。
5 - 6	2	1：発酵不足。3：発酵過多。4：発酵していない。
5 - 7	3	糖を分解してアルコールと炭酸ガスを作る酵素はチマーゼである。
5 - 8	4	ホイロ（35～40℃）ではイーストは死滅しない。
5 - 9	4	一般に80％前後である。
5 - 10	1	2：不活性化ではなく、活性化させて窯のびをよくする。 3：容積を大きくするではなく、容積が小さくなり、ひび割れなどが生じる。 4：伸縮性が低下するのではなく、よくなる。
5 - 11	1	イーストの発酵は止まっていない。
5 - 12	4	ガス抜きも行う。
5 - 13	2	1：材料が雑然と混ざった状態をいう。 3：結合力の頂点で、生地の弾力がもっとも強い状態をいう。 4：生地が弾力を失い、結合力がなくなる状態をいう。
5 - 14	3	1：ホイロ工程である。 2：5倍は膨張しすぎである。 4：丸め工程である。
5 - 15	3	1：粘着性をなくすのは、丸めの目的である。 2：グルテン構造を整えるのは、丸めの目的である。 4：生地を休ませる時間なので生地は適度にガスを含む。
5 - 16	3	クロワッサンと同様に、発酵後に生地の冷却が必要である。
5 - 17	1	製品重量に対するではなく、生地重量に対する百分率である。
5 - 18	1	
5 - 19	2	
5 - 20	3	機械化に適しているのは中種法である。
5 - 21	4	保存性がよく、老化しにくい。
5 - 22	4	
5 - 23	3	側面が内側に落ちこんで、形が悪くなる（腰折れする）ことがないようにする効果がある。
5 - 24	2	

問題	答	解　説
5 - 25	4	1：ノア(クルミ)は配合されていない。 2：バターの配合がロールイン用も含めてだと少なく、それを除いてとするなら多い。 3：ハード系のパンには砂糖、卵、乳製品は配合されない。
5 - 26	2	ベーグルは熱湯でゆでてから焼く。ラウゲンにつけるのはブレッツェル。4のフランス語名の意味は「ブドウパン」である。レーズンブレッドとの違いに注意。
6　製パン（その2）		
6 - 1	2	
6 - 2	4	すだちが粗いのは生地の発酵過剰、穴があくのは生地の力が強すぎるのが原因である。
6 - 3	3	1：210℃である。 2：220℃である。 4：200℃である。
6 - 4	1	
6 - 5	4	1：33℃ではなく、24℃である。 2：生地と同じかたさが望ましい。 3：長方形、円柱状ではなく、三角形にカットした生地を巻き、三日月形に曲げる。
6 - 6	1	
6 - 7	1	
6 - 8	2	
6 - 9	3	
6 - 10	4	クラストがパリっとした状態になるのは蒸気を入れるからである。
6 - 11	3	
6 - 12	2	1：60%ではなく、70～80%である。 3：焼き色と風味は焼成の第2段階で付く。 4：ショックは1回与える。
6 - 13	3	
6 - 14	3	
6 - 15	3	アーモンドプードルではなく、ライ麦である。
6 - 16	2	

とじ込み別冊となっていますので、とり外して使用できます。